国家电网公司
电力科技著作出版项目

抽水蓄能机组及其辅助设备技术

CHOUSHUI XUNENG JIZU JIQI FUZHU SHEBEI JISHU

机组调试及试运行

国网新源控股有限公司　组编

U0260785

中国电力出版社
CHINA ELECTRIC POWER PRESS

内 容 提 要

　　随着我国经济和电力工业的快速发展，我国抽水蓄能事业取得了非凡成就，尤其在抽水蓄能机组自主化方面，积累了很多成功经验。为了全面展示抽水蓄能机组自主化工作成就，提高抽水蓄能设备研发、设计、制造、安装、调试、运维水平，促进我国抽水蓄能领域技术人才培养，满足我国当前抽水蓄能事业快速发展的需要，国网新源控股有限公司组织编写了《抽水蓄能机组及其辅助设备技术》丛书，共8个分册，本丛书填补了同类技术书籍的市场空白。

　　本书为机组调试及试运行分册，共分5章，主要内容包括：概述、分部调试、整组启动试运行、性能试验、数据分析与处理等。

　　本书适合从事抽水蓄能行业研发、设计、制造、安装、调试、运维等专业技术人员阅读，同时也可供相关科研领域技术人员和大专院校师生参考使用。

图书在版编目（CIP）数据

　　抽水蓄能机组及其辅助设备技术 . 机组调试及试运行 / 国网新源控股有限公司组编 . —北京：中国电力出版社，2019.10
　　ISBN 978-7-5198-3043-4

　　Ⅰ . ①抽…　　Ⅱ . ①国…　　Ⅲ . ①抽水蓄能发电机组－调试方法②抽水蓄能发电机组－运行
Ⅳ . ① TM312

　　中国版本图书馆 CIP 数据核字（2019）第 060289 号

出版发行：中国电力出版社
地　　址：北京市东城区北京站西街 19 号（邮政编码 100005）
网　　址：http://www.cepp.sgcc.com.cn
责任编辑：孙建英（010-63412369）　　杨伟国
责任校对：黄　蓓　朱丽芳
装帧设计：赵姗姗
责任印制：吴　迪

印　　刷：三河市百盛印装有限公司
版　　次：2019 年 10 月第一版
印　　次：2019 年 10 月北京第一次印刷
开　　本：787 毫米 ×1092 毫米　　16 开本
印　　张：17　　插页 3
字　　数：393 千字
印　　数：0001—2000 册
定　　价：90.00 元

丛书编委会

序 一

抽水蓄能是当今世界容量最大、技术经济性能最佳的物理储能方式。截至 2019 年，全球已投运储能容量达到 1.8 亿 kW，抽水蓄能装机容量超过 1.7 亿 kW，占全球储能总量的 94%。我国已建成抽水蓄能电站 35 座，投产容量 2999 万 kW；在建抽水蓄能电站 32 座，容量 4405 万 kW，投产和在建容量均居世界第一。

抽水蓄能电站具有调峰填谷、调频调相、事故备用等重要功能，为电网安全稳定、高质量供电提供着重要保障，也为风电、光电等清洁能源大规模并网消纳提供重要支撑。随着坚强智能电网的不断建设和清洁能源大规模的开发利用，我国能源供给正在发生革命性的变化，发展抽水蓄能已成为能源结构转型的重要战略举措之一。

20 世纪 60 年代，河北岗南抽水蓄能电站投运，拉开了我国抽水蓄能事业的序幕。但在此后二十多年，我国抽水蓄能发展缓慢。20 世纪 90 年代，我国电力系统高速发展，电网调峰需求日趋强烈，随着广东广蓄、北京十三陵、浙江天荒坪三座大型抽水蓄能电站相继投产，抽水蓄能迈入快速发展阶段，但抽水蓄能装备技术积累不足，未能掌握核心技术，机组全部需要进口，国家为此付出巨大代价。

为了尽快实现我国抽水蓄能技术自主化，提高我国高端装备制造业水平，加速我国抽水蓄能电站建设，国家部署以引进技术为切入点开展抽水蓄能机组自主化工作。2003 年 4 月，在国家发展改革委、国家能源局主导下，国家电网公司牵头，联合国内主要装备制造、勘测设计、科研院所等单位，以工程为依托，启动了抽水蓄能机组自主化研制工作。经过"技术引进-消化吸收-自主创新"三个阶段，历时十余年，实现了抽水蓄能机组成套装备的自主化。安徽响水涧、福建仙游、浙江仙居等抽水蓄能电站相继投产，标志着我国已完全掌握大型抽水蓄能机组核心技术。大型抽水蓄能机组成功研制，是践行习近平总书记"大国重器必须牢牢掌握在我们自己手中"的最好体现。

为了更好地总结大型抽水蓄能机组自主化研制工作的技术成果，进一步促进我国抽水蓄能事业快速健康发展，国网新源控股有限公司牵头组织哈尔滨电机厂有限责任公司、东方电机集团东方电机有限公司、南瑞集团有限公司等单位，编写了这套《抽水蓄能机组及其辅助设备技术》著作，为我国抽水蓄能事业做了一件非常有意义的事。这套著作的出版，对促进抽水蓄能领域技术人才培养，支撑抽水蓄能事业快速发展将发挥至关重要的作用。

最后，我衷心祝贺这套著作的出版，也衷心感谢所有参加编写的同志们。我坚信，在广大技术人员的不断努力下，我国抽水蓄能事业发展道路将更加宽广，前途将更加光明！

是为序。

中国电机工程学会名誉理事长　郑宝森

2019 年 8 月 15 日

序　二

　　《抽水蓄能机组及其辅助设备技术》这一系统全面阐述抽水蓄能机电技术领域专业知识的"大部头"即将付梓，全书洋洋洒洒二百余万字，共 8 个分册，现嘱我作序，我欣然应允。

　　1882 年，抽水蓄能电站诞生于瑞士苏黎士，经过近 140 年的发展，抽水蓄能机组已由早期的水泵配电动机、水轮机配发电机的四机式机组，逐渐发展为发电电动机、水泵水轮机组成的两机式可逆式机组。在主要参数上，抽水蓄能正沿着更高水头、更大容量、更高转速的技术路线不断迈进，运行水头已提升至 800m 级，单机容量已达到 40 万 kW 级，转子线速度可达到 200m/s，世界上最大的抽水蓄能电站——河北丰宁抽水蓄能电站，装机容量已达到 360 万 kW。

　　大型抽水蓄能机组是公认的发电设备领域高端装备，因其正反向旋转、高水头、高转速、多工况频繁转换的运行特点，使得机组在稳定性与效率上难以兼顾，结构安全性难以保证，精确控制难度极大，被誉为水电技术领域"皇冠上的明珠"。

　　我国对抽水蓄能机组的研究起步较晚，长期未能掌握机组研制核心技术，机组全部需要进口，严重制约了我国抽水蓄能事业的发展。2003 年，在国家有关部门和相关单位的共同努力下，正式启动了抽水蓄能机组成套设备的自主化研制工作。攻关团队历经十年艰苦卓绝的努力，"产、学、研、用"联合攻关，顶住压力，坚持技术引进与自主创新相结合，在大型抽水蓄能机组研制的关键技术上取得了重大突破，成功研制出具有完全自主知识产权的大型抽水蓄能机组，并在安徽响水涧、福建仙游、浙江仙居等抽水蓄能电站实现工程应用，使我国完全掌握了大型抽水蓄能机组研制核心技术。

　　通过自主化研制工作，我国在大型抽水蓄能机组关键技术研发及成套设备研制方面实现了全面突破，在水泵水轮机、发电电动机、控制设备、试验平台和系统集成所需的关键技术方面均实现了自主创新，在水泵水轮机水力开发、发电电动机结构安全设计等专项技术上实现了重大突破，积累了深厚的理论知识、丰富的试验数据和宝贵的实践经验。

为了更好地传承知识、继往开来，国网新源控股有限公司肩负起历史责任，牵头组织编写了这套著作，对我国大型抽水蓄能机组自主化工作进行了全面技术总结，在国内外首次对抽水蓄能机组在研发、设计、制造、安装、调试、运维各领域关键技术进行系统梳理，同时也就交流励磁等抽水蓄能机组技术未来发展方向进行介绍，著作内容完备、结构清晰、语言精练，具有极高的学习、借鉴和参考价值。这套著作的出版，既填补了国内外抽水蓄能技术领域的空白，也为我国抽水蓄能专业技术人才的培养提供了十分重要的参考资料，为我国抽水蓄能事业的健康快速发展奠定了坚实的基础。

　　是为序。

中国工程院院士

2019 年 8 月 1 日

前　言

　　抽水蓄能是当今世界容量最大、最具经济性的大规模储能方式。抽水蓄能电站在电力系统中承担调峰填谷、调频调相、紧急事故备用和黑启动等多种功能，运行灵活、反应快速，是电网安全稳定和风电等清洁能源大规模消纳的重要保障。发展抽水蓄能是构建清洁低碳、安全高效现代能源体系的重要战略举措。

　　长期以来，我国大型抽水蓄能机组设备被国外垄断，严重束缚了我国抽水蓄能事业的发展。国家高度重视抽水蓄能机组设备自主化工作，自 2003 年开始，在国家发展和改革委员会及国家能源局的统一组织、指导和协调下，我国决定以工程为依托，通过统一招标、技贸结合的方式，历经"技术引进—消化吸收—自主创新"三个主要阶段，历经十余年产学研用联合攻关，关键技术取得重大突破，逐步实现了抽水蓄能机组设备自主化，使我国大型抽水蓄能机组设备自主研制能力达到了国际水平。2011 年 10 月，我国第一座机组设备完全自主化的抽水蓄能电站——安徽响水涧抽水蓄能电站成功建成，标志着我国成功掌握了抽水蓄能机组设备研制的核心技术。随着 2013 年 4 月福建仙游抽水蓄能电站的正式投产发电，2016 年 4 月浙江仙居抽水蓄能电站单机容量 37.5 万 kW 机组的成功并网，我国大型抽水蓄能机组自主化设备不断获得推广应用，强有力地支撑了我国抽水蓄能行业的快速发展。

　　近年来，随着我国经济和电力工业的快速发展，我国抽水蓄能事业取得了非凡成就，在大型抽水蓄能机组设备自主化方面，更是取得了丰硕的科技成果。为了全面展示我国抽水蓄能机组自主化工作成就，提高我国抽水蓄能设备研发、设计、制造、安装、调试、运维水平，促进我国抽水蓄能领域技术人才培养，满足我国当前抽水蓄能事业快速发展的需要，为我国抽水蓄能建设打下更坚实的基础，国网新源控股有限公司决定组织编撰出版《抽水蓄能机组及其辅助设备技术》丛书。

　　本丛书共分为水泵水轮机、发电电动机、调速器、励磁系统、静止变频器、继电保护、计算机监控系统、机组调试及试运行八个分册。丛书具有如下鲜明特点：一是内容全面，涵盖抽水蓄能机组的各个专业。二是反映了我国抽水蓄能机组设备最高技术水平。对我国抽水蓄能机组目前主流的、成熟的技术进行了详尽介绍，着重突出了近年来出现的新技术、新方法、新工艺。三是具有一定的技术前瞻性。对大容量高水头机组、变速抽水蓄能机组、智能抽水蓄能电站等新技术进行了展望。四是理论与实践相结合，突出可操作性和实用性。五是填补了国内抽水蓄能机组及其辅助设备技术的空白。本丛书适合从事抽水蓄能行业研发、设计、制造、安装、调试、运维等专业技术人员阅读，同时也可供相关科研技术人员和大专院校师生参考使用。

本丛书由国网新源控股有限公司组织编写，哈尔滨电机厂有限责任公司、东方电气集团东方电机有限公司、南瑞集团水利水电技术分公司、国电南瑞电控分公司、南京南瑞继保电气有限公司、国网新源控股有限公司技术中心等单位分别负责丛书分册的编写任务，中国电力出版社负责校核出版任务。本丛书凝聚了我国抽水蓄能机组设备研发、设计、制造、调试、运维等单位专业技术骨干人员的心血和汗水，同时丛书编写过程中也得到了许多行业内其他单位和专家的大力支持，在此表示诚挚的感谢。

本书是《机组调试及试运行》分册，编写任务由国网新源控股有限公司技术中心承担，樊玉林、秦俊担任主编，胡清娟、周喜军、刘福、周攀担任副主编，张克、项捷、许要武、常洪军担任主审。

本书主要内容有：调试作用及要求、抽水蓄能电站枢纽布置和接入系统方式；抽水蓄能电站分部调试，主要包括水泵水轮机、发电电动机、主进水阀系统、调速系统、励磁系统、静止变频装置、继电保护和计算机监控系统以及各系统间的联动试验；抽水蓄能电站整组启动试运行，主要包括整组启动条件和启动方式、充水试验、静水试验、动平衡试验、发电方向试验、抽水方向试验、工况转换试验、机组热稳定性试验、涉网试验和 15 天考核试运行；抽水蓄能电站性能试验，主要包括水泵水轮机、发电电动机和计算机监控系统性能试验；数据分析与处理，主要包括调试数据信号分类、信号分析处理、测试误差分析，并结合工程实例对现场调试的数据进行分析和处理。

本书共分五章。第一章由高翔、田侃、王珏编写，第二章由吕滔、邓磊、赵博、刘锋、魏欢、刘思勃、金伟编写，第三章由周攀、刘仁、朱文娟、邓拓夫、王庭政、孙慧芳编写，第四章由张飞、周健编写，第五章由唐拥军、曹坦坦、徐亚鹏编写。

鉴于水平和时间所限，书中难免有疏漏、不妥或错误之处，恳请广大读者批评指正。

编　者

2019 年 7 月 1 日

目　录

序一

序二

前言

第一章　概述 ·· 1

　第一节　调试作用及要求 ·· 1

　第二节　枢纽布置 ··· 5

　第三节　接入系统方式 ·· 12

第二章　分部调试 ··· 22

　第一节　水泵水轮机 ·· 22

　第二节　发电电动机 ·· 27

　第三节　主进水阀系统 ··· 31

　第四节　调速系统 ··· 35

　第五节　励磁系统 ··· 38

　第六节　静止变频装置 ··· 39

　第七节　继电保护系统 ··· 40

　第八节　计算机监控系统 ·· 40

　第九节　各系统间的联动试验 ·································· 43

第三章　整组启动试运行 ·· 50

　第一节　整组启动条件 ··· 50

　第二节　整组启动方式 ··· 58

　第三节　机组充水试验 ··· 62

　第四节　机组静水试验 ··· 67

　第五节　动平衡试验 ·· 78

　第六节　发电方向试验 ··· 80

　第七节　抽水方向试验 ·· 105

　第八节　工况转换试验 ·· 119

　　第九节　机组热稳定试验 ··· 130
　　第十节　涉网试验 ··· 130
　　第十一节　15 天考核试运行 ··· 146

第四章　性能试验 ·· 148
　　第一节　水泵水轮机性能试验 ·· 148
　　第二节　发电电动机性能试验 ·· 166
　　第三节　计算机监控系统性能试验 ·· 185

第五章　数据分析与处理 ·· 191
　　第一节　信号分类 ··· 191
　　第二节　信号分析处理 ··· 193
　　第三节　测试误差分析 ··· 206
　　第四节　调试数据分析与处理 ·· 208

附录 A　调试管理 ··· 238
　　第一节　组织机构 ··· 238
　　第二节　流程管理 ··· 242
　　第三节　验收标准 ··· 251
　　第四节　安全管理 ··· 252
　　第五节　调试质量管理 ··· 255
　　第六节　调试档案管理 ··· 258

附录 B　术语 ··· 260

参考文献 ··· 263

附：彩图 ··· 264

第一章

概　　述

➡ 第一节　调 试 作 用 及 要 求

　　机组调试是指，在机组安装过程中及安装结束后移交生产前，根据设计和设备技术文件的规定对设备进行调整、整定和一系列试验工作的总称。机组调试是机组基建期转生产前的一个重要过程，通过各种试验发现设备设计、制造、安装中的问题并予以修正，通过调整、整定机组控制参量，以实现机组的最优性能。

　　抽水蓄能机组调试可分为分部调试、启动试运行试验两个阶段。分部调试包括设备的单体试运行和分系统试运行。单体试运行主要是对各元件、装置和执行机构等单体设备独立进行的试验，其目的是检验单体设备的性能能否满足相关设计要求，比如定子试验、转子试验、导叶调试、泵调试和控制柜调试等。分系统试运行是在单体设备以及相关的设备、装置、自动化元件等连接并形成一个相对独立的分系统后所进行的机械、电气、控制等部分的联合调试过程，其目的是检验各分系统的性能能否满足相关设计要求，比如励磁系统调试、调速系统调试、监控系统调试、联闭锁及联动调试等。启动试运行试验又称整组启动调试（以下简称启动调试），是分部调试完成后、机组投产前进行的一系列调整试验，通过调整机组的控制参量优化机组特性，保证机组在各种设计工况下能够安全稳定运行。

　　机组性能试验包括发电电动机性能试验、水泵水轮机性能试验和计算机监控系统性能试验，根据相关标准测试机组的主要性能指标和参数，用以检验其是否满足设计要求，比如效率试验、温升试验等。性能试验一般在抽水蓄能机组投产后进行，以保证测得的机组性能指标最具代表性，但鉴于曾有将性能试验在机组投产前完成的先例，且与其他类型的机组相比，抽水蓄能机组的性能试验存在一定的特殊性，因而本书也将其纳入机组调试的范畴。

一、抽水蓄能电站分部调试的内容及要求

　　分部调试是启动调试前非常重要的工序，根据相关标准的规定，抽水蓄能电站应针对 19 个分系统进行分部调试，具体项目见表 1-1。

表 1-1　　　　　　　　　　抽水蓄能电站分部调试项目表

序号	项目
1	直流电源系统调试
2	厂用电系统调试

序号	项目
3	厂房渗漏排水系统和机组检修排水系统调试
4	技术供水系统调试
5	压缩空气系统调试
6	全厂接地系统检测
7	全厂照明系统调试
8	升压及电气一次设备调试
9	电气二次设备调试（包括监控、保护和测量设备）
10	水泵水轮机及其附属设备调试
11	发电电动机及其附属设备调试
12	主进水阀系统调试
13	调速系统调试
14	励磁系统调试
15	静止变频装置系统调试
16	水力量测系统调试
17	消防及火灾报警系统调试
18	通风空调系统调试
19	全厂通信系统调试

针对抽水蓄能电站特点，本书重点阐述水泵水轮机及其附属设备、发电电动机及其附属设备、主进水阀系统、调速系统、励磁系统、静止变频装置系统（Static Frequency Converter，简称 SFC）、继电保护系统、计算机监控系统的分部调试，并对监控系统、励磁系统和静止变频装置系统间的联动试验以及主进水阀与尾水闸门间的联动试验进行介绍。

二、抽水蓄能电站启动调试的内容及要求

抽水蓄能电站的启动调试是对抽水蓄能机组整体性能的调整试验，根据相关标准的规定，可将抽水蓄能机组启动调试内容分为七大项，详见表 1-2。

表 1-2　　　　　　　　　　　抽水蓄能机组启动调试项目

序号	项目	说明
1	机组充水前调试	
1.1	引水系统充水	
1.2	蜗壳与尾水系统充水	
1.3	技术供水调整	
2	机组静水调试	
2.1	机组机械保护和发变组保护联动试验	
2.2	监控流程模拟调试	

序号	项目	说明
2.3	水淹厂房模拟调试	
2.4	导叶静水调试	
2.5	主进水阀静水调试	
2.6	机组静态压水调试	
3	发电方向调试	
3.1	手动开停机调试（发电方向）	
3.2	机组过速试验	
3.3	发电机方向动平衡调试	
3.4	发电机保护带负荷校验	
3.5	发电机短路特性及空载特性试验	
3.6	调速器空载调试	
3.7	励磁空载调试	
3.8	发电方向同期模拟调试	
3.9	机组首次发电并网调试	
3.10	发电工况机械保护调试和电气保护调试	
3.11	甩负荷试验	如与其他机组共用引水流道，原则上还需进行同流道多机甩负荷试验
3.12	机组带负荷调试	
3.13	调速系统负载调试	
3.14	励磁系统负载调试	
3.15	电制动调试	
3.16	发电工况自启停调试	
3.17	水轮机空载热稳定试验	
3.18	发电工况50%、100%轴承热稳定试验	
3.19	事故低油压试验	
4	水泵方向有水调试	
4.1	SFC、励磁、监控配合调试	
4.2	SFC拖动调试	
4.3	水泵方向动平衡调试	
4.4	抽水方向同期模拟调试	
4.5	水泵方向同期并网调试	
4.6	抽水调相停机保护调试	
4.7	溅水功率调试	
4.8	首次泵水调试	
4.9	水泵机械保护停机调试	
4.10	水泵断电调试	如与其他机组共用引水流道，原则上还需进行同流道多机水泵断电调试
4.11	抽水调相自启停调试	
4.12	抽水调相工况轴承热稳定调试	
4.13	水泵自启停调试	
4.14	抽水工况轴承热稳定调试	

序号	项目	说明
4.15	水位调整试验	当采用首台机组泵工况启动方式时，在首台机组泵工况调试后需进行上水库水位调整试验
5	工况转换调试	
5.1	发电与发电调相工况转换调试	
5.2	发电调相保护停机调试	
5.3	发电调相工况自启停调试	
5.4	发电调相工况轴承热稳定调试	
5.5	水泵转水泵调相调试	
5.6	抽水工况转发电调试	
5.7	机组背靠背拖动调试	如有背靠背拖动的设计
6	涉网试验	
6.1	机组一次调频试验	
6.2	机组电力系统稳定器 PSS 试验	
6.3	自动发电控制 AGC 试验	
6.4	机组成组控制试验	
6.5	黑启动试验	如有黑启动设计
6.6	机组进相试验	
7	15 天考核试运行	

本书将在第三章对上述调试项目的具体内容进行详细介绍。其中，发电方向动平衡调试和水泵方向动平衡调试在"动平衡调试"中合并介绍，所有工况的热稳定试验在"机组热稳定试验"中合并介绍。

三、抽水蓄能机组性能试验的内容及要求

抽水蓄能机组的性能试验是对机组某些特定性能指标的测试，其目的是校核机组实际特性指标与设计指标的差别，为不断完善机组设计提供工程数据。根据相关标准的规定，可对水泵水轮机、发电电动机及计算机监控系统进行性能试验，具体试验项目详见表 1-3。

表 1-3　　　　　　　　抽水蓄能机组性能试验项目

序号	项目	说明
1	水泵水轮机性能试验	
1.1	水泵水轮机能量指标试验	合同考核
1.2	水泵水轮机效率试验	合同考核
1.3	抽水工况抽水流量试验	
1.4	水泵最大输入功率试验	合同考核
1.5	导叶漏水量测试	
1.6	动水关主进水阀试验	
1.7	稳定性试验（振动、摆度、压力脉动）	合同考核

序号	项目	说明
1.8	水泵水轮机噪声测试	合同考核
2	发电电动机性能试验	
2.1	发电电动机效率试验	合同考核
2.2	发电电动机温升试验	合同考核
2.3	同步电机总谐波畸变量测试	合同考核
2.4	发电电动机噪声测试	合同考核
2.5	发电电动机零功率因数和 V 形特性试验	
2.6	发电电动机阻抗及时间参数测试	包括：X_d、X_q、X_2、X_0、X_d'、X_d''、X_q''、T_{d0}'、T_d'、T_d''、T_a 等
3	计算机监控系统性能试验	
3.1	实时性能试验	
3.2	中央处理器负荷率试验	
3.3	可靠性、可利用率试验	
3.4	系统安全性试验	
3.5	可扩性试验	
3.6	适应环境能力及抗干扰能力试验	
3.7	可变性试验	

第二节　枢　纽　布　置

抽水蓄能电站利用电力负荷低谷时的电能，将水从下水库抽至上水库；在电力负荷高峰期，再从上水库放水至下水库发电。为满足抽水、发电需要，抽水蓄能电站枢纽工程具有诸多与常规水电站不同的特点。

一、抽水蓄能电站类型及特点

按照开发方式不同，通常抽水蓄能电站可分为纯抽水蓄能电站、混合式抽水蓄能电站两种类型。目前我国所建抽水蓄能电站大多为纯抽水蓄能电站。

（一）纯抽水蓄能电站

当上水库没有天然径流或者天然径流量较小，抽水蓄能电站运行所需要的水来源于上、下水库间彼此循环时，此电站称为纯抽水蓄能电站。

纯抽水蓄能电站主要利用上、下水库之间的自然高差设置输水系统来获得水头，因其有效库容满足装机规模设计需求即可，通常库容较小，对电站选址约束较小。纯抽水蓄能电站的上、下水库形式多样，可利用山区、江河、湖泊或已建水库修建，厂房多采用地下厂房形式，如广州、十三陵、天荒坪、泰安、西龙池、张河湾、呼和浩特等抽水蓄能电站。

纯抽水蓄能电站示意图见图 1-1。

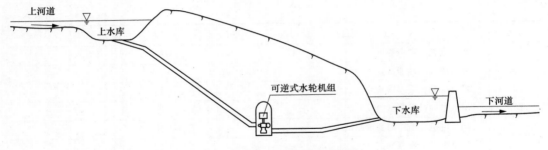

图 1-1　纯抽水蓄能电站示意图

由于纯抽水蓄能电站在站址选择上具有较大自由，此类电站常会选择在负荷中心或电源点处附近建设，以减少输、受电时的电能损失。

（二）混合式抽水蓄能电站

当上水库天然径流较大，为了利用此部分天然径流，电站同时安装了抽水蓄能机组和部分常规水电机组，此电站称为混合式抽水蓄能电站。

混合式抽水蓄能电站通常在常规水电站新建、改建或扩建时加装抽水蓄能机组而成，如岗南、密云、潘家口、响洪甸、白山等水电站。此类电站的水头一般不高，大多在几十米到 100 多米之间。抽水蓄能机组引水发电系统可以与常规电站厂房一起布置，也可以分开布置。

混合式抽水蓄能电站示意图见图 1-2。

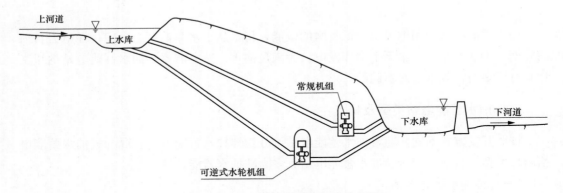

图 1-2　混合式抽水蓄能电站示意图

通常认为，混合式抽水蓄能电站有以下优点：

（1）通过上、下水库的储存调蓄作用，增加了常规机组的发电调峰容量。

（2）抽水蓄能机组和常规机组联合运行，提高了水库泄流能力，有利于水库的防洪调度。

（3）抽水蓄能机组和常规机组联合运行，可以利用原本用来灌溉的放水进行发电，还可以利用汛期弃水发电。

（三）抽水蓄能电站特点

抽水蓄能电站主要承担电力系统的调峰、调频、事故备用及黑启动等任务，被喻为电网安全运行中的"稳定器""调节器""平衡器"。与常规水电站相比，其水工建筑物有以下主要特点。

1. 拥有上、下两个水库

抽水蓄能电站利用电力负荷低谷时的电能，将水从下水库抽至上水库以储存能量，在电力负荷高峰期时，通过上水库放水至下水库获得电能，这种特定的抽水—发电工作模式，要求必须具有上、下两个水库。

2. 水库水位变幅大、升降频繁

与同等装机容量的常规水电站相比，抽水蓄能电站水库库容通常较小。为了承担电网中的调峰填谷任务，抽水蓄能电站水库水位日变幅通常较大一般超过 $10\sim20m$，部分电站甚至达到 $30\sim40m$，且水库水位变动速率较快，一般达 $5\sim8m/h$，部分甚至达到 $8\sim10m/h$。例如：天荒坪抽水蓄能电站日循环的水位变幅 43.5m，抽水时下水库水位降速为 8.85m/h；十三陵抽水蓄能电站上水库水位每天涨落 $2\sim3$ 个循环。这在常规水电站是不会发生的。

3. 水库防渗要求高

纯抽水蓄能电站库容一般不大，其通过天然径流、降雨补给的水量有限，主要依靠从下水库抽水至上水库进行补水。如因上水库渗漏等导致水量大量损失，将减少电站发电量，同时增大充水和补水费用，降低电站的综合效率，因此对水库防渗要求很高。同时，由于抽水蓄能电站水头高、水库水位变幅大、升降频繁，为了防止渗水对工程区水文地质条件造成恶化、产生渗透破坏和集中渗漏，也对抽水蓄能水库防渗提出较高的要求。

4. 水头较高

抽水蓄能电站的水头一般较高，多为 $200\sim800m$，例如，总装机容量 1800MW 的绩溪抽水蓄能电站是我国首个 650m 水头段项目，总装机容量 1400MW 的敦化抽水蓄能电站是我国首个 700m 水头段项目，随着抽水蓄能技术水平的日益提高，我国高水头、大容量电站的数量将会越来越多。

5. 机组安装高程低

可逆式水泵水轮机组的抽水工况空化系数要比发电工况大得多，要求吸出高度常在 $-20\sim-90m$ 之间，为了克服上浮力及渗流对厂房的影响，充分利用围岩特性，近年来国内外建设的大型抽水蓄能电站多采用地下厂房型式。

二、抽水蓄能电站枢纽结构

抽水蓄能电站主要建筑物一般包括：上水库、下水库、输水系统、厂房系统和其他专用建筑物等。典型抽水蓄能电站枢纽布置图见图 1-3、图 1-4 和彩图 1-3、彩图 1-4。

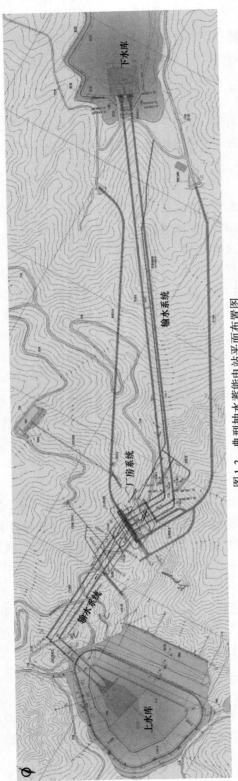

图 1-3　典型抽水蓄能电站平面布置图

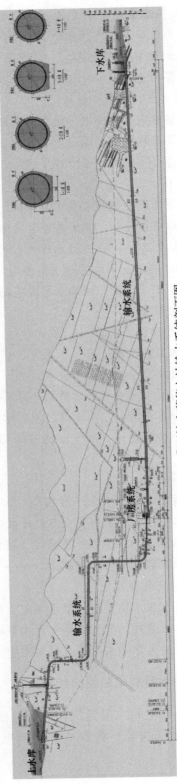

图 1-4　典型抽水蓄能电站输水系统剖面图

（一）上、下水库

上、下水库的布置应因地制宜，根据工程区的水文气象、地形、地质条件、施工条件、环境影响及运行要求等因素，综合各建筑物的功能要求和自然条件，明确各建筑物的布局和相关关系，在系统研究并经技术经济综合比较后确定。

上、下水库库址选择时，应重点关注上水库的防渗条件，两水库间能够形成自然的高差，有一定的天然库容和合理的水位变幅，重视渗漏对岸坡稳定的影响，注意拦排沙建筑物的布置，重视工程与环境的和谐等。

上、下水库的选择一般有以下方式：利用已建水库或天然湖泊，垭口筑坝形成水库，台地筑环形坝加库盆开挖形成水库。目前国内多采用一个坝或多座坝将山顶洼地或垭口封闭以形成水库，各坝坝形通过技术经济比选确定，如天然库容不能满足调节库容需求时还要对库盆进行扩挖。

（二）输水系统

输水系统一般由上水库进/出水口、引水隧洞、引水调压室、高压管道、尾水调压室、尾水隧洞、下水库进/出水口等组成。

上、下水库进/出水口形式多采用侧式，也有部分抽水蓄能电站因地形、地质条件限制而采用竖井式，如西龙池上水库进/出水口。引水隧洞和尾水隧洞是有压隧洞，多采用混凝土衬砌和钢管衬砌两种结构。高压管道在立面布置上有竖井、斜井、竖井与斜井相结合等形式，在平面布置上可分为单管单机、一管两机和一管多机等形式。高压管道、岔管部分可采用钢板衬砌，视水头高低、埋藏深度和围岩条件的优劣而定。调压室可设在厂房上游或下游，亦可上下游均设，视上下游输水系统长度及调保计算成果而定。

（三）厂房系统

抽水蓄能电站厂房系统多采用地下厂房，开发方式分为首部、中部、尾部等。一般组成包括主厂房、副厂房、主变压器室、母线洞、出线洞、进厂交通洞、通风洞、排水廊道等。开关站及出线场可布置于地面或地下洞室内。典型抽水蓄能电站厂房布置见图1-5。

（四）专用建筑物

1. 拦排沙建筑物

在多泥沙河流修建的抽水蓄能电站，必须对泥沙问题予以高度重视，一般通过拦排沙工程解决泥沙入库问题，或在主汛期通过停机、避沙运行措施解决泥沙过机问题。

拦沙坝作为重要的拦排沙措施在抽水蓄能电站中应用较多，如张河湾、呼和浩特等抽水蓄能电站。呼和浩特抽水蓄能电站利用河弯作下水库，拦河坝、拦沙坝将下水库分隔成拦沙库和抽水蓄能电站专用下水库，拦沙库及泄洪洞负责拦洪排沙，抽水蓄能电站专用下水库用于发电，彻底解决了泥沙问题。

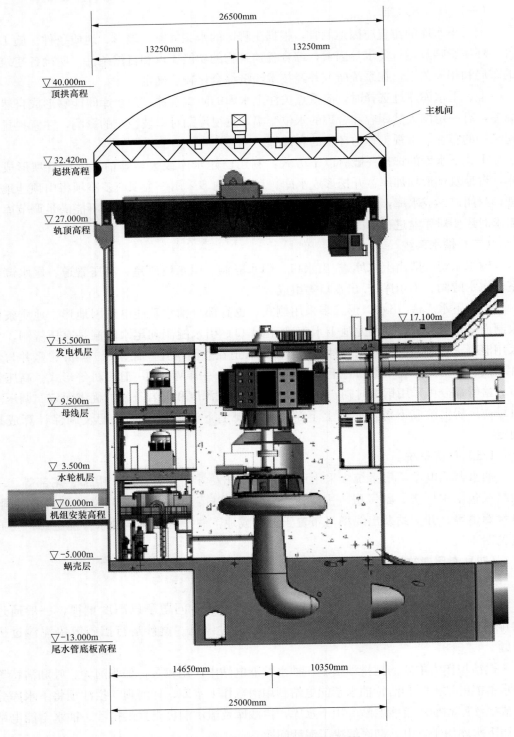

图 1-5　抽水蓄能电站厂房典型布置图

2. 补水建筑物

抽水蓄能电站库容大多较小，水库和水道渗漏、蒸发造成的水量损失需通过补水工程进行补给。如西龙池抽水蓄能电站上/下水库均为人工开挖填筑而成，无天然径流补给，下水库设有专门的补水设施。又如呼和浩特抽水蓄能电站地处干旱地区，上水库完全由人工开挖填筑形成，同样设置补水设施，其补水通过拦沙坝内的埋管将拦沙蓄水库中的水以自流方式补给下水库。

3. 取（进）水建筑物

取（进）水建筑物是指输水建筑物的首部建筑物，如引水隧洞的进口段、灌溉渠首、供水用的进水闸、扬水站等。在抽水蓄能电站中，由于特定的抽水—发电工作模式，取（进）水建筑物主要指连接上/下水库的进/出水口段。

4. 交通工程

抽水蓄能电站一般上、下水库距离较远，地下洞室群复杂，需要建设专用的交通工程，连接上、下水库及电站各洞室。交通工程要结合当地交通运输发展规划，运输能力需满足施工期物资、材料、设备等各项需求，运输指标要经济合理且运行安全可靠。

5. 其他建筑物

在抽水蓄能电站建设中，为满足特定的灌溉、过坝等功能，有时需要修建灌渠、升船机、鱼道等，专用建筑物，在具体工程实践中，应根据不同的需要，进行相应论证后有选择性地建设，本书不做过多阐述。

三、枢纽布置对调试的影响

抽水蓄能电站枢纽布置对调试的影响是多方面的，在调试前需要对这些影响因素进行全面梳理，并根据这些因素对调试方案进行适当的补充和调整。

为节省投资和缩短工期，相关规程推荐抽水蓄能电站的首次启动采用水泵方向启动，但如果上水库有天然来水，可根据实际情况采用水轮机方向启动。水轮机方向启动相对水泵方向启动比较简单，可以在机组带电压之前将主要保护校验完毕，关于两种启动方式的差异将在第三章中介绍。

对于引水管路为一管多机的电站，除了常规的机组甩负荷试验外需要增加一管多机甩负荷试验和一管多机的切泵试验。

对于设置调压井的机组，在调试过程中需要增加对调压井运行参数的监控，特别是下游设置调压井的机组，应在调试期间观察调压井水位在过渡过程中对机组负荷的影响，并制定相应的措施。

对于水库水位变幅较大的电站，在机组调试过程中，需要考虑机组运行水头变化的因素，根据实际情况，最好能够完成高低水头下机组的运行特性测试，检查机组运行稳定性与水头的关系，检查机组在高低水头一次调频能力等。

⚘ 第三节　接入系统方式

一、电站接入系统

（一）抽水蓄能电站的作用和运行特点

对电网而言，抽水蓄能电站运行具有以下特点：

（1）它既是发电厂，又是用户，其填谷作用是其他任何类型发电厂所没有的。

（2）启动迅速，运行灵活、可靠，可对负荷的急剧变化做出快速反应。必要时可以在很短时间内由抽水转换为发电，其短时间调节能力为装机容量的两倍。

（3）主要有发电和抽水两种运行工况。两种工况随着电网负荷变化和运行需要，每日数次交替出现，电站出线潮流经常正反向变换。

（二）抽水蓄能电站接入系统的特点

抽水蓄能电站接入系统的方式与电站的装机容量、地理位置、所在电网的发展和网络结构、运行方式及其在电网中的作用等紧密相关。与常规水电站相比，抽水蓄能电站的接入系统具有以下特点：

（1）电站的地理位置一般距负荷中心较近，输电距离较短。

（2）一般不作为枢纽变电站，没有穿越功率，不承担近区负荷供电。通常采用一级高电压接入电网枢纽变电站。

（3）出线回路数相对较少，满足输送容量、系统稳定和可靠性要求即可，通常只以1～2回高压线路接入电网。

二、电气主接线

（一）主接线的设计原则

（1）电气主接线设计需要适应抽水蓄能电站的运行特点，选择简单清晰、满足可靠性设计要求、适合运行工况变化而且操作方便、运行灵活、投资合理的接线方案。

（2）电气主接线应综合考虑电站单机容量和台数、出线电压和回路数、系统要求、枢纽布置等因素。

（3）由于抽水蓄能电站有发电和抽水两种运行工况，其电气主接线设计还应考虑机组的启动方式、同期方式、可逆式机组换相隔离开关的设置方式等因素。

（二）发电电动机—主变压器组接线

发电电动机—主变压器组合接线方式通常有单元接线、联合单元接线和扩大单元接线三种形式，常见组合方案如图1-6所示，技术经济性能比较如表1-4所示。

综合分析，方案一（单元接线）可靠性、灵活性较优，但投资高；方案三（扩大单元）可靠性、灵活性稍差，投资低；方案二（联合单元）可靠性、灵活性适中，投资低，应用广泛。目前，国内装机4～6台的抽水蓄能电站大多采用两台机组联合单元接线方式。

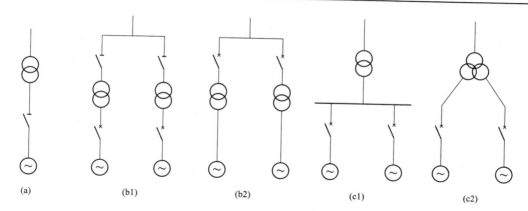

图 1-6　发电电动机—主变压器几种组合方案

（a）单元接线；（b1）联合单元接线之一；（b2）联合单元接线之二；

（c1）扩大单元接线之一；（c2）扩大单元接线之二

表 1-4　　　　　　　发电电动机—主变压器组合方式技术经济比较汇总表

项目		方案一（单元接线）	方案二（联合单元接线）	方案三（扩大单元接线）
图示		见图 1-6（a）	见图 1-6（b1）	见图 1-6（c2）
技术经济综合比较		主变压器故障或检修，停一台发电电动机	主变压器故障或检修，停一台发电电动机（短时停两台）	主变压器故障或检修，停两台发电电动机
		可靠性最高	可靠性较高	可靠性稍差
		运行方式灵活	运行方式较灵活	运行灵活性较差
		主变压器检修与维护工作量小	主变压器检修与维护工作量小	主变压器检修与维护工作量较大（采用单相或组合变压器）
		高、低压侧布置清晰简单	低压侧布置清晰简单，高压侧布置稍复杂	低压侧母线布置复杂，高压侧布置简单
		高压侧引出线回路多，接线复杂，开关站占地面积大	高压侧引出线回路少，接线简单，开关站占地面积小	高压侧引出线回路少，接线简单，开关站占地面积小
		投资高	投资低	投资低
		公路与铁路运输均可	公路与铁路运输均可	低压侧双分裂三相变压器运输超限，采用单相或三相组合式公路和铁路运输均可

（三）高压侧接线

抽水蓄能电站具有出线回路少、出线电压高、无穿越功率、无需承担地区供电负荷、纯抽水蓄能电站机组全停时不会造成电能浪费等特点。抽水蓄能电站一般地处深山峡谷，为减少地面开关站土建开挖，降低高边坡风险，提高设备运行可靠性，降低设备维护工作量，电站的高压配电装置普遍采用气体绝缘全封闭组合电器（Gas Insulated Switchgear，简称 GIS）。因此，抽水蓄能电站的高压侧接线设计，应在满足系统对电站接线可靠性要求下，尽可能简化。

目前，抽水蓄能电站高压侧较多采用二进一出、二进二出及三进二出等进出线回路方式。

常见二进一出、二进二出及三进二出高压侧接线方案分别如图1-7～图1-9所示。

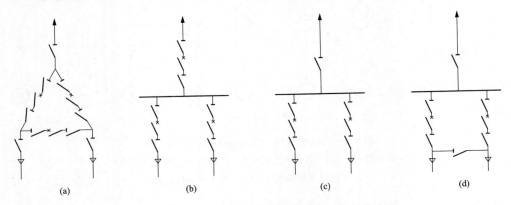

图1-7　二进一出高压侧接线方案

（a）三角形接线；（b）单母线接线；（c）不完全单母线接线；（d）不完全单母线加跨条

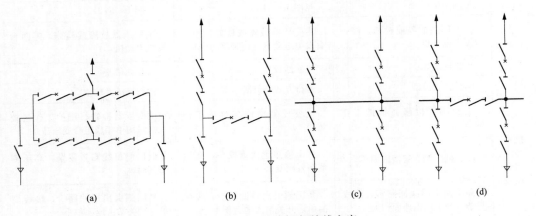

图1-8　二进二出高压侧接线方案

（a）四角形接线；（b）内桥接线；（c）单母线接线；（d）单母分段接线

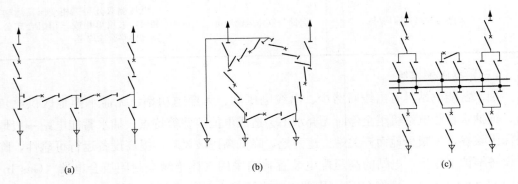

图1-9　三进二出高压侧接线方案（一）

（a）双内桥接线；（b）五角形接线；（c）双母线接线

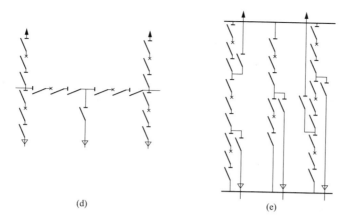

图 1-9　三进二出高压侧接线方案（二）

（d）不完全单母线分段接线；（e）一倍半接线

角形接线和一倍半接线中，每一回路均对应两台断路器，任一断路器故障或检修均不影响本回路的正常运行，可靠性较高。当进出线回路数为 6 回及以上时，角形接线断路器较多，开环的几率增大，可靠性低，可采用一倍半接线形成多个环形，可靠性高。

单母线分段、双母线和单母线接线，每个进出线回路均对应一组断路器，接线简单清晰，布置简单，运行经验较多，可靠性较角形接线或一倍半接线低。

桥形接线简单清晰，断路器数量少，投资较省，可靠性稍低。但当桥联断路器故障或检修时，断路器两侧进出线回路将解列运行，可靠性大大降低，此时如有穿越功率通过，则无法送出。

（四）机组抽水工况启动方式

抽水蓄能电站抽水工况启动方式主要有异步启动、同步启动、半同步启动、同轴小电机启动和变频启动 5 种。

异步启动方式，包括全压异步和降压异步启动。全压异步启动，直接由电网带动启动，对系统冲击大，仅适用于小容量机组；降压异步启动，通过电抗器或变压器降压启动，对系统冲击较大，仅适用于中、小容量机组。

半同步启动方式，是异步启动和同步启动的组合方式，先异步后同步，但由于半同步过程需分别操作两台机组，控制回路较复杂，故很少采用。

同轴小电机启动方式，是指设置 1 台同轴小容量电机进行机组启动。该方式会导致机组总效率降低，主机高度增加，不利于机组稳定运行，目前已不再采用。

同步启动方式，是利用本电站或相邻电站机组作为启动电源，进行背靠背启动。对于纯抽水蓄能电站而言，同步启动方式不能启动最后一台机组，故背靠背方式通常作为抽水工况启动的备用方式。

变频启动方式，采用静止变频启动装置产生零到额定频率的变频电源，启动电动机并拖至同步转速。该方式具有启动容量大、速度快、可靠性高、维护工作量小、对系统影响小等优点，通常作为抽水工况启动的主选方式。

目前，对于大型抽水蓄能电站的抽水工况启动方式，当机组台数不超过 6 台时，通常采用 1 套静止变频启动装置为主，同步启动（背靠背启动）为辅；当机组台数为 6 台或 6 台以上时，通常设置 2 套静止变频启动装置，并互为备用。

（五）工程应用实例

国内已投运和在建的部分抽水蓄能电站主接线简图，如图 1-10～图 1-21 所示。

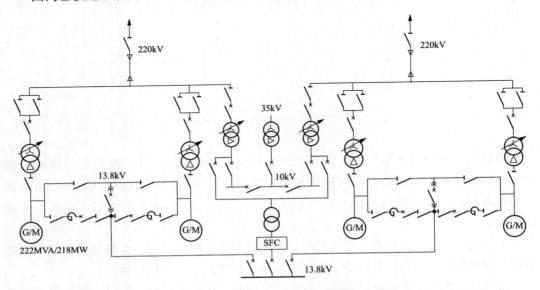

图 1-10　某抽水蓄能电站变压器—线路组主接线

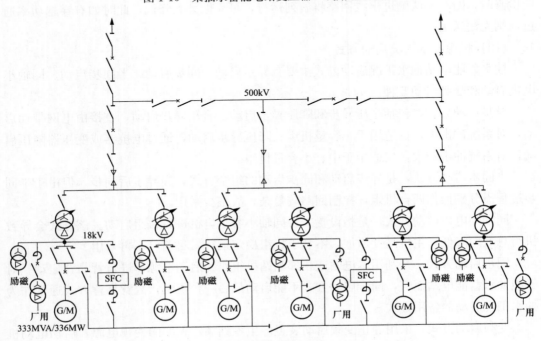

图 1-11　某抽水蓄能电站不完全三分段主接线

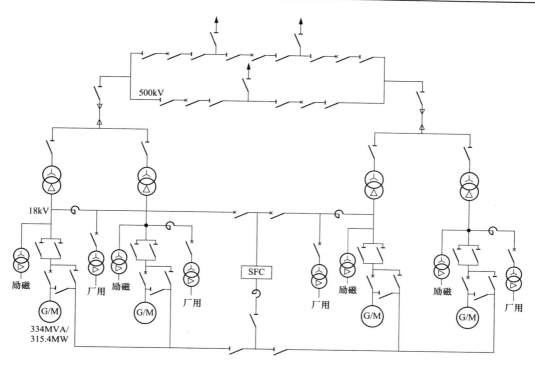

图 1-12　某抽水蓄能电站五角形主接线图

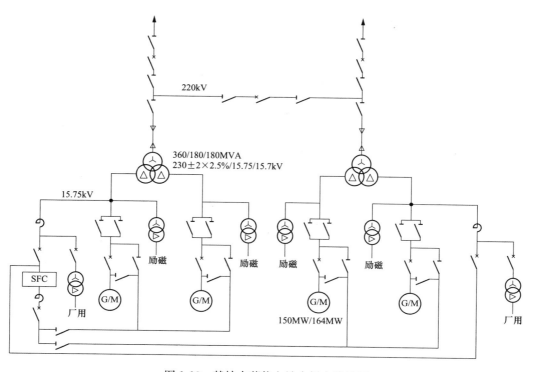

图 1-13　某抽水蓄能电站内桥主接线图

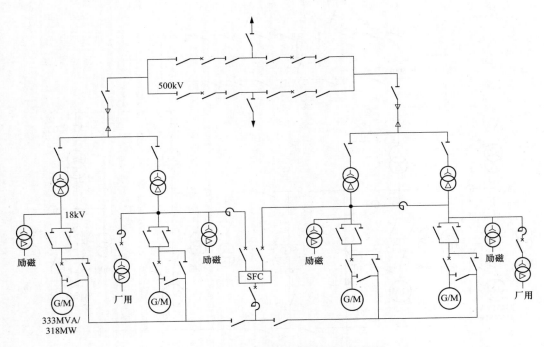

图 1-14　某抽水蓄能电站四角形主接线图

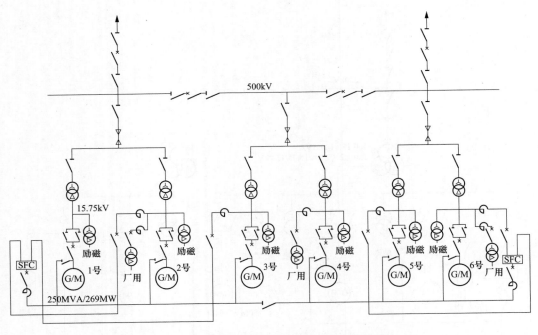

图 1-15　某抽水蓄能电站扩大内桥主接线图

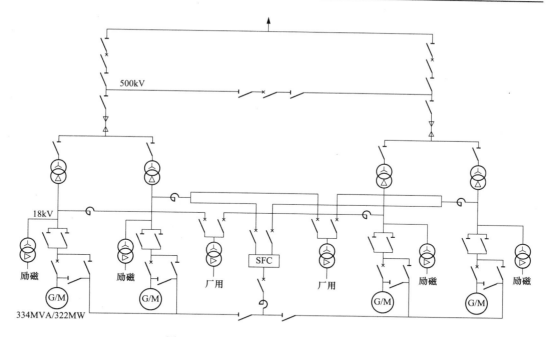

图 1-16 某抽水蓄能电站三角形主接线图

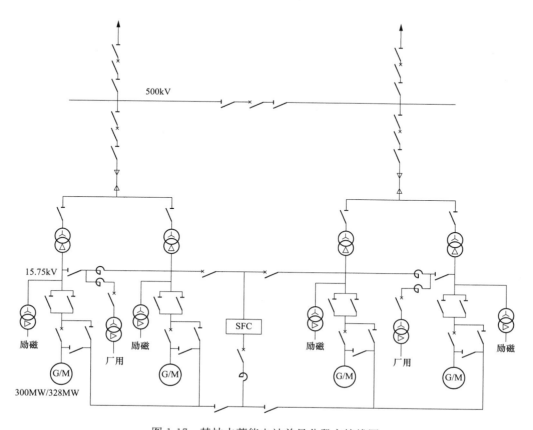

图 1-17 某抽水蓄能电站单母分段主接线图

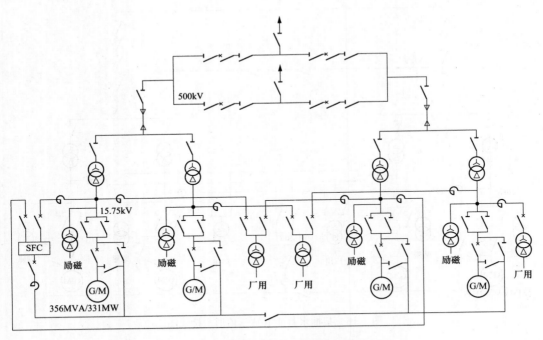

图 1-18　某抽水蓄能电站四角形主接线图

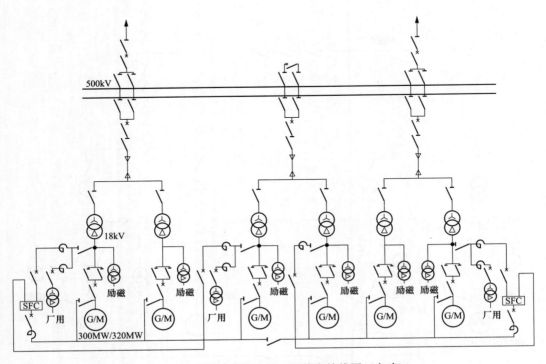

图 1-19　某抽水蓄能电站双母线主接线图（在建）

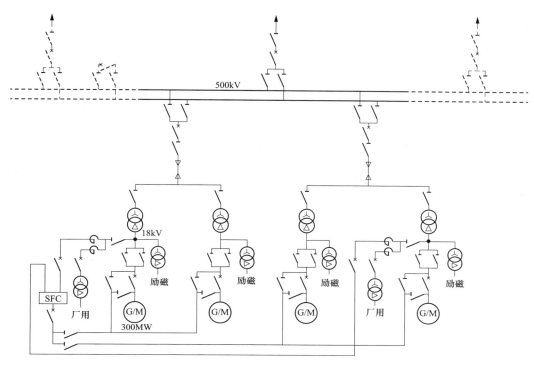

图 1-20 某抽水蓄能电站双母线主接线图

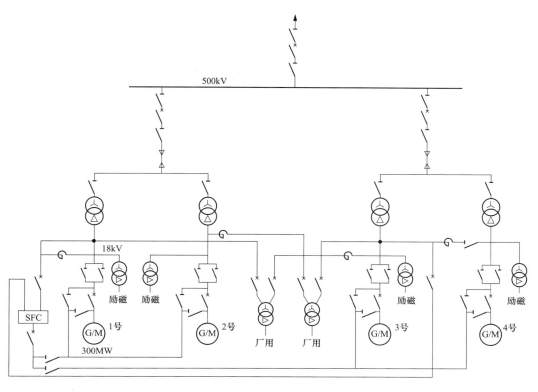

图 1-21 某抽水蓄能电站单母线主接线图

分 部 调 试

⊪ 第一节 水 泵 水 轮 机

水泵水轮机主要分为混流式、斜流式和贯流式，适用于不同的水头/扬程范围。

水泵水轮机及辅助设备包括转轮、主轴、主轴密封、水导轴承、顶盖、底环、蜗壳、座环、导水机构（包括活动导叶、导叶接力器、控制环）、尾水管、机坑里衬等。与之配套的水泵水轮机辅助设备典型配置包括主轴密封气系统、冷却水系统、空气围带装置、水导外循环冷却系统、顶盖排水系统、调相压水装置、剪断销监测装置、水力测量监测系统、导叶接力器锁锭及自动化元件等。

一、主轴密封

主轴密封主要作用是阻止转轮室的水进入顶盖，在机组调相运行时阻止压缩空气从转轮室逸出，减少补气量，一般采用轴向或径向密封方式。

轴向主轴密封有的会设置辅助气系统，压力一般为 $0\sim0.8$MPa 可调，主要作用是压住主轴密封的密封环，防止其被水顶起。在调试中，应合理调整压力值，压力过高会导致主轴密封磨损过快，如果压力太高，严重时可能会导致冷却水无法进入主轴密封动环和密封环之间，造成主轴密封损坏。轴向主轴密封在不设置辅助气系统时，一般会采用弹簧压紧方式，调试时需注意调整弹簧压力大小和安装的平整度，以防止过压或欠压导致主轴密封磨损或失效。

主轴密封冷却水的作用是冷却水泵水轮机主轴工作密封，根据设计规范要求，主轴密封冷却水至少需要两路供水，通常设计为主、备用供水方式。目前常见的主轴密封冷却水供水方式有：技术供水直接供水、增压泵供水和上游减压供水等。

（1）采用技术供水直接供水方式时，取水管路来自机组技术供水管路，由于供水压力较低，冷却效果不佳，目前一般不采用该方式。

（2）采用增压泵供水方式时，水源可取自机组供水，也可取自公用供水，总的供水压力等于尾水压力。由于使用了增压泵，主轴密封冷却水的压力有保障，要保证增压泵电源的可靠性。

（3）采用上游减压供水方式时，有减压阀减压供水和减压环管供水两种方式。采用减压环管供水方式时，水必须流动才能产生减压效果，运行时注意保持冷却水管路的畅通，同时需要配置安全阀，以防止冷却水管路误关闭时管路的安全，冷却水管路选择也需要选择能承受过渡过程压力的管路。

部分主轴密封还开有排气孔、测温孔和测压孔，以及装有密封环磨损指示器，用以监视主轴密封的厚度。

主轴密封分部调试主要关注：

（1）主轴密封冷却水泵或者主轴密封冷却水电动阀调试，与监控系统联动、信号校核；检查增压泵的切换功能，检查增压泵电源丢失时的故障处理。

（2）主轴密封两路冷却水调试，阀门位置状态正确，管路畅通，冷却水流量满足设计要求；主用供水中断时，备用供水应自动投入，并自动发信号，检查主、备用供水切换功能正确。

（3）主轴密封辅助气系统调试，结合静态下的漏水情况调整压力，确保减压阀工作正常，安全阀（如有）需经过校验。

（4）采用弹簧方式压住主轴密封的，弹簧的安装质量应满足厂家要求。

（5）自动化元件信号正确，监控显示正确，通常检查冷却水流量计或流量开关、主轴密封磨损指示器、压力开关和压力表计、主轴密封温度计或主轴密封冷却水温度等。

二、机组检修密封

机组检修密封是在停机或检修水泵水轮机工作密封和水导轴承时需要投入的一种轴承密封，在实际中大多采用空气围带检修密封。机组检修密封通常布置在工作密封下方径向方向，作用是在停机、检修情况下防止尾水进入顶盖，投入检修密封后可在不排空尾水管的情况下拆卸和更换工作密封。

机组检修密封一般设计成机械手动操作方式，通常还要监测其工作状态并将信号送至监控，确保检修密封在投入状态时水泵水轮机不能启动。

三、水导轴承及外循环冷却系统

水导轴承作用是承受机组在各种工况下运行时通过主轴传递过来的径向力，并维持已调好的轴线位置。抽水蓄能电站水导轴承通常为油润滑的乌金瓦导轴承，常见的有稀油自循环分块瓦导轴承和筒式导轴承两种形式。

水导外循环冷却系统采用主、备用泵互为备用方式。当主用泵故障时，应能自动启动备用泵。水导外循环油流量低时宜停机。

水导轴承冷却器的冷却水源取自机组技术供水系统，在冷却水中断后，一般要求，当机组带最大负荷正常运行时，冷却水中断15min内不得烧瓦。

根据GB/T 22581—2008《混流式水泵水轮机基本技术条件要求》水导轴承轴瓦温度不应超过70℃，轴承油温不得超过65℃。

自动化元件通常包括流量传感器或流量开关、温度计、压力表、油温和瓦温检测装置、油位计、油位变送器、油位开关和油混水报警装置。油位计的安装位置应能够准确反应机组运行时的油位。

在水导轴承分部调试时，主要关注：

（1）各自动化元件安装完成，与水泵水轮机辅助控制柜的可编程逻辑控制器（Programmable Logic Controller，简称 PLC）及监控系统联调完成，监控系统定值整定满足厂家要求。

（2）各种故障处理正确，如：水导油循环冷却系统电源故障、电机故障、PLC故障、冷却水流量低、油泵出口压力低等。

（3）水导轴承冷却系统工作正常，阀门位置正确，外循环泵转向正确，冷却水流量满足设计要求。

（4）启机前水导油箱注油完成，油量满足设计要求；注意首次启机前在现场备用一些油，预防低转速时水导油箱内油循环未形成，可以临时注油保护瓦；另外注意向主机厂家核实升速要求。

（5）水导轴承间隙测量值，经安装、监理、业主等各方核实后的数据，需要备份保存，在机组整组启动调试期间如果因瓦温原因调整了瓦间隙，需保留测量记录，并在整组启动完成后由相关责任单位负责提交瓦安装最终间隙值给业主，作为后期运行检修维护的依据。

四、顶盖排水装置

为避免主轴密封漏水、顶盖上导叶轴承及其他渗漏水累积在内顶盖上，顶盖上设有排水装置。顶盖有自流排水孔，渗漏量较小时利用顶盖自流排水孔流出，渗漏量较大时，利用顶盖排水泵系统抽出。当顶盖积水过多超过启泵水位时，主用泵应投入，若水位继续上升至启备用泵水位时，备用泵应投入并发告警信号，顶盖水位过高时宜停机，顶盖排水最后排至渗漏积水井。

顶盖排水系统至少设置 2 台排水泵。排水泵常见的有安装在内顶盖上的电动潜水排水泵、射流泵等，也有安装在机坑内部的离心泵。

顶盖排水装置分部调试主要关注：

（1）水位信号计和水位信号开关动作正确，和水泵水轮机辅助控制柜 PLC 及监控的联动关系正确。

（2）顶盖排水泵转向正确。

（3）模拟水位计动作，检查启主泵、停主泵、启备泵、停备泵等逻辑以及水位高、水位过高等信号。

（4）安装在机坑内部的离心泵，需要注意管路是否堵塞，管路是否需要预先充满水才能达到启动要求等注意事项。

五、调相压水系统

水泵水轮机可在压水条件下，在水轮机或水泵旋转方向作调相运行，此时分别称为发电调相工况（Generator condenser mode，简称 GC）和抽水调相（Pump condenser mode，简称 PC）工况，统称为调相工况。

机组调相工况运行时，向转轮室提供压缩空气的系统称为调相压水系统，其主要作用是利用压缩空气强制压低转轮室水位，使转轮在空气中旋转，可以减少阻力从而降低电能的消耗。在尾水管进口和/或顶盖适当部位设置压缩空气充气接口，在顶盖和/或尾水管进口适当部位设置排气接口，为了避免蜗壳顶部积累气体，蜗壳顶部还设有蜗壳排气管路。

为满足转轮室压水用气和转轮在空气中旋转的漏气补给的需要，调相压水系统主要包括调相压水气罐及附件、控制操作阀门、自动化元件、水位信号器等。

其中：

储气罐及附件包括储气罐、安全阀、压力表、压力传感器、压力开关、排污阀、手动阀等组成。

控制操作阀门主要有压气阀、补气阀、顶盖排气液压阀、蜗壳排气阀、蜗壳泄压阀、水环排水阀、尾水管排气阀等液压阀门及相应的控制电磁阀，顶盖排气电动阀等电动阀门，止漏环冷却水阀，尾水管水位计等组成。其中水环排水阀和尾水管排气阀不是必须配备的；顶盖排气液压阀又称为转轮排气阀；蜗壳泄压阀有的电站称为蜗壳平压阀，位于蜗壳和尾水管联通管路上；补气阀和止漏环冷却水阀可采用液压阀或电动阀。每个控制操作阀门均有位置开关反馈限制阀门的开关状态。

水位信号器主要指尾水管水位计，有磁翻板式、超声波水位计等多种形式的水位计，配置有水位低、水位低低、水位高、水位高高等多个水位开关，有的水位计还可上送模拟量信号。

有的机组转轮外侧开有 4 个水环排水孔，通过水环排水阀排至机组尾水管。在排水阀处装有一个电阻温度探测器（Resistance Temperature Detector，简称 RTD）检测水环的温度，以监视该系统是否完好。

调相压水装置分部调试主要关注：

（1）控制操作阀门的动作时间，包括蜗壳排气阀、蜗壳泄压阀、压气阀、补气阀、顶盖排气阀、止漏环冷却水阀、转轮排气电动阀的动作时间。

（2）检查记录尾水锥管上的水位计的安装高程。

（3）自动化元器件的信号是否正确。

（4）机组现地控制单元（Local Control Unit，简称 LCU）和/或现地 PLC 已通电，控制逻辑已正确输入，控制柜上的指示灯指示正确，现地控制按钮能够正确启动充气压水或排气回水流程。

（5）应进行压气罐的容量试验，测取单次压水的压力下降值和 2 次连续压水的压力下降值。

（6）监控与调相压水系统联调，包括监控信号显示，远方充气压水功能、远方排气回水功能测试和现地 PLC 通信功能的调试。

（7）静态故障模拟试验，包括压气期间、补气期间和排气回水过程的终止试验，检查记录调相压水系统停机流程是否正确，各阀门状态是否正确，管路是否出现漏气、漏油现象。

（8）测取 1 次压水后高压气机补气到额定压力的时间；测取连续 2 次压水后，高压气机补气到额定压力的时间。

除上述试验内容外，还应注意试验期间的安全措施，主要有：

（1）本机组调相压气罐与其他机组调相压气罐安全隔离已完成。

（2）防止调相压水调试时排气伤人，试验期间排气管出口（集水井处）应悬挂"此地危险　禁止入内"的警示牌。其他机组共用调相压气排气管路的阀门或者堵头、闷头安装、挂牌完毕。机组调试期间，此处应无工作和人员在场。特别注意的是安装单位安装机组调相压气相关管路、阀门时，应提出申请，获得许可后才可以开展安装工作，在机组进行调相试验期间，严禁开展工作，避免出现意外。

（3）液压阀、电动阀、控制油管路及气管路旁应无与试验无关的人员，重要设备旁应有专人看护。

（4）核实蜗壳泄压阀的选型，核实蜗壳泄压管路的压力等级，确保蜗壳泄压液控阀在主进水阀工作密封退出蜗壳承受高压前保持关闭状态。

六、水力测量系统

水力测量系统分部调试主要关注：

（1）尾水差压管路高低压侧是否接反，尾水管进口面积比尾水管出口面积小，流量一样的条件下，尾水管进口流速大于尾水管出口流速，根据伯努利方程，流速大则压力小，因此尾水差压管路中的低压侧为尾水管进口，高压侧为尾水管出口，管路接反将导致测试数据不正确。

（2）所有的水力量测管路应有排气管路或者排气阀门，在机组尾水管和蜗壳充水后，应排除管路中的空气，特别是进行重要试验如甩负荷试验、水泵断电试验前，应充分排除管路中的空气，且重要压力测试应就近测量，以避免测试数据受到影响。

（3）所有水力量测信号与监控联调，监控系统信号显示正确。

七、导叶位置开关

导叶位置开关，主要反映导叶接力器的位置，通常有导叶全关、发电空载、导叶全开、导叶最小抽水开度等位置开关，有的还有抽水工况分发电机出口断路器（Generator Circle Braker，简称 GCB）的位置开关，主要用于水泵方向正常停机和事故停机时分 GCB 时机组抽水功率较小，如不大于 33％最大输入功率。

导叶位置开关分部调试主要关注：

（1）导叶接力器关闭腔有压的条件下调整导叶全关和导叶全关信号。

（2）发电空载开度、导叶最小抽水开度位置由主机厂家提前给出定值，现场调整确定。

（3）抽水工况分 GCB 时导叶位置开关由主机厂家提前给出定值，经过水泵转水泵调相工况后最终确定。

八、导叶接力器锁锭

导叶接力器锁锭有液压锁锭和机械锁锭两种方式，主要用于锁定导叶接力器位置，不让其发生移动或移位，以保证安全。在导叶全关位置时，使用液压锁锭，部分电站配置有机械锁锭，以保证导叶接力器在全关时不动作。

导叶接力器锁锭调试主要指液压锁锭调试，主要关注：

（1）液压锁锭的投退应在导叶接力器关闭腔油压正常的条件下进行，以保证导叶接力器将导叶压至全关并压紧位置，以防止导叶压紧行程的反弹导致导叶液压锁锭动作时卡死。

（2）接力器锁锭动作试验时，水车室有专人值守，蜗壳和尾水管内无人工作，门外有专人值守，或者蜗壳进人门和尾水管进人门已封门。

（3）接力器锁锭反馈信号监控系统显示正确，监控远方投退正确。

第二节 发电电动机

发电电动机包括本体和辅助设备两部分。其中，本体包括定子、转子、主轴、推力轴承及导轴承等部分；辅助设备包括轴承冷却系统、机械制动装置、油雾吸收装置、碳粉吸收装置、高压油顶起装置、消防系统及振动摆动监测系统等。

本节主要介绍发电电动机配套辅助设备的分部调试，发电电动机本体的安装以及定、转子各部位的预防性试验应在辅助设备的分部调试前完成。另外，机组的发电电动机以及水泵水轮机安装完成后，需要采用盘车的方式进行轴线调整，轴线调整完成后，方可开展发电电动机辅助设备的调试工作。

发电电动机辅助设备功能简介如下：

（1）碳粉吸收装置：是收集集电环室的碳粉粉尘，减少油泥避免由此导致的爬电放电故障。

（2）推力外置式强迫油循环水冷系统：简称推力轴承油循环系统，主要用于推力轴瓦的冷却。

（3）高压油顶起装置：在机组启动和停机时，向推力轴承表面喷射高压油，在推力瓦表面形成油膜，减小表面摩擦力，从而避免推力瓦的磨损。高压油顶起装置在机组启停机过程中和机组蠕动时投入。

（4）机械制动装置：其工作原理类似于汽车、行车等转动部件配置的刹车片，其作用就是用于机组的机械制动和静态防转。

（5）粉尘吸收装置：是机械制动装置的配套设备，用于收集机械制动过程中产生的机械制动粉尘。

（6）油雾吸收装置：用于收集机组在转动过程中导轴承油槽周围逸散的油雾。

碳粉吸收装置、推力外置式强迫油循环水冷系统、粉尘吸收装置、油雾吸收装置的调试，一般与计算机监控系统进行联动试验，不需单独进行分部调试。下面将主要介绍高压油顶起装置、机械制动装置、推力外循环以及发电动机消防系统的分部试验。

一、高压油顶起装置

高压油顶起装置是现代大型抽水蓄能机组的必备系统，其主要作用是在机组启动和停机时在推力轴承表面喷射高压油，在推力瓦表面形成油膜，减小表面摩擦力，从而避免推力瓦的磨损。高压油顶起装置在机组启停机过程中和机组蠕动时投入。

高压油顶起装置润滑的机理是在机组启动前，用高压油泵将高压油通过输油系统压入每块瓦的高压油室中，将镜板顶起，在镜板与推力瓦接触面上，先形成高压的静压油膜，再启动机组，这样可使机组始终在有油膜润滑状态中运转。当机组转速上升到一定转速后，镜板与推力瓦间可以自动建立油膜，高压油顶起装置停止运行，待机组停机时，高压油顶起装置再次运行，直至机组停稳。

高压油顶起装置是确保机组启停机过程安全运行的重要设备，必须设置两套油泵系统，一套为工作油泵，另一套为备用油泵，在工作油泵故障时，备用油泵自动投入运行，为保证安全及黑启动，备用油泵应为直流泵。某抽水蓄能电站高压油顶起装置系统如图2-1所示。两个油泵一个由交流电机驱动，一个由直流电机驱动，共用同一个进油管、溢流阀、出油管。出油管上一般设置两个压力开关、一块压力表、一个油过滤器和一个差压开关，进油管上设置一个流量开关。

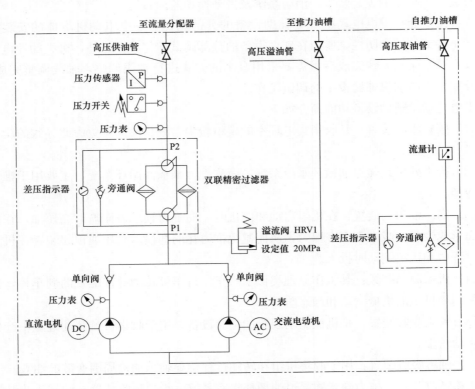

图 2-1　某抽水蓄能电站高压油顶起装置系统图

　　高压油顶起装置是机组启停过程中的重要设备，因此必须保证机组转动前和机组停机转速下降时高压油顶起装置投入。通常的启停逻辑是机组启动流程中退出机械制动器前投入高压油定期装置，或检测到机组蠕动信号自动投入，当机组转速大于95％额定转速且收到高压油顶起装置退出令时退出，或机组已停机至转速为0％且收到高压油顶起装置退出的流程指令时退出。

　　高压油顶起装置分部调试重点如下：

　　（1）高压油顶起装置投退逻辑试验；通过与监控系统的联合静态模拟试验，确保高压油顶起装置在"远方控制"模式下，按照设计要求正确投入与退出。

　　（2）高压油顶起压力试验；检查交流、直流泵单独运行以及两台泵同时运行时的顶起压力是否符合设计值。

　　（3）高压油顶起装置交流泵和直流泵的故障切换试验，交流泵和直流泵应可靠切换。

　　（4）现地操作高压油顶起装置，装置能可靠投入与退出。

二、机械制动装置

　　为防止机组在高转速时投入机械制动导致设备损伤，机械制动装置一般与导叶、断路器位置、机组转速存在闭锁关系，即机械制动装置的投入必须在导叶全关、断路器分位、机组转速小于设定转速的条件下方可投入，而装置的退出无需受闭锁关系的制约。机械制动投入的常规闭锁逻辑如图2-2所示，其他闭锁信号根据电站具体设计加设。

图 2-2　机械制动投入的常规闭锁逻辑

　　机械制动投入时，用压缩空气顶起装设于发电电动机转子制动环下面的制动闸瓦，靠机械摩擦力使机组迅速制动。机械制动摩擦会产生粉尘，需要启动粉尘吸收装置，将粉尘吸到收集装置处。

　　机械制动装置的分部调试重点如下：

　　（1）机械制动的每块制动器应分别设置制动器位置信号装置，在机械制动柜上应能正确显示出制动器顶起与落下的信号，以免机组在机械制动投入的状态下启动。模拟一个或多个制动器位置信号变化，制动器位置信号装置应能正确发出指示信号，同时还应指示出对应制动器位置的编号。

　　（2）调试过程中，先手动投入与退出机械制动，机械制动柜上的信号应正确显示，并在风洞内检查制动器的实际位置应动作正确。然后，将机械制动切到自动，通过监控远程强制操作机械制动的投入与退出，制动器的实际动作情况与机械制动柜的位置信号应正确。

　　（3）机械制动闭锁逻辑试验，将机械制动控制模式置"远方"，与监控系统共同完成机械制动逻辑闭锁试验，应确保动作结果与设计一致。

　　（4）部分电站机械制动装置设计有机械锁定，分部调试前应退出。如果调试前顶转子时管路中有油，分部调试前应将油排净。

三、外循环冷却系统

轴承的冷却技术对推力轴承的性能有着至关重要的影响。目前，抽水蓄能机组轴承循环冷却方式主要为外循环。外循环冷却是指冷却器与推力轴承分别安装在油槽外部和内部的冷却方式。外循环根据循环动力可分为自身泵和外加泵两种形式。

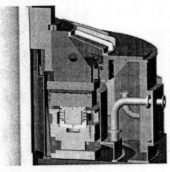

外加泵外循环系统（如图 2-3 所示）在油的循环回路系统中外加一组互为备用的电动油泵，作为循环动力，故障时可自动切换至备用回路工作。现场调试时，分别启用两套油泵系统，检查冷却器进口与出口油压是否在设计油压范围内。模拟工作油泵发生故障的情况，检测是否自动切换到备用油泵正常工作，并发出报警信号。另外，机组整组启动后，需检查冷却器进口与出口油压及油温状况，发现与设计计算值有较大偏差时，应及时停机，排查原因。

图 2-3　某抽水蓄能电站外加泵外循环冷却原理图

自身泵有镜板泵和导瓦泵两种类型，镜板泵是在推力头（或镜板）上加工数个孔并在其外缘装集油槽来形成类似叶片泵的功能。导瓦泵则是在上、下导瓦上加工数个孔来形成类似叶片泵的功能。某抽水蓄能电站机组镜板泵原理简图见图 2-4。

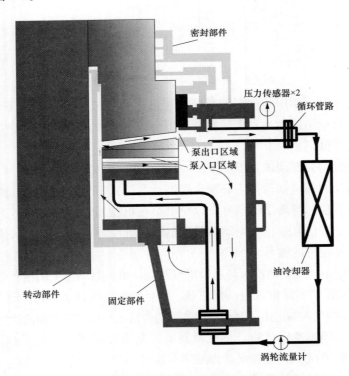

图 2-4　某抽水蓄能电站机组镜板泵原理简图

自身泵只有在机组首次转动到一定转速后，才能测试出推力外循环安装调试是否符合设计要求。因此，在机组首次转动到额定转速的调试过程中，需实时监测推力外循环冷油与热油的温度及温差，另外，推力轴承和油槽温度也需实时关注。如果温度及油压与设计值偏差较大，油压过小，温度升高过快，则需尽快停机，排查故障源。

四、发电电动机消防系统

为了保证发电电动机定子绕组在事故状态下不至于烧毁机组，按照国标相关规定，机组必须在定子绕组端部的适当位置装设灭火装置。常用的灭火方式包括水雾灭火和气体灭火（如二氧化碳灭火）。图 2-5 为国内某电站的消防系统图，采用水雾灭火的方式。每台机组配置一套独立的消防系统，该系统由 4 个感烟探测器、4 个感温探测器、电气控制箱（包括报警和控制功能）、灭火供水雨淋阀及监测元件等组成。

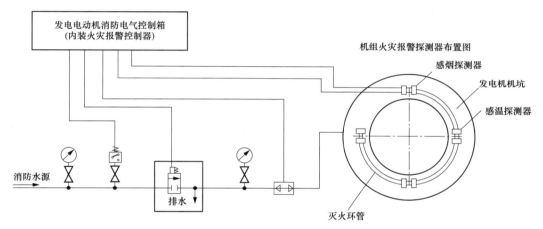

图 2-5　机组消防系统

发电电动机消防系统现场调试重点如下：
（1）烟感、温感传感器的反馈应正常。
（2）喷淋装置的动作逻辑应符合设计。
（3）报警信号与监控和保护系统的联动应正确。

⚜ 第三节　主进水阀系统

主进水阀安装在压力钢管与水泵水轮机蜗壳进口段之间，在机组停机或检修时能可靠关闭，截断水流。主进水阀主要有球阀和蝶阀两种形式，一般蝶阀适用于低水头，球阀适用于中高水头。

主进水阀系统一般包括主进水阀本体、电气控制装置、油压装置、机械液压控制装置、压力水装置和相关自动化元件，有的也将装置称为系统。

电气控制装置主要指现地控制柜，主要包括 PLC、操作按钮、指示灯、继电器、模拟量模块及盘柜内部自动化元件等。

油压装置一般包含油泵、压力油罐、集油箱、漏油箱、压力表、带指示的压力开关、压力变送器、带有阀门的整套油位指示计、油位信号器、安全阀、排气阀（手动）、排污阀、自动补气装置和精密过滤器。

机械液压控制装置主要指油回路相关设备，主要包括为满足自动控制操作需要的阀组、压力表计、管路等。系统框图如图 2-6 所示。

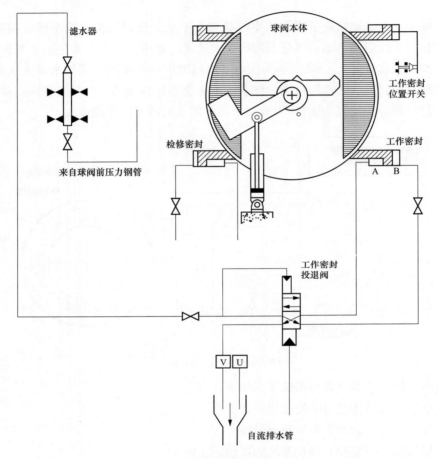

图 2-6　主进水阀控制系统示意图

主进水阀工作密封和检修密封由压力水装置操作，通常包含阀门、管路、密封操作阀组、过滤器装置等，有的水质不好的还包含沉沙装置。

主进水阀有很多种类型，在这里不一一介绍，本节主要介绍目前抽水蓄能电站使用较普遍的油压操作接力器、压力水操作密封和包括旁通系统的主进水阀系统分部调试的主要关注点。

一、油压装置

（1）压力开关、油位开关整定完成，定值满足要求；压力表、压力传感器等信号正确；油混水信号器和呼吸器工作正常。

（2）油泵转动方向正确，油泵启停正确，油泵卸载阀定值整定完成，卸载定值和停泵压力定值匹配。

（3）压力油罐安全阀已经过校验，允许投运；自动排污阀动作正确。

（4）自动补气装置功能正确。

（5）漏油装置手动、自动调试合格，漏油装置投入自动运行状态。

（6）油压装置自动运行功能正常。

（7）油泵能随压力的变化自动启停；自动补气功能能随油位变化和压力变化自动补气和停止补气。

（8）压力油罐密封试验，关闭压力油罐所有阀门，检查8小时后压力油罐和油位变化值，应满足要求。

（9）油质满足标准要求。

二、机械液压控制装置

（1）主进水阀开启电磁阀、主进水阀关闭电磁阀、工作密封投退电磁阀、检修密封投退电磁阀或检修密封手动投退阀、工作旁通阀电磁阀、检修旁通阀电磁阀或检修旁通阀电动阀、紧急停机电磁阀，失电停机电磁、油过滤器等各阀功能正常，动作正确。

（2）管路连接正确，无接反现象。

（3）主进水阀阀体开启关闭功能正常。

（4）主进水阀接力器液压锁锭投退功能正常；机械锁锭功能正常。

（5）与机械过速装置的油路连接完成（如有），快速关阀门的功能正常。

三、密封操作水源装置

（1）检查水过滤器工作正常。

（2）密封操作阀组工作正常。

（3）工作密封、检修密封位置开关信号反馈正常。

四、电气控制装置

（1）与各自动化元件对线完成。

（2）控制面板按钮、指示灯功能正常，参数显示正确。

（3）与监控系统联调完成，包括通信功能联调完成。

五、主进水阀系统调试

主进水阀系统包括自动化元件、机械液压控制装置和电气控制装置等联调。

1. 安全注意事项

（1）一管多机的机组，同一流道其他机组的主进水阀也必须安装完成，具备挡水条件，在引水系统充水前也应完成检修密封投退位置开关反馈信号的安装和调整；工作密封投退位置反馈信号的安装和调整也可在这一阶段进行。

（2）宜在无水条件下启闭主进水阀，检查主进水阀全开状态下与流道的平齐度是否满足要求。

（3）有水条件下进行试验时，应首先进行主进水阀阀体的充水排气；不应采用直接退检修密封的方式对主进水阀阀体充水排气，此种方式易造成主进水阀及上下游管路振动大，对设备不利；宜采用主进水阀底部充水阀（或排污阀）充水，顶部排气阀开启排气的方式进行主进水阀阀体的充水排气。

（4）调试时应防止检修密封、工作密封和主进水阀阀体的刮擦造成设备损伤。

（5）有水调试时应检查安全措施，确认水车室活动导叶已全关，导叶液压锁锭已投入，已采取防止活动导叶打开的液压措施并悬挂警示牌，机械制动已投入，尾水事故闸门已全开，必要时安排专人值守确保安全。

（6）设置有旁通阀机械锁锭时，在检修时应投入，防止油压失压造成旁通阀异常开启，在调试时应先退出机械锁锭。

（7）检查所有阀门和自动化元件位置状态正确，具备主进水阀有水调试条件。

（8）安装后试运行前宜短接接力器连接管，对管道应用油进行反复循环，排除管路空气和杂质，清洗结束后宜对油压装置压力油罐、回油箱及过滤器滤油清洗，确保油质满足要求。

2. 调试内容

（1）完成工作旁通阀、检修旁通阀、主进水阀接力器液压锁锭、检修密封、工作密封的单体投退调试，并记录时间。

（2）完成现地自动开关主进水阀、监控远方自动开关主进水阀试验，并记录主进水阀启闭时间，满足设计要求；同时检查主进水阀全开、全关和 50% 位置开关信号动作的正确性。

（3）确认工作密封退出才能开启主进水阀阀体，确认主进水阀阀体全关才能投入工作密封联闭锁流程的正确性；设计有机械液压回路联闭锁（如有）回路时，应确保主进水阀接力器全关不动作后才能投入工作密封。

（4）确认事故停机关闭主进水阀、失电停机关闭主进水阀、机械过速关闭主进水阀等功能正常。

（5）每个主进水阀的启闭控制流程与配置的设备有关，不尽相同，通常主进水阀开启流程为确认压力油源开启，判断具备开启条件，开启工作旁通阀、判断主进水阀前后压差小于整定值（通常为主进水阀前后压差不大于 30% 最大静水压力）、退出工作密封、退出主进水阀接力器液压锁锭、判断工作密封退出、开启主进水阀、关闭工作旁通阀；主进水阀关闭流程为开启工作旁通阀、关闭主进水阀、判断主进水阀全关、投入工作密封、关闭工作旁通阀、投入主进水阀接力器液压锁锭。

（6）确认事故低油压、事故低油位进入监控系统事故停机启动源，并静态实际泄压排油确认信号正确，不应通过短接接点的方式确认信号的正确性。

（7）容量试验，压力油罐的容量应满足在供油泵不启动的条件下主进水阀接力器在正常下限工作油压下全行程动作 3 次后，油压仍应高于允许的最小操作油压（即事故油压）。在事故油压下应保证主进水阀应能可靠地进行各种运行条件下的关闭操作；其中一个接力器全行程定义为：接力器保证主进水阀开度 0 到 100% 所需的行程或相反。

（8）主进水阀和尾水事故闸门的联闭锁试验内容见联动试验章节。

第四节 调 速 系 统

调速系统主要由电气控制装置、机械液压控制装置、油压装置、测速装置、过速保护装置等组成。系统结构图如图 2-7 所示。

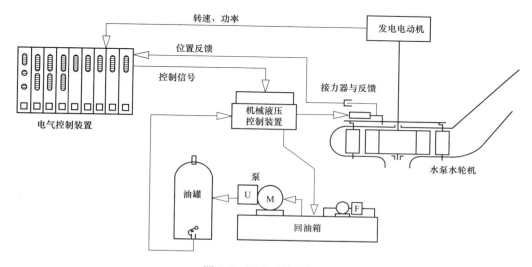

图 2-7 调速系统结构图

各装置的主要构成介绍如下：

（1）电气控制装置指调速器的电气控制部分，一般由主控制器、人机交互界面、电源转换器、通信模块、频率测量模块、功率测量模块、开度测量模块以及继电器等组成的控制系统，俗称电柜。

（2）机械液压控制装置指调速器的机械液压控制部分，一般由主配压阀、过滤器、先导控制阀组、分段关闭装置、事故配压阀（若有）以及自动化元件（机械过速装置）等组成的液压控制系统。典型配置图如图 2-8 所示。

（3）油压装置指供给同步导叶和/或非同步导叶操作用油的装置，一般由回油箱、压力油罐、漏油箱、油泵及其自动化元件和控制装置组成。

（4）测速装置包括齿盘测速装置和残压测频装置。

（5）过速保护装置包括电气过速保护回路和机械过速保护装置。

调速系统分部调试主要内容如下。

一、油压装置

同本章第三节主进水阀油压装置调试内容。

35

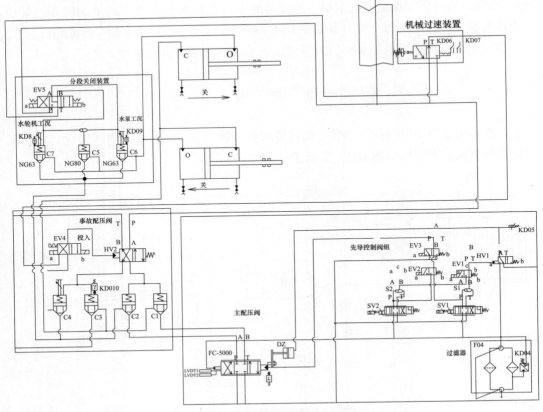

图 2-8　调速器液压系统组成图

二、机械液压控制装置

调速系统机械液压系统主要包括：

（1）电液转换元件或电机转换元件及其开机电磁阀（如有）、得电停机电磁阀、失电停机电磁阀、伺服控制阀、伺服控制阀切换阀、手自动切换阀、油过滤器、主配压阀、事故配压阀等各阀功能正常，动作正确。其典型配置如图 2-9 所示。

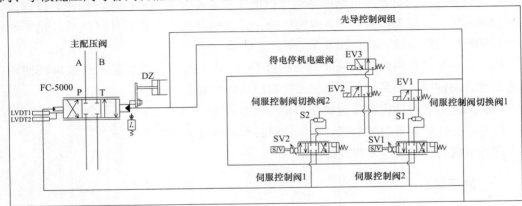

图 2-9　调速器液压控制回路典型配置图

（2）管路连接正确，无接反现象；管路空气已排除。

（3）动作导叶前，宜短接接力器开关机腔压力管路并对主管路进行清洗；清洗结束后宜对油压装置压力油罐、回油箱及过滤器滤油清洗，确保油质满足要求。

（4）导叶开启、关闭功能正常。

（5）在压紧行程调试合格后，测试导叶接力器液压锁锭投退功能，机械锁锭投退功能。

（6）与机械过速装置的油路连接完成（如有），功能正常。

（7）与尾水事故闸门的油路连接完成（如有），功能正常。

三、测速装置

（1）齿盘测速装置探头安装完成，探头距转动部件的距离满足要求。

（2）测速装置绝缘满足要求。

（3）残压测频装置电缆线已接入，满足要求。

四、电气控制装置

（1）两路电源输入正常（一路交流一路直流或者两路直流）；确认两路工作电源均消失时，调速器应采取关机保护的原则。

（2）电气控制装置上电后应检查信号显示，工况显示、参数整定值，按钮、指示灯等信号正常，功能正确。

（3）DI、DO、AI、AO 通信功能正常。

（4）与外部监控系统、励磁系统、高压油顶起装置、机械制动装置、保护系统等设备的联系正常，信号正确。

（5）独立测速装置如由调速器厂家供货，安装在调速器柜内，检查独立测速装置信号显示，参数整定正常，与外部如监控等系统联系正常，信号正确。

（6）检查人机界面显示满足要求，应具有以下显示：机组转速、接力器反馈及开度限制、净水头/扬程、有功功率、永态转差系数/调差率、控制输出、故障、操作级别、手/自动、远方/现地、PID 调节参数、人工死区。

（7）从电源给调节器、输入输出模块、传感器的馈电回路宜设有熔丝或空气开关。

五、调速系统调试

调速系统包括控制环、活动导叶、机械液压控制装置和电气控制装置等联调，应特别注重调速器的静态调试、故障模拟和工况转换模拟调试。

在调试过程中需要注意如下事项：

（1）试验前应做好预防引水系统、尾水系统突然来水和防止机组转动的安全措施。应彻底隔离主进水阀，保证主进水阀不会突然来水。

（2）试验现场不得有影响工作的作业，接力器、油压装置和电气控制装置处应有专职人员值守，蜗壳内或尾水管内有人工作时，蜗壳进人门和尾水管进人门应有专职人员值守。

（3）试验现场照明应充足，试验前应进行安全技术交底，试验人员和专职值守人员应保持通信畅通。

（4）动作导叶前，应在活动导叶压紧的条件下退出导叶液压锁锭和/或导叶机械锁锭，并现场查看确认。

（5）调速器厂家运维手册说明齐全，尤其是故障及处理章节描述完善，满足相关标准要求，需明确描述故障名称、故障原因、故障后果。

调试的主要内容包括如下：

（1）配合水泵水轮机完成接力器行程—导叶开度关系曲线测试。

（2）导叶接力器反馈整定完成；注意导叶开度设定值与导叶电气反馈值偏差应小于0.4%。

（3）调速器开环增益整定完成，静态下开度阶跃响应曲线调节品质满足标准要求。

（4）导叶启闭规律正确；事故配压阀动作关闭时间和主配压阀动作关闭时间应基本一致，且均满足调节保证设计要求；有分段关闭装置时，如为机械装置，检查其工作应正常，满足设计要求。

（5）静态下应完成调速器手动、自动开停机、工况转换模拟试验检查，人机面板显示正确；操作回路和停机回路检查及模拟动作正常；切换试验、故障诊断和容错控制模拟试验正常，故障时应明确指示故障；模拟试验时导叶应动作准确。静态试验可以在蜗壳未充水的条件下，也可以在蜗壳充水的条件下进行，主要指机组静止。

（6）静特性试验完成，转速死区和接力器摆动值满足标准要求。

（7）通信信号正确、对时功能（如有）和故障录波功能（如有）正常。

（8）确认事故停机关闭电磁阀、失电停机关闭电磁阀、紧急事故停机关闭电磁阀、机械过速装置等关闭活动导叶功能正常。

（9）确认事故低油压、事故低油位进入监控系统事故停机启动源，并静态实际泄压排油确认信号正确，不应通过短接接点的方式确认信号的正确性。

（10）容量试验，压力油罐的容量应满足在供油泵不启动的条件下接力器在正常下限工作油压下全行程动作3次后，油压仍应高于允许的最小操作油压（即事故油压）。在事故油压下应保证活动导叶应能可靠地进行各种运行条件下的关闭操作；其中一个接力器全行程定义为：接力器保证导叶开度100%~0%所需的行程或相反的行程。

（11）应与监控系统进行联调试验。

（12）电气控制装置两套控制器均应进行试验。

⠿ 第五节　励　磁　系　统

导体在磁场中运动并切割磁场的磁力线时，导体中将会产生电流，这是发电机工作的基本原理，同样适用于发电电动机。励磁装置就是在电机旋转过程中提供磁场的装置。

励磁装置在发电机并网前调节电机输出电压，并网后调节电机输出无功功率。励磁装置还能提高电机并列运行时的静态和暂态稳定性。因此，励磁装置的调试好坏直接影响机组的稳定运行情况。通常机组励磁装置的调试阶段可分为出厂调试和现场调试。现场调试包括静态调试和动态调试。在机电设备安装过程中通常将静态调试称为分部调试，其目的是为了保证励磁装置在机组动态试验过程中的安全性和稳定性。

励磁装置调试主要依据 DL/T 489—2018《大中型水轮发电机静止整流励磁系统试验规程》，励磁装置的分部调试主要项目有：励磁变压器试验、磁场断路器及磁场断路器试验、非线性电阻及过电压保护器部件试验、功率柜整流试验、小电流试验、模拟量校验、开关量校验、励磁调节器功能试验等。

另外励磁装置分部调试前，检查盘柜内部所有螺栓、测温元件等是否紧固，以避免长途运输后内部紧固件、连接件松动，现场未紧固，起励时造成励磁装置损坏的事故。

励磁装置调试结果评价主要依据 DL/T 583—2018《大中型水轮发电机静止整流励磁系统技术条件》，励磁装置静态试验应确认磁场断路器及磁场断路器的分、合闸时间、开关动作时序符合设计要求，小电流试验典型波形图见图 2-10，示波器波形应一个周波内出现 6 个波头，波形连续变化一致，控制特性关系符合励磁厂家提供的计算公式，电压互感器断线后装置动作逻辑符合设计要求等。

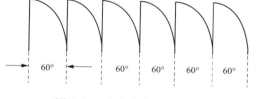

图 2-10　小电流典型波形图

⁜ 第六节　静 止 变 频 装 置

静止变频装置是抽水蓄能机组区别于常规水电机组的典型配置设备，机组抽水工况运行时由静止变频装置将电机拖动到同步转速后同期并网。静止变频装置工作原理和励磁装置工作原理基本类似，都是利用晶闸管整流技术。不同之处在于：

（1）励磁装置仅配置整流桥，静止变频装置配置整流桥和逆变桥。

（2）励磁装置向转子提供磁场控制较简单，静止变频装置向定子提供三相旋转磁场控制较复杂，控制逻辑涉及定相（又称转子位置检测）、强迫换相、自然换相等过程控制。

因此，静止变频装置的试验目的、试验项目、试验方法和励磁装置的内容有共同点也有不同之处。以下简要介绍下静止变频装置的分部调试。

静止变频装置的分部调试主要包括：变压器试验、断路器试验、整流桥试验、逆变桥试验、模拟量校验、开关量校验等。由此可见，静止变频装置的调试项目、调试准备、调试结果评价均可参照励磁装置的调试，需要特别指出的是静止变频装置的灭磁逆变有严格的时序关系，静态调试必须检查逆变桥与输出断路器的时序关系。

另外 SFC 装置分部调试前，检查盘柜内部所有螺栓、测温元件等是否紧固，以避免长途运输后内部紧固件、连接件松动，现场未紧固，起励时造成 SFC 装置损坏的事故。

对于首台机组为水泵方向启动的机组而言，SFC 厂家应设计转速设定值可调整且足够小，例如最小值可以整定为 5% 或者 3%，以判断机组在水泵方向低速下是否有碰摩现象；同时 SFC 控制的内部时序时间可调，以避免首台机组启动 SFC 内部控制时间不可调造成意外跳机；在出厂试验或者现场分部试验时对此功能进行检查。

⊪ 第七节　继 电 保 护 系 统

继电保护系统作为电力系统安全生产体系中的重要设备，在电力安全生产中起着重要的作用，继电保护快速性、灵敏性、选择性、可靠性的体现在很大程度上取决于制造厂生产质量、设计单位合理设计、安装单位安装质量、调试单位现场检测等因素，其中调试验收是保护装置投运的最后一个环节，就显得尤为重要。

继电保护装置调试目的是检验装置板卡器件的可靠性，电气二次回路设计的合理性、安装质量的正确性等。继电保护装置的投运检验应严格按照《继电保护和电网安全自动装置检验规程》执行，检验项目应涵盖电流互感器（Current Transformer，简称TA）、电压互感器（Voltage Transformer，简称 TV）及其二次回路的验收检验，电流、电压互感器的变比、容量、准确级的检验，保护传动试验等。调试时需要提前准备调试资料及工器具，要包括：系统主接线图、继电保护系统配置图、继电保护装置图、调试记录表、万用表、螺丝刀、调试电脑、继电保护测试仪、负载电阻等。

⊪ 第八节　计 算 机 监 控 系 统

计算机监控系统作为水电站机组控制的核心设备，在电站自动化控制中担负重要角色。抽水蓄能电站的计算机监控系统典型配置为分布式布置，即以控制对象为单元，设置多套相应的装置构成现地控制单元，完成控制对象的数据采集和处理、对机组等主要设备的控制和调节及装置间的数据通信等功能。本节主要针对机组计算机监控系统现地控制单元进行介绍。

机组计算机监控系统现地控制单元调试可分为 3 个阶段：

第 1 阶段为装置内部二次回路检查：主要检查电源模件性能、控制模件的信号开入、控制开出、继电器硬线逻辑回路等。

第 2 阶段为软件程序测试：主要是检查流程控制的正确性。

第 3 阶段为系统调试，主要是检查计算机现地控制单元的顺控流程、监测功能、定值标定、容错报警等功能。

其中第 1 阶段、第 2 阶段也可称为装置单体调试，即装置上电即可完成。第 3 阶段必须在计算机监控系统外围设备及监测控制量具备投运条件时方可进行。第 3 阶段是分部调试的重点，主要项目包括：模拟量校核、定值整定、信号容错检查、开入信号核对、开出控制核对、同期二次回路检查、水机回路联动、顺控流程优化等。其调试结果满足设计要求即可。

另外需要关注同期装置的单体调试、不同工况下的参数设置、同期装置和 GCB 的联动等重要工作需实际动作，如果发生同期装置的板卡更换，则同期装置所有相关试验必须重做，以保证调试安全。同时关口计量表必须校验合格。

一、停机流程梳理

监控系统调试比较重要的是机组停机流程的测试，为了测试所有停机回路需在试验前理清停机源、停机对象和停机流程，防止测试时有遗漏，造成安全隐患。停机流程表总结如表 2-1 所示。

表 2-1　　　　　　　　　　　　停 机 流 程 表

序号	类型	停机源	流程
1	正常停机	监控画面停机按钮、下水库水位过低且机组在抽水、上水库水位过低且机组在发电	一般通过主配压阀回路中的控制阀正常减负荷，将导叶关至空载位置，然后跳闸、灭磁、停机
2	水力机械事故停机	监控盘柜事故停机按钮、调速器盘柜事故停机按钮、发电电动机远程柜事故停机按钮、水泵水轮机远程柜事故停机按钮、PLC 事故停机输出	一般通过主配压阀回路中的控制阀快速减负荷，将导叶关至空载位置，然后跳闸、灭磁、停机
3	紧急事故停机	监控盘柜紧急停机按钮、发电机层紧急停机按钮、看门狗、机械过速、电气过速、PLC 紧急停机输出、调速器事故低油压/低油位、主进水阀事故低油压/低油位、光纤硬布线启动	一般通过事故配压阀快速减负荷，至功率接近零时，跳闸、灭磁、停机
4	电气事故停机	FCB 偷跳、发电电动机保护动作、主变压器保护动作、相邻机组发电电动机保护动作、相邻主变压器保护动作	发生故障时启动电气事故回路，同时跳闸、灭磁、停机

二、水机保护回路

水机保护回路分为事故停机硬布线和紧急事故停机硬布线，也有电站采用水机保护 PLC 的模式。

（1）事故停机硬布线启动源：

a. 中控室或发电机层紧急操作按钮箱按钮按下；

b. 机组现地控制单元 LCU 柜电气事故、机械事故停机按钮按下；

c. 发电电动机远程柜事故停机按钮按下；

d. 水泵水轮机远程柜事故停机按钮按下；

e. 调速器机械柜事故停机按钮按下；

f. 机组 LCU 开出事故停机信号；

g. 紧急事故停机硬布线继电器接点动作；

h. 独立光纤硬布线紧急操作系统启动。

（2）紧急事故停机硬布线启动源：

a. 中控室或发电机层紧急操作按钮箱按钮按下；

b. 机组 LCU 柜电气事故停机按钮按下；

c. 电气过速动作；

d. 机械过速动作；

e. 调速器事故低油压、事故低油位；

f. 主进水阀事故低油压、事故低油位；

g. 机组 LCU 开出紧急事故停机信号；

h. 机组 LCU 的 PLC 看门狗发出故障信号；

i. 独立光纤硬布线紧急操作系统启动。

三、停机流程测试

停机逻辑对机组安全运行意义重大，因此在测试该流程时应全面不留死角，在调试过程中一般将正常停机和故障停机的测试分开，如图 2-11 所示为表 2-1 的正常停机流程的示意图。

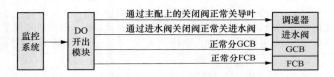

图 2-11　正常停机回路

正常停机回路测试比较简单，一般通过启动停机，检查 DO 开出是否动作，检查调速器、主进水阀、GCB、FCB 是否正确动作，停机流程是否启动来完成整个停机逻辑的验证。

故障停机由于其故障源较为复杂，故障回路多，因此在测试该回路时需要理清流程关系，防止测试的不彻底或者交叉验证造成测试结果的不科学。如图 2-12 所示为表 2-1 的故障停机的示意图。

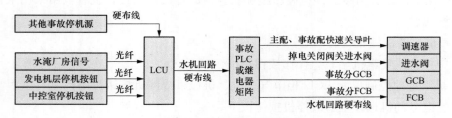

图 2-12　故障停机回路

在进行故障停机测试时一般按照如下步骤开展：

（1）闭锁事故 PLC 或者继电器矩阵的出口，防止测试过程中主进水阀、调速器、FCB、GCB 的频繁动作；

（2）启动光纤硬布线故障源，检查机组 LCU 是否收到从公用 LCU 光纤硬布线过来的故障信息；

（3）检查事故 PLC 或者继电器矩阵；

（4）逐个启动其他故障停机源，检查机组 LCU 是否收到各种停机信息，并启动事故 PLC 或者继电器矩阵；

（5）解除事故 PLC 或者继电器矩阵的出口闭锁；

（6）启动事故 PLC 或者继电器矩阵，检查主进水阀、调速器、FCB、GCB 是否按照设计要求动作；

（7）任选一个故障源，启动该故障源，检查整个停机回路是否正常启动，各控制设备是否按照设计要求动作。

下面以某电站现场分部调试为例介绍机组故障停机流程测试，表 2-2 所示为光纤硬布线停机源模拟试验。

表 2-2　　　　　　　　　　　光纤硬布线紧急停机源模拟试验

序号	步骤
1	闭锁地下厂房公用 LCU 的 PLC 输出回路继电器
2	在中控室紧急按钮控制柜按下 SB1（1 号机紧急停机）
3	检查地下厂房公用 LCU 的 PLC 是否开出去 1 号机组紧急停机信号
4	在中控室紧急按钮控制柜按下 SB11（复归按钮），检查地下厂房公用 LCU 的 PLC 开出去 1 号机组紧急停机信号是否复归
5	在地下厂房紧急按钮控制箱按下 SB1（紧急停机按钮），检查地下厂房公用 LCU 的 PLC 是否开出去 1 号机组紧急停机信号
6	在中控室紧急按钮控制柜按下 SB11（复归按钮），检查地下厂房公用 LCU 的 PLC 开出去 1 号机组紧急停机信号是否复归
7	地下厂房检修排水泵房内三个水淹厂房浮子信号中任选两个信号模拟水淹厂房，检查地下厂房公用 LCU 的 PLC 是否开出去 1 号机组紧急停机信号
8	复归水淹厂房模拟信号，在地下厂房公用 LCU 按下 SB1（复归按钮），检查地下厂房公用 LCU 的 PLC 开出去 1 号机组紧急停机信号是否复归

第九节　各系统间的联动试验

对于一个复杂的大系统而言，整体调试具备不确定性，存在较高的风险因素。为了降低风险实现风险可控，可将一个复杂的系统分解成若干子系统进行联动试验。

目前，抽水蓄能机组整组启动前需要进行分系统间联动试验的项目包括：主进水阀控制系统与尾水事故闸门的联闭锁试验，机组计算机监控系统现地控制单元（简称机组现地控制单元）、励磁装置与静止变频装置的联动试验。

一、主进水阀控制系统与尾水事故闸门的联闭锁试验

主进水阀控制系统和尾水事故闸门控制系统的联动调试主要目的是检查主进水阀控

制系统与尾闸事故闸门控制系统之间的闭锁逻辑。联动试验完成以下闭锁逻辑的检查即可。

（1）尾水闸门全开后，才能允许主进水阀进行开启操作。

当尾水闸门不在全开位置时，分别在现地和远方下发主进水阀开启令，检查主进水阀控制系统逻辑执行情况。当尾水闸门在全开位置时，分别在现地和远方下发主进水阀开启令，主进水阀控制系统应正确开启。

（2）主进水阀全开状态下，当接收到"尾水闸门下滑"信号时，主进水阀控制系统直接关闭主进水阀。

当主进水阀在全开状态下，模拟"尾水闸门下滑"信号动作，检查主进水阀控制系统收到"尾水闸门下滑信号"并执行主进水阀紧急关闭流程，直接动作得电紧急关闭电磁阀关闭主进水阀。记录主进水阀关闭时间应符合设计要求。

（3）当主进水阀全关后，尾水闸门才能进行关闭操作。

模拟主进水阀全关信号消失，在尾水闸门控制柜检查"主进水阀全开"信号状态并分别在现地和远方下发尾水闸门关闭令，检查尾水闸门动作情况。恢复"主进水阀全关"信号，在尾水闸门控制柜检查"主进水阀全开"信号状态并分别在现地和远方下发尾水闸门关闭令，尾水闸门应正常关闭。注意主进水阀全关时主进水阀工作密封和工作旁通阀也应投入，以避免从引水系统来的压力钢管水压通过工作密封或工作旁通阀传递至尾闸。

（4）当蜗壳泄压阀关闭后，才能允许主进水阀进行开启操作。

有的电站配置有蜗壳泄压阀与主进水阀启闭的联闭锁，只有蜗壳泄压阀关闭，才能开启主进水阀；只有主进水阀关闭，才能开启蜗壳泄压阀；以避免蜗壳泄压阀长期在承受上水库压力的条件下开关导致管路变形。

模拟蜗壳泄压阀全关信号消失，在主进水阀控制柜检查"蜗壳泄压阀全关"信号状态并分别在现地和远方下发主进水阀开阀令，检查主进水阀控制系统动作逻辑。恢复"蜗壳泄压阀全关"信号，在主进水阀控制柜检查"蜗壳泄压阀全关"信号状态并分别在现地和远方下发主进水阀开阀令，主进水阀应正常开启。

二、机组现地控制单元、励磁装置和静止变频装置的联动试验

机组现地控制单元、励磁装置和静止变频装置的联动试验的主要目的是检查顺控流程执行的正确性、可靠性。

该试验主要采用静态模拟检查的方式。主要以静止变频装置为主，通过模拟静止变频装置拖动机组并网发电过程，对流程执行过程中的信号、逻辑进行核对和模拟，验证其正确性。本文将结合典型设计的静止变频装置方式拖动机组流程进行阐述。

例如，某电站的静止变频装置采用国外某厂商的控制系统，系统设计为高-低-高，6-6脉动拓扑结构。静止变频装置主要组成包括整流桥、电抗器、逆变桥、切换隔离开关及互感器。I/O接口信号配置表见表2-3，控制系统启动流程图见图2-13。

表 2-3 静止变频装置信号检查表

序号	信号名称	类型	作用
1	启动令	开入量	静止变频装置控制器投入
2	停止令	开入量	静止变频装置控制器退出
3	启动条件具备	开入量	外部条件具备启动静止变频装置
4	外部跳闸	开入量	外部事故联动静止变频装置
5	输出变压器报警	开出量	输出变压器故障
6	输出变压器跳闸	开出量	输出变压器事故
7	控制系统正常	开出量	静止变频装置控制器正常
8	工作态	开出量	静止变频装置控制器运行
9	停止态	开出量	静止变频装置控制器停止
10	远方操作	开出量	静止变频装置远方使能
11	装置报警	开出量	静止变频装置系统故障
12	装置跳闸	开出量	静止变频装置系统事故
13	频率>10Hz	开出量	静止变频装置自然换相切换频率
14	输入断路器跳位监视 1	开入量	输入断路器分位 1
15	输入断路器跳位监视 2	开入量	输入断路器分位 2
16	输入断路器合闸	开出量	输入断路器合闸
17	输入断路器分闸	开出量	输入断路器分闸
18	输入断路器跳闸 1	开出量	输入断路器事故分闸 1
19	输入断路器跳闸 2	开出量	输入断路器事故分闸 2
20	输入变压器报警	开入量	输入变压器故障
21	输入变压器跳闸	开入量	输入变压器事故
22	输入变压器轻瓦斯报警	开入量	输入变压器轻瓦斯报警动作
23	输入变压器重瓦斯跳闸	开入量	输入变压器重瓦斯跳闸动作
25	输入变压器压力释放报警	开入量	输入变压器压力释放报警动作
26	输入变压器压力释放跳闸	开入量	输入变压器压力释放跳闸动作
27	输入变压器油位低报警	开入量	输入变压器油位低报警动作
28	输入变压器油位高报警	开入量	输入变压器油位高报警动作
29	输出变压器压器报警	开入量	输出变压器故障
30	输出变压器跳闸	开入量	输出变压器事故
31	输出变压器轻瓦斯报警	开入量	输出变压器轻瓦斯报警动作
32	输出变压器重瓦斯跳闸	开入量	输出变压器重瓦斯跳闸动作
33	输出变压器压力释放报警	开入量	输出变压器压力释放报警动作
34	输出变压器压力释放跳闸	开入量	输出变压器压力释放跳闸动作
35	输出变压器油位低报警	开入量	输出变压器油位低报警动作
36	输出变压器油位高跳闸	开入量	输出变压器油位高报警动作
37	输出断路器合位	开入量	输出断路器合位
38	输出断路器分位	开入量	输出断路器分位
39	输出断路器合闸	开出量	输出断路器合闸
40	输出断路器分闸	开出量	输出断路器分闸
41	启动回路隔离开关合位	开入量	启动回路隔离开关合位
42	机端断路器合位	开入量	机端断路器

序号	信号名称	类型	作用
43	电压增加	开入量	电压增加
44	电压减少	开入量	电压减少
45	频率增加	开入量	频率增加
46	频率减少	开入量	频率减少
47	同期合闸脉冲令	开入量	同期装置合闸令开出后联动静止变频装置
48	磁场断路器跳闸1	开出量	静止变频装置事故联动磁场断路器1
49	励磁系统投入	开入量	励磁系统运行
50	磁场断路器跳闸2	开出量	静止变频装置事故联动磁场断路器2
51	同期允许	开出两	同期装置投入允许
52	励磁电流反馈值	模拟量	励磁实际电流反馈值至静止变频装置
53	励磁电流给定值	模拟量	静止变频装置励磁电流给定值至励磁装置

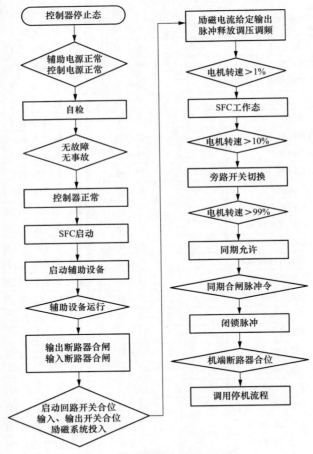

图 2-13 静止变频装置启动流程图

机组现地控制单元、励磁装置与静止变频装置的顺控流程模拟主要包括机组监控系统顺控流程和公用监控系统顺控流程模拟。图 2-14 是某电站静止变频装置拖动机组流程简图。下面将结合该流程简图介绍机组现地控制单元、励磁装置与静止变频装置的联动试验内容。

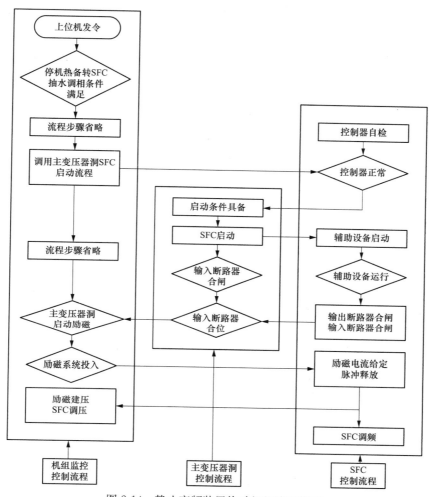

图 2-14 静止变频装置拖动机组流程简图

顺控流程模拟试验分为正常启动、正常停止、事故停机三个部分。各部分的主要调试流程如下：

（1）静止变频装置拖动机组正常启动如表 2-4 所示。

表 2-4 静止变频装置拖动机组启动流程

序号	步骤	检查结果
1	机组转抽水调相启动条件满足	无故障、无事故
2	选择被静止变频装置拖动	本机启动方式为被静止变频装置拖动
3	选择单步程控	顺控流程单步执行
4	选择机组转调相运行	调用机组转抽水调相流程
5	退机械制动	机械制动退出
6	退机坑加热器	机坑加热器退出
7	启动机组技术供水	技术供水泵运行，冷却水流量满足要求
8	打开主轴密封供水阀	主轴密封水流量、压力满足要求
9	打开调速器主供油隔离阀	调速器主供油隔离阀全开

续表

序号	步骤	检查结果
10	启动水导外循环油泵	水导外循环油泵运行
11	退调速器接力器液压锁锭	接力器锁锭退出
12	启动推力轴承外循环油泵	推力外循环油泵运行
13	启动高压油顶起装置	高压油顶起压力满足要求
14	投入油雾吸收装置	油雾吸收装置投入
15	投入碳粉收集装置	碳粉吸收装置投入
16	开启调速器开停机电磁阀	调速器开停机电磁阀开机位
17	机组进入停机热备状态	机组停机热备状态
18	开启止漏环供水电动阀	止漏环供水电动阀全开
19	合换向隔离开关至抽水方向	换向隔离开关水泵方向合位
20	合被拖动隔离开关	被拖动隔离开关合位
21	合启动母线隔离开关	启动母线隔离开关合位
22	充气压水	调用调相压水流程
23	调用静止变频装置启动流程	启动静止变频装置
24	设置保护装置抽水调相模式	保护装置置调相模式
25	设置励磁装置 SFC 启动模式	励磁装置置 SFC 启动模式
26	设置调速器抽水调相模式	调速器置抽水调相模式
27	启动充气压水流程	压水完成，无压水失败信号
28	检查 SFC 状态	SFC 准备好
29	合 SFC 输入断路器	SFC 输入断路器
30	合 SFC 输出断路器	SFC 输入断路器
31	启动励磁建压	励磁建压
32	启动 SFC 运行	SFC 运行
33	检查机组转速情况	机组转速反馈正常
34	SFC 拖动过程模拟完成	

　　静止变频装置拖动机组正常启动流程模拟过程中，应当严格记录单步操作命令执行后信号反馈情况。在调用静止变频装置启动流程时，还应记录静止变频装置启动流程的执行情况以及与机组现地控制单元流程之间的时序配合和判断延时的合理性、正确性。

　　（2）被拖动机组并网成功静止变频装置正常停止如表 2-5 所示。

表 2-5　　　　　　　　　被拖动机组并网成功静止变频装置停止流程

序号	步骤	检查结果
1	模拟机组同期并网成功	
2	模拟机组断路器合位	静止变频装置控制器调用停机流程
3	静止变频装置输出断路器分闸	静止变频装置输出断路器分位
4	静止变频装置输入断路器分闸	静止变频装置输入断路器分位
5	静止变频装置辅助设备停止	延时停止静止变频装置辅助设备
6	分启动母线隔离开关	延时分启动母线隔离开关
7	分被拖动隔离开关	分被拖动隔离开关
8	启动回水排气流程	检查排气回水过程正常
9	执行机组停机	检查停机过程中各辅机运行

当被拖动机组并网成功之后，机端断路器的合位信号开入至静止变频装置控制器，同时联动分静止变频装置的输出断路器，此时应记录机端断路器合位信号与输出断路器分位信号之间的时序，保证静止变频装置输出断路器开断电流基本为零。记录断路器合位信号、输出断路器分位信号与输入断路器分位信号之间的时序，检查机端断路器之间时序匹配关系是否符合设计要求。记录输出断路器分位信号与启动母线隔离开关分位、被拖动隔离开关分位之间的时序，保证动作顺序符合设计要求。

（3）静止变频装置拖动过程中事故停机。

静止变频装置拖动过程中事故停机分为机组事故联动静止变频装置和静止变频装置内部故障联动机组两个方面。机组事故联动静止变频装置的模拟试验步骤见表2-6，静止变频装置内部故障联动机组的模拟试验步骤见表2-7。

表 2-6　　　　　　　　　机组事故联动静止变频装置的模拟试验步骤表

序号	步骤	检查结果
1	机组转机组调相启动条件满足	无故障、无事故
2	上位机选择被静止变频装置拖动	本机启动方式为被静止变频装置拖动
3	上位机选择机组转机组调相	调用机组转机组调相流程
4	在流程执行过程中，模拟事故停机	检查静止变频装置事故停机动作情况

表 2-7　　　　　　　　静止变频装置内部故障联动机组的模拟试验步骤表

序号	步骤	检查结果
1	机组转机组调相启动条件满足	无故障、无事故
2	上位机选择被静止变频装置拖动	本机启动方式为被静止变频装置拖动
3	上位机选择机组转机组调相	调用机组转机组调相流程
4	在流程执行过程中，分别按下静止变频装置事故停机按钮和模拟事故流程停机动作	检查机组事故停机动作情况

机组事故停机动作应包括机组断路器分闸、磁场断路器分闸、主进水阀关闭、调速器关闭、励磁逆变、调相压水排气回水等，同时联动 SFC 事故停机动作。

SFC 事故停机动作应为闭锁晶闸管触发脉冲、输出断路器分闸、输入断路器分闸、远跳磁场断路器，延时停静止变频装置辅助设备，同时联动机组事故停机动作。

第三章

整 组 启 动 试 运 行

➡ 第 一 节　整 组 启 动 条 件

机组整组启动试运行前，应完成相关设备的工程验收及分部调试，应完成开关站、主变压器及相关高压设备倒受电试验，应编制启动试运行试验大纲，经启动验收委员会批准后，方可进行机组整组启动试运行试验。

一、总体原则

机组整组启动试运行试验一般包括：机组启动前试验、水泵方向试验、发电方向试验、工况转换试验、涉网试验（PSS，一次调频试验等）及机组 15 天试运行。总体原则如下：

（1）确定机组首次启动方式。

（2）机组启动试验应满足相关技术标准的要求，同时应符合主机合同规定。

（3）机组抽水和发电的各项试验可根据现场实际具备的条件交替进行，交替的周期和交替的试验项目应根据电站上水库、下水库的水位并考虑水工建筑物初期运行的要求来确定。

（4）机组启动试运行过程中应加强与网调和省调的联系，确定机组并网前后的试验项目和计划，机组启动试运行大纲应报网调/省调备案。

二、各分系统要求

机组启动试运行前，各分系统必须完成调试，完成相关设备的单元工程验收，具体要求如下：

（一）上、下水库和输水系统

（1）上水库所有主体土建工作完成并通过安全鉴定允许蓄水。采用抽水工况启动时，上水库蓄水位应满足机组抽水工况异常低扬程抽水的要求，采用发电工况启动时，上水库蓄水位应满足机组发电工况空载运行不少于 4h 的最低水位要求。

（2）下水库所有主体土建工作完成并通过安全鉴定允许蓄水，下水库蓄水位满足机组启动要求，上下水库水位应保证机组首次启动时的水头在设计范围之内。

（3）机组有关的引水系统和尾水系统已完成充排水试验并已完成复充水，上、下水库进/出水口拦污栅和上、下水库事故检修闸门及其操作系统等安装、调试完成，并通过验收。

（4）其他机组引水系统和尾水系统的进出水口闸门安装完毕，具备挡水条件，闸门处于关闭位置，地下厂房渗漏水可临时排放，防止上、下水库水通过该输水系统水淹厂房，相应安全防范措施到位。

（5）所有与上水库、下水库、拦污栅、闸门等部位相关的水力量测监视系统设备安装、调试完毕，并通过验收。

（6）上水库及下水库厂用电系统已安装验收完毕并正常投入运行。

（二）主进水阀

（1）机组主进水阀的液压操作系统安装完成，通过无水调试和功能调试，主进水阀开启和关闭时间已按设计值整定完毕，可通过操作液压控制柜电磁阀实现主进水阀的开启和关闭。

（2）主进水阀分部调试已完成并通过试验验收，具备现地手动、自动开启和关闭功能。主进水阀具备事故关主进水阀功能。

（3）同一流道系统内的其他主进水阀具备挡水条件。

（三）水泵水轮机及其附属设备

（1）水泵水轮机转轮及所有部件已安装完成，并通过试验验收。

（2）水导轴承及其润滑冷却系统安装完成，并通过试验验收。

（3）主轴密封、检修密封以及辅助的供水、供气系统等安装完成，并通过试验验收。

（4）上下止漏环及其供水系统安装完成，并通过试验验收。

（5）导水机构、接力器安装完成，并通过试验验收。

（6）接力器压紧行程已调整完毕并通过验收，启动前活动导叶保证在关闭并压紧的状态。

（7）水泵水轮机自动化元件安装完成，并通过试验验收。

（8）顶盖排水系统安装完成，并通过试验验收。

（9）活动导叶位置开关、剪断销等自动化元件安装完成，并通过试验验收。

（10）机组调相压水系统及其自动化元件均已安装完成，并通过试验验收，补气时间及压力均能满足调相压水系统运行的要求。

（11）尾水事故闸门已安装调试完成。同一流道内其他机组尾水事故闸门具备挡水条件。

（12）蜗壳自动排气阀、蜗壳排气隔离阀已具备试验条件。

（四）调速器

（1）调速器电气控制柜及液压操作系统安装完成，并通过试验验收。

（2）调速器油压装置已安装完成，并通过试验验收。

（3）调速器液压锁锭装置安装完成，并通过试验验收。

（4）测速装置安装完成，并通过试验验收。

（5）机械过速装置已安装完成，供货厂家已按设计要求整定完毕。

（6）主配压阀、分段关闭、事故配压阀调试完成，并通过验收。

（7）调速器的水轮机、水泵方向开关机时间已完成整定，并通过验收。

（五）发电电动机及其附属设备

（1）发电电动机整体安装完成，并通过试验验收。

（2）发电机风罩以内所有阀门、管路、接头、电磁阀、变送器等均已安装完成，并通过试验验收。

（3）碳刷与集电环接触良好并通过试验验收。

（4）发电电动机及其附属设备的监测系统和自动化元件安装完成，并与监控系统对点完成。

（5）励磁系统安装完成，并通过检查和分部调试。

（6）推力轴承的高压油顶起系统、电气制动及机械制动系统安装完成，并通过检查和分部调试。

（7）发电机空气冷却器、轴承系统的润滑系统和冷却系统安装完成，并通过检查和分部调试。

（8）机组盘车及轴线调整工作已完成，盘车检查机组轴线符合规范要求，并通过验收。

（六）油、气、水系统

（1）机组技术供水系统和全厂技术供水系统已安装调试完成，处于正常工作状态。与其他机组段贯通的管路如果没有安装完成应采取可靠隔断。

（2）机组检修排水系统、电站渗漏排水系统已安装调试完成，并通过试验验收。检修排水泵和渗漏排水泵有可靠润滑水源。

（3）全厂透平油、绝缘油系统已投入运行部分，能满足试验机组供油、用油和排油的需要。

（4）高、低压空气压缩机均已调试合格，储气罐及管路系统无漏气，管路畅通。各压力表计、温度计、安全阀及减压阀工作正常，整定值符合设计要求。高、中、低压气系统已投入运行，处于正常工作状态。与其他机组段贯通的管路如果没有安装完成应采取可靠隔断。

（七）电气一次设备

（1）机组发电机主引出线、电压互感器等设备已安装完成并通过试验验收。中性点引出线及中性点设备均已安装完成，并通过试验验收。

（2）机组发电机出口断路器、换相隔离开关、电气制动隔离开关等已安装完成并通过试验验收。

（3）机组离相封闭母线及其附属设备（电压互感器柜、避雷器柜、微正压系统等）安装完成，并通过试验验收。

（4）机组启动有关的高压设备（地面 GIS、地下第一套 GIS、第一回 500kV 电缆等）已投入运行。

（5）启动母线及隔离开关已安装完成，并通过试验验收。

（6）机组主变压器已投入运行。

（7）10kV 厂用电系统已投入运行。

（8）0.4kV 全厂公用电、机组的自用电、主变压器洞配电、开关站配电系统已投入运行。

（9）地下厂房、上水库、开关站 220V 直流系统设备已投入运行。

（10）全厂接地网和设备接地已安装并通过试验验收，接地电阻及接触、跨步电势满足设计及规范的要求。

（11）主厂房、调试机组段、副厂房、主变压器洞、地面开关站、进厂交通洞、通风兼安全洞等相关部位的照明系统已安装检验合格并投入运行。

（12）SFC 及启动回路设备安装完成，并完成静态调试。

（八）电气二次系统及回路

（1）机组发电机变压器组保护已完成分部调试验收，所有定值已按照系统要求或设计要求设置到装置内。

（2）机组故障录波已完成分部调试验收，并已投入正常使用。

（3）机组的一次通流试验和一次加压试验已完成，所有电流互感器极性的正确性已通过试验验证，所有电压互感器相序检查已完成。

（4）机组的励磁系统已完成分部调试验收。

（5）SFC 控制柜已完成分部调试验收。

（6）机组同期装置以及交流采样装置已完成调试。

（7）机组机械事故紧急停机、电气事故紧急停机、水淹厂房等硬布线回路已完成调试。

（8）主变压器洞 LCU 与 SFC、机组 LCU、启动母线隔离开关和接地隔离开关、地下 GIS 设备、厂用电系统以及其他公用系统之间的监视、控制以及闭锁回路功能调试完成，画面显示正确。

（9）下水库 LCU 与下水库闸门控制系统、下水库水力量测系统，上水库 LCU 与上水库闸门控制系统、上水库水力量测系统、厂用电系统以及其他上水库设备之间的监视、控制及闭锁回路功能调试完成，画面显示正确。

（10）中控楼 LCU 与模拟屏、厂用电系统以及其他中控楼设备之间的监视、控制及闭锁回路功能调试完成，画面显示正确。

（11）厂内通信、系统通信以及对外通信等设施均已安装调试合格并投入使用。

（九）消防系统及设备

（1）与调试机组启动有关的主副厂房等部位的消防设施已安装完工，符合消防设计与规范要求，并通过消防部门验收或认可。

（2）发电机消防系统已安装完工，调试检验合格。

（3）主变压器及 SFC 水喷雾消防系统已安装完工，调试检验合格。

（4）GIS 电缆层细水雾消防系统、继保楼及中控室气体消防系统安装完成，调试检验合格。

（5）相关部位区域火灾报警与联动控制系统已安装调试合格。

（6）全厂消防供水系统水源可靠，管道畅通，压力满足设计要求，与其他机组段之间的管路应可靠隔断。

（7）电缆防火封堵工程安装完毕。

（8）机组调试期间要求的临时性灭火器具配置已完成。

（十）通风空调及防火排烟系统

（1）主厂房调试机组段的上下游侧通风系统及除湿机应投入运行。

（2）副厂房各层通风系统能投入运行。

（3）母线洞总排风机能投入运行。

（4）主变压器洞与调试机组启动运行相关部位（主变压器室、SFC 变压器室、高压厂用变压器室等处）的送排风系统能投入运行。GIS 层 SF_6 排风系统（厂右侧）可以投入运行。

（5）通风兼安全洞口排风机能投入正常运行。

（6）高压电缆出线洞排风机能投入运行。

（7）地面 GIS 室、继保楼通风空调系统能投入运行。

（8）上、下水库进出口启闭机房通风空调系统能投入运行。

（9）相关场所的防火排烟系统（包括主厂房、主变压器洞、副厂房楼梯间及前室排烟系统以及相关防火风口及排烟阀等）具备投运条件。

（十一）电站生产准备工作

（1）投入试运行的水工、金属结构、机电等设备已按要求施工完毕，现场清理干净，并经检查验收合格。施工区域与运行区域已做隔离。

（2）高压带电设备区域悬挂警示牌并做好安全围栏，一次设备、二次回路做好必要的隔离措施。

（3）机组水、气系统与安装区域的隔离工作已完成。

（4）运行区域道路畅通，照明充足，楼梯栏杆齐全，安全指示牌明显，孔洞已加装盖板或装设栏杆。

（5）试运行各部位及指挥机构的通信、联络畅通、可靠。与电网调度的调度通信已调试完成，并投入使用。

（6）与试验机组启动相关工业电视系统已安装调试完成，摄像头可观察到调试机组的各个区域。

（7）调试机组、运行机组和在建机组在电气一次系统设备、电气二次系统设备、电站公用水、气系统上可靠隔离。设备按照调度编号命名、挂牌完成，安全及隔离标示、标记已到位。试运行部位设备的永久标识配备齐全，设备命名、编号准确，电器设备的相色漆正确，隔离开关的操作方向和位置已标明。

（8）所有试运行所需的仪器、安全用具、工器具已备齐并满足使用要求。

（9）所有试运行期间所需的仪表、装置已通过校验合格。

（10）电站运行人员和调试人员已培训上岗，与试运行有关的图纸、资料配备完整，操作票、工作票、相关记录表格准备齐全，必需的运行规程编制已完成。

（11）事故备用电源可靠，调试时地下厂房至少具备两路以上的调试用厂用电源。

（12）完成水淹厂房及紧急逃生反事故演习，并编写科学有效的应急预案。

（13）与电网的供电协议、调度协议已签订，电网调度机构已经批复同意上报的试运行计划。

（14）与机组启动试运行相关的工作人员已经就位，通过技术交底，并熟悉调试设备的范围，熟悉调试的技术措施和安全措施。

（15）按照合同规定有关的技术资料、调试资料、随机备品和工具等已全部移交并签证，施工单位已向运行单位签订设备代保管协议。

（十二）质量验收与监督

（1）机组整组启动调试大纲编制完成，并经过启动委员会组织审查。

（2）与启动有关的设备分部调试已完成并通过验收。

（3）机组区域及相关公共区域消防设施必须通过当地有资质检测机构的消防设施检测和消防电气检测，并通过当地消防主管部门的运行许可。

（4）压力容器及相关压力管路、安全阀等在投入使用前必须通过当地技术监督部门的检测和验收。

（5）电力建设质量监督总站（或中心站）已进行了质量监督，确认已具备启动条件。

（6）启动试运行指挥部已向启动委员会提交机组启动申请报告，启动委员会签发鉴定书，同意机组启动试运行。

三、电站受电试验

机组整组启动试运行前，一般需完成电站受电试验。系统电源倒送入电站，为 SFC 调试提供动力电源，为厂用电提供可靠电源，为机组充水和整体调试提供电源保证。

电站受电范围包括输电线路、开关站、高压电缆或气体绝缘金属封闭输电线路（Gas Insulated Metal Enclosed Transmission Line，简称 GIL）、主变压器、厂用电、励磁变压器及 SFC 设备等。

电站受电前，应按相关标准规范要求对电站出线及开关站设备、高压电缆或 GIL、主变压器、发电机电压设备及启动回路设备、SFC 设备、厂用电设备、计算机监控系统、继电保护系统、直流系统、通信系统、接地系统进行全面检查，具备相应带电条件。保护定值已按要求设定。受电设备按照调度编号已挂牌。电站受电试验方案已经调度批准。

电站受电过程中，必须根据试验范围和内容，采取可靠措施确保非受电设备与受电设备的有效隔离，受电设备的各种保护及故障录波装置应按正常方式全部投入。电站受电工作必须严格执行工作票与操作票制度，每一环节设备受电的操作必须得到调度批准。受电完成、检查合格后，报调度批准后方可进行下一环节受电。

电站受电试验项目一般有开关站受电试验、主变压器冲击试验、带负荷试验等。

（一）开关站受电试验

开关站受电试验目的主要为检查开关站一次设备的绝缘耐受能力及工作情况，检查一次、二次设备接线、相序的正确性以及相关设备是否正常工作。

开关站受电试验包括输电线路受电、开关站高压母线受电、高压电缆或 GIL 受电。

在开关站受电前，应进行一次设备的通流试验，确保受电范围内电流互感器的极性及相序正确。受电范围内的继电保护已通过分部调试，在受电前应核对整定值是否与调度下发的一致，所有的功能压板与出口压板应与调度批准的方案一致。

输电线路受电由对侧电站断路器分合进行，完成输电线路单相定相、三相充电试验。检查一次、二次设备接线相序是否正确，检查二次测量数据是否正确，检查线路保护、电能计量关口等装置的运行情况，检查氧化锌避雷器运行情况。

高压母线受电由本电站出线断路器分合进行，完成全电压冲击三次。受电后检查母线接线及相序是否正确，检查相关二次电压回路数值与相位是否正确，检查母线及各断路器保护工作情况，检查各断路器同期回路及同期装置工作情况。

高压电缆或 GIL 受电由开关站断路器分合进行，完成全电压冲击三次。受电后检查相关带电设备与保护系统工作情况。对于高压电缆未进行交流耐压试验的电站，受电后进行高压电缆的 24h 空载运行。对于高压电缆已通过交流耐压试验或开关站与主变压器之间采用 GIL 连接的电站，本环节试验可与主变压器受电合并进行。

开关站受电试验结束，开关站可正式投入运行。

（二）主变压器冲击试验

主变压器冲击试验主要检查主变压器在冲击合闸情况下的机械强度与绝缘性能，检查主变压器差动保护对励磁涌流的闭锁情况，录制主变压器激磁涌流波形。

主变压器受电需全电压冲击五次。主变压器冲击试验时，第一次冲击合闸后保持 10min，第二次至第五次冲击后每次保持 5min，每次间隔 5min。观察主变压器有无异常，检查主变压器差动保护有无误动；合闸时起动录波仪，录制激磁电流波形。检查主变压器低压侧电压相位与数值，并与开关站母线电压核相。主变压器五次冲击试验完成后，主变压器投入空载运行。主变压器空载运行 24h 后，对绝缘油取样进行色谱分析，应无异常。

抽水蓄能电站首台主变压器冲击试验的范围，除变压器本体外，一般还包括其低压侧直接连接的励磁变压器、发电机断路器与变压器之间的封闭母线、厂用分支母线及启动母线等设备。如果主变压器低压侧连接有厂用变压器、励磁变压器、SFC 输入变压器和电抗器时，冲击试验时上述设备与主变压器一同进行，但应征求设计人员和设备制造厂的同意，以防出现激磁谐振。

上述试验是针对联合单元内多台主变压器中的首台主变压器的首次冲击试验的相关内容及注意事项。联合单元内的其他主变压器冲击试验，应根据接线方式进行相应的调整。

（三）带负荷试验

带负荷试验一般指的是保护装置带负荷试验，区别于机组带负荷试验，目的是通过并网带一定负荷，校验二次电压、电流回路接线、相位及幅值的正确性。

根据相关的试验标准、规程规定，新安装投入的保护装置必须进行带负荷试验，其中，需要进行带负荷校验的保护包括线路保护、母线保护、短线保护、主变压器保护。

开关站受电及主变压器冲击试验完成后，受电设备基本处于空载状态，又值电站处于建设期，站内负荷不满足带负荷试验要求，无法进行带负荷试验。保护装置如若未带负荷校验而投入运行，将可能引发断路器误动或拒动，导致对侧变电站断路器跳闸、事故扩大，从而对电网的安全稳定运行造成较大威胁。

通过人为外加负载进行保护带负荷试验可以很好的解决这个难题。目前，一种利用外置式容性负载进行保护装置带负荷校验的方法在抽水蓄能机组的启动调试中得到了应用。

利用外置式容性负载校验保护装置技术，是在开关站的启动试验中，将容性负载模块临时接入试验回路，提供足够的负载电流，以校验保护装置电流互感器回路的正确性。

这种方法首先对试验负载的选配进行了比较分析：阻性负载是最理想的试验负载，不会对电站设备造成任何风险，但是热稳定性能差、价格昂贵、体积庞大、重量可观，不适合用于现场试验；感性负载是试验中经常采用的负载之一，但在全压切除时会因截流产生很高的过电压，尤其当感性负载在兆乏级水平，将对普通交流断路器（包括GCB）产生较大风险；容性负载也是试验中经常采用的负载之一，该类型的负载本身不会对电站设备造成任何风险，交流断路器（包括GCB）切除容性负载的能力相对较强，交流断路器不低于400A，GCB一般不低于100A，完全满足保护校验的需求。综合比较，选择容性负载进行保护带负荷试验。

试验负载的配置遵循以下原则：

（1）试验负载的大小应满足所有保护电流互感器回路校验需求，通常来说，在折算到同一电压等级下，电站线路保护电流互感器的变比最大，其次是母线保护和短线保护电流互感器，第三是主变压器保护高压电流互感器，第四为主变压器保护低压电流互感器（包括发电机回路电流互感器、厂用高压变压器回路电流互感器和SFC输入变压器回路电流互感器）。因此，试验负载的最小值必须满足线路保护电流互感器校验的需求。

（2）试验负载回路的断路器应能够分断容性试验电流。为了降低各回路断路器分断容性电流的压力，同时为了节省倒送电启动试验的时间，应在所有回路上一次性同时配置试验负载。在制定各回路的试验负载分配方案时，既要满足这个回路上保护电流互感器校验的需求，又要充分利用断路器的分断能力，保证各个回路上的试验负载总和满足线路保护电流互感器校验的需求。

（3）试验负载回路的断路器应能够承受容性试验负载的合闸涌流。容性试验负载的合闸涌流必须核算，以保证其不会导致隔离开关损坏。电容负载的合闸涌流 i 可通过式（3-1）进行计算。一般需要将涌流控制在隔离开关额定短时耐受电流值以内。

$$i = U \sqrt{\frac{C}{6(L_t + L_b)}} \tag{3-1}$$

式中　U——发电机回路线电压；

C——试验负载的电容量；

L_t——主变压器漏抗的电感值（折算到低压侧）；

L_b——限流电抗的电感值。

外置式容性负载的配置策略的核心内容是通过综合分析电站电气主接线结构、保护装置各支路电流互感器变比及各电流互感器支路断路器特性，制定合理的容性负载配置方案，在保证电站设备安全的前提下提供足够的负载电流，以校验保护装置电流互感器回路的正确性。此带负荷试验方法已应用于浙江仙居抽水蓄能电站、河南回龙抽水蓄能电站。

➡ 第 二 节　整 组 启 动 方 式

一、概述

首台机组首次启动方式按机组运行方式可分为以下两种：

（1）水轮机方向启动：机组启动前上水库已经提前蓄水至满足发电工况启动的要求。机组以发电工况方向完成首次转动及调试，然后进行抽水工况调试。根据首次启动前蓄水量的多少，启动方式又分为两种情况：一是初次启动前上水库蓄水量仅满足机组完成水轮机方向动平衡及部分必需的空载调试项目的要求，随即机组进入抽水工况的调试并向上水库抽水，然后交替进行发电工况和抽水工况的调试试验；二是首次启动前上水库已蓄有足够的水量，在完成发电工况的所有调试项目后再转入抽水工况的调试。

（2）水泵方向启动：首先通过系统倒送电，利用 SFC 拖动机组进行首次转动，完成水泵方向的动平衡以及并网、调相等试验；同时，利用外加充水泵向引水系统及上水库充水至满足机组抽水工况异常低扬程启动的水位。然后机组以水泵抽水工况运行向上水库继续充水，至上水库水位满足发电工况调试试验要求水量后再进行发电工况调试。

二、首台机组启动前应具备的条件

（一）以发电工况启动的必备条件

根据有关规范的规定，并结合已投运电站的实际情况，首台机组首次以发电工况启动的必备条件主要有以下几个方面：

（1）上、下水库通过蓄水验收且水位满足机组启动要求，上、下水库水力监测系统安装调试完成。

（2）引水系统及尾水系统充排水试验完成。

（3）全厂公用系统及机组完成无水调试阶段的现场安装试验及分部调试。

（4）与机组发电及送出有关主变压器、GIS 及高压电缆已安装试验完毕，电站完成接入系统倒送电。

（5）机组励磁装置与 SFC、保护和监控的信号及控制及保护回路检查完成。

（6）调速器电气部分与调速器液压控制、主进水阀、转速，以及监控系统的信号及控制和保护回路检查完成。

（7）机组 LCU 与机组各系统之间的监视和控制及闭锁回路功能检查完成，画面显示正确。

（8）机组机械跳闸矩阵功能验证正常，机械保护动作正确、可靠。

（9）机组同期装置及交流采样装置功能校验正常。

（10）与首台机组启动相关的通风空调系统、消防及火灾报警系统安装调试完成。

（11）启动调试用计量器具已经过相关部门检验合格，可投入使用。

（12）调试现场的通信、照明、交通、通风、安全隔离等条件满足相关要求；事故安全通道畅通，相关人员通过培训。

（二）以抽水工况启动的必备条件

由于在首台机组首次启动调试阶段，机组的发电工况和抽水工况试验项目往往是交替进行的，因此首台机组首次以抽水工况启动前所需的必备条件与以发电工况启动前所需的必备条件和有关技术措施基本相似。

首台机组首次以抽水工况启动时，必须完成下述系统的调试：

（1）中压气系统。考虑到 SFC 装置容量的限制，机组抽水工况启动时，一般均需要采用中压压缩空气将转轮室内的水排出，使得转轮在空气中转动；在抽水调相工况并网后准备抽水时，又需要将转轮室内的压缩空气排出，使转轮室内回充水。因此，在首台机组以抽水工况启动前，用于转轮室压气及排气的中压气系统应全部测试试验完成。而采用发电工况启动时是通过水力来推动机组旋转，无须对转轮室进行压气排水。

（2）SFC 系统与启动回路设备的检查与调试。由于抽水工况下的机组需要依靠变频启动装置（SFC）来拖动机组，因此在抽水工况启动前必须完成 SFC 系统设备及启动回路设备的检查与调试，完成发电机变压器组保护方向校验。而在首台机组采用发电工况启动的情况下，SFC 及启动同路设备的检查与调试可以与机组发电工况试验项目同步进行。

首次水泵抽水启动时上水库水位如果属于异常低扬程，机组制造厂应根据水泵水轮机模型试验结果提供调试、监控的具体措施。

（3）系统倒送电。由于厂用电系统容量无法满足 SFC 调试试验的要求，因此电站必须完成相应的系统倒送电的各项试验工作。

三、首台机组首次发电工况及抽水工况启动的差异分析

抽水蓄能机组发电工况启动方式与常规水电站相同，都是通过水力来推动实现机组的首次转动；而对于水泵水轮机的抽水工况启动通常采用静止变频启动装置（SFC）向

定子绕组输入产生频率可变的电流，通过定子及转子之间电磁场的相互作用来实现对机组的拖动。因此，两种启动方式在水库蓄水量、土建施工进度、机电设备安装调试进度、首台机组启动前的必备条件及首台机组启动时完成的试验项目方面都存在一定的差异。

（1）上水库及输水系统施工进度、上水库最低蓄水位。首次以发电工况启动时所需上水库水位一般应考虑机组调试阶段的运行安全，防止机组运行中吸气进入引水道。因此，通常以淹没进水口防涡梁以下一定高度为基准，再加上满足机组水轮机空载工况调试水量来确定上水库初期水位，该水位往往高于上水库死水位。采用水轮机方式启动要求上水库及输水系统施工应尽早完成，利用外加充水系统或天然来水向上水库进行初期蓄水，以满足发电工况启动水位的要求。

首次以抽水工况启动时，一般应考虑满足机组模型试验报告中所要求的水泵异常低启动扬程来确定下水库初期水位，该水位一般均低于采用发电工况启动时所需的上水库水位。因此，在上水库及输水系统施工工期相同的情况下，采用抽水工况启动方式可使机组有水调试的时间提前，从而缩短整个工程的工期，并节省投资。

（2）下水库水位。为尽量避免首次在发电工况下启动时，水头偏离正常运行水头范围较多，而可能出现机组低水头空载不稳定的现象，尽可能使首次抽水工况启动时的启动扬程高于机组的异常低扬程，应避免机组在异常低扬程下运行。

（3）水工建筑物。首次以发电工况启动时空载运行流量较小，输水系统流道内水体流速相对较低，初期调试阶段对水工建筑物的考验相对较小。首次发电工况空载运行的用水速率不应超过上水库初期蓄水水位下降速率的规定。

首次以抽水工况启动时，由于水泵特性的原因，机组在抽水工况运行时必须运行在满负荷的状态，因此输水系统流道内水体流速较大，对输水系统及水库进出水等水工建筑物冲刷的考验较大。由于此时上水库还处于初次蓄水状态，对水位的升降速率有着明确的要求；而抽水工况运行时流量大，水位上升速率也大，因此在进行初期水泵抽水工况运行时，应根据上水库水位上升速率的规定来确定运行时间。此外，应对库岸或库底防渗层进行分析，避免出现冲刷方面的风险。

（4）上水库进/出水口拦污栅。采用抽水工况首次启动时，上水库进出水口拦污栅要在一侧无压的条件下承受最大流速水流的冲击。因此，需要对拦污栅的设计进行校核，同时对安装固定措施进行认真检查，以免造成破坏。

（5）机组启动稳定性。考虑到建设工期及经济性的原因，首次启动前上水库的蓄水量一般无法达到机组正常运行时的水头（扬程）范围。如果机组首次以发电工况启动，由于水泵水轮机在低水头下空载开度相对较大，大开度线的"S"形趋势更强，因此机组极易进入反水泵区，如果机组此时并网，则会从电网吸入功率更深地进入反水泵区，或者机组转速在空载附近波动使机组并网十分困难。因此，应重点要求厂家对初期调试阶段水轮机运行在实际较低水头范围内的空载稳定性做出论证。

如果首次以抽水工况启动，由于启动时机组的扬程往往低于水泵水轮机的最小扬程，机组振动、轴承温升等稳定性指标更应引起重视，应要求主机厂对初期调试阶段水泵异常低扬程启动机组的稳定性做出论证。

（6）轴承负荷影响。水轮机厂况首次启动，可以逐步增加机组负荷，相应地逐步增加轴承负荷，对于轴承的温升和轴系摆度进行全过程监测，避免因不可预知的原因造成轴承或转动部分的突然损坏。

抽水工况首次启动，尽管可以在调相工况下进行轴承温升和轴系摆度检查，在溅水和造压过程中也可进行部分负荷下的相关监测，但一旦进入抽水运行，机组入力短时增加到接近最大入力，个别情况下可能会超入力运行。因此首次启动时，应对振动、摆度、轴承温升进行严密监视，一旦发现异常，立即中止运行，查找原因并进行消缺。

（7）动平衡试验和过速试验。抽水工况动平衡试验由于前期抽水调相时不包含水力部分的影响，对转动部分试验结果比较精确，但水力不平衡要在后续抽水工况和发电工况试验中进行校核。不管是先进行水泵方向的动平衡试验，还是先进行水轮机方向的动平衡试验，在调试期间均需经过另外一个方向的校验，综合考虑后确定机组的配重方案，故水泵方向先进行动平衡还是水轮机方向先进行动平衡，两者相比各有优劣，差别并不大。

发电工况机组过速试验利用导叶开度控制，机组转速上升范围较大，可以进行完整的过速试验；抽水工况机组过速利用 SFC 拖动，由于受 SFC 性能参数限制，机组过速试验一般仅能做到110％以下（取决于 SFC 的工作频率范围），不能全面完成。过速保护的校验要到发电工况进行完成。首台机组首次发电工况及抽水工况启动差异如表 3-1 所示。

表 3-1　　　　　　　　　首台机组首次发电工况及抽水工况启动差异分析表

	首次发电工况启动	首次抽水工况启动
上水库最低蓄水位	以淹没进水口防涡梁以下一定高度为基准，再加上满足机组水轮机空载工况调试水量来确定上水库初期水位，该水位往往高于上水库死水位	水位一般均低于采用发电工况启动时所需的上水库水位
上水库及输水系统施工进度	要求上水库及输水系统施工应尽早完成，利用外加充水系统向上水库进行初期蓄水	在上水库及输水系统施工工期相同的情况下，采用抽水工况启动方式可使机组有水调试的时间提前，从而缩短整个工程的工期
下水库水位	均要求下水库尽量运行在较低水位	
水工建筑物	首次发电工况空载运行的用水速率不应超过上水库初期蓄水水位下降速率的规定	应根据上水库水位上升速率的规定来确定运行时间。此外，应对库岸或库底防渗层进行分析，避免出现冲刷方面的风险
上水库进/出水口拦污栅	/	需要对拦污栅的设计进行校核，同时对安装固定措施进行认真检查，以免造成破坏

	首次发电工况启动	首次抽水工况启动
机组启动稳定性	应重点要求厂家对初期调试阶段水轮机运行在实际较低水头范围内的空载稳定性做出论证	应要求主机厂对初期调试阶段水泵异常低扬程启动机组的稳定性做出论证
轴承负荷影响	逐步增加机组负荷，相应地逐步增加轴承负荷，对于轴承的温升和轴系摆度进行全过程监测，避免因不可预知的原因造成轴承或转动部分的突然损坏	对振动、摆度、轴承温升进行严密监视，一旦发现异常，立即中止运行，查找原因并进行消缺
动平衡试验	两者差别不大	
过速试验	发电工况机组过速试验可以进行完整的过速试验	抽水工况机组过速试验一般仅能做到110%以下（取决于SFC的工作频率范围），不能全面完成。需要严密监视抽水工况的运行，防止过速事故的发生，同时进行及时处置

⊪ 第三节 机组充水试验

抽水蓄能电站输水系统洞身长、洞径大，地质条件比较复杂，频繁经受发电状态和抽水状态截然不同的水力冲击，其管路及相关部件的施工质量直接关系到电站的安全、稳定运行。

通过充排水试验，可以检验输水系统有无渗漏及异常，内部应力变形是否满足设计要求，并且能检查主阀、蜗壳、机组导叶等各部件有无渗漏和异常现象发生，既可验证施工质量是否达到设计和技术标准要求，也为机组后续有水调试打下基础。

抽水蓄能电站输水系统分为尾水系统和引水系统两部分：尾水系统包括进/出水口、尾水隧洞、尾水调压井及尾水事故闸门洞等；引水系统包括进/出水口、引水隧洞、压力钢管、引水调压井等。图3-1为抽水蓄能电站输水系统示意图。

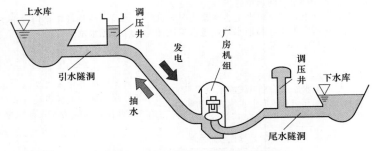

图3-1 抽水蓄能电站输水系统图

一、充排水试验目的

充排水试验目的是检验输水系统的设计及施工质量，查找可能存在的问题，以便及时采取处理措施，消除隐患，为今后电站正式运行提供可靠的保障。通过充排水试验主要观测和检验以下项目：

（1）检验和观测整个输水系统及施工支洞堵头的工程质量和运行状况；

（2）检查各项预埋测量表计指示及数据是否正常；

（3）检验输水系统放空排水设备的操作程序及运行情况；

（4）进行尾水事故闸门、进出水主阀、导叶等静水试验，检验尾闸与主阀、导叶联动闭锁功能的正确性；

（5）进行机组技术供水系统充水调试，完成分支流量整定；

（6）检查机组尾水管、压力钢管、蜗壳、相关密封及测压系统管路的渗漏水情况。

二、尾水系统充水试验

抽水蓄能电站下水库通常情况会提前蓄水，尾水系统可利用下水库进/出口闸门充水阀进行充水，维持充水速率在 3～5m/h。不同于常规水电站，抽水蓄能电站管道长、埋深大，尾水系统承受较大的水压。为了确保安全以及防止事故扩大，尾水系统充水通常分段进行：1 段向尾水隧洞充水，从尾水进/出水口至尾水事故闸门；2 段向水泵水轮机充水，从尾水事故闸门至机组主阀。每段充水后稳压时间在 48～72h 为宜。稳压结束，对尾水系统进行排水放空，彻底清除流道内垃圾，对全流道进行检查消缺后，继续进行一次复充水。图 3-2 为抽水蓄能电站尾水系统图。

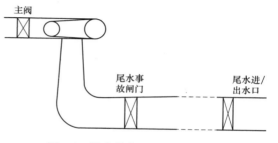

图 3-2　抽水蓄能电站尾水系统图

（一）尾水系统充排水调试条件

（1）水泵水轮机已安装完毕，主轴检修密封已投入；

（2）主阀、调速系统等已安装完毕，无水调试合格；

（3）关闭主阀、导叶，其控制方式切换至手动；

（4）蜗壳、尾水管检查无杂物，蜗壳进人门、尾水管进人门已封门；

（5）厂房检修排水系统、渗漏排水系统运行正常；

（6）厂用电事故照明正常，保安电源工作正常，紧急逃生通道畅通；

（7）确认尾水进/出口工作门及其充水阀已关闭，尾水事故闸门已关闭；

（8）顶盖排水系统已调试完成。现场配置临时潜水泵作为事故备用，并准备好临时电源供临时潜水泵控制使用。

（二）充水过程

（1）尾水系统第 1 段充水，保持尾水事故闸门关闭，开启尾水进/出口工作门的充水阀进行充水，根据水力测量仪表和计算的充水时间来监视充水情况。该段充排水试验时间一般为 45 天，包括充水、排水、检查处理及复充水。

（2）尾水系统第 1 段充水完成后，当机组具备过流条件，进行尾水事故闸门至主阀段充水。充水前，水泵水轮机导叶临时打开 5‰～6‰ 开度使得水从尾水管进入蜗壳，也可以通过开启蜗壳排水阀或者蜗壳泄压阀的方式使得水进入蜗壳，通过蜗壳顶部的自动排气阀排气，采用尾水事故闸门充水阀向尾水管及蜗壳自流充水，全程监视尾水管排水阀、蜗壳排水阀有无渗漏情况，检查检修及渗漏排水集水井水位有无明显增加，检查尾水事故闸门和蜗壳排气阀的排气情况，检查顶盖漏水情况，检查顶盖排水泵启停情况。一旦发现漏水、漏气等异常现象时，应立即停止充水进行处理，必要时须将尾水管排空。该段充排水试验时间一般为 30 天，时间包括充水、排水、检查处理及复充水。

（三）排水过程

当机组具备过水条件，尾水系统第 1 段水道已完成充水，可通过机组检修排水泵进行排水，排水速率与排水泵容量有关；若设有自流排水洞，则可通过自流排水洞自排。机组不具备过水条件时，下游水道通常先进行尾水事故闸门下游段充水试验，放空排水需在全厂供水总管与检修排水泵取水管之间安装临时排水管路，通过临时管路采用机组检修排水泵进行排水放空。

（四）工程实例

江西洪屏抽水蓄能电站尾水系统充排水试验方案如下：

1 号尾水系统充水前，下水库进/出水口 1 号事故闸门下闸并切断电源。尾水系统分两级充水：第一级，充水到高程 230.0m，稳压 24h，充水速率按尾调阻抗孔及尾水隧洞内水位上升速率不超过 10m/h，充水时间约 5h；第二级，充水到下水库库水位（暂按下水库大坝溢流坝段堰顶高程 169.5m），稳压 72h，充水速率按尾水调压室及尾水隧洞内水位（压力）上升速率不超过 10m/h 控制，充水时间约 4h。充水速率控制通过充水阀每小时内的间隔开启来实现，稳压期间需关闭充水阀，并确保不漏水。充水量及充水分级参数见表 3-2。

表 3-2　江西洪屏抽水蓄能电站 1 号（2 号）尾水系统充水量及充水分级参数表

分级	高程（m）	充水量（万 m³）	累计量（万 m³）	分段水头（m）	总水头（m）	水位上升速率（m/h）	稳压时间（h）
第 1 级	85.6～136.0	2.7（2.8）	2.7（2.8）	50.4	50.4	≤10	48
第 2 级	136.0～169.5	1.3	4.0（4.1）	33.5	83.9	≤10	72

注　括号中为 2 号尾水系统数据。

尾水系统复充水通过下水库进/出水口检修闸门上的 φ400 充水阀进行。复充水的速率控制与首次充排水相同，但不需要进行稳压，尾水事故闸门至下水库进/出水口检修闸门流道一次充满，复充水前检查项目与首次充水相同。

三、引水系统充水试验

引水系统充排水试验通常安排在尾水系统充排水试验之后进行。当上水库有天然来水或上水库能提前蓄水时，引水系统可利用上水库进/出水口闸门充水阀充水；当上水库不具备充水条件时，可利用设置在厂房内的上水库充水泵充水；有时，也可将两种方式结合起来进行充水。图 3-3 为抽水蓄能电站引水系统示意图。

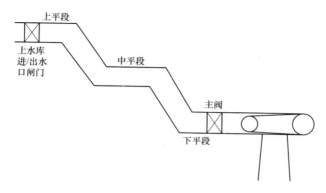

图 3-3　抽水蓄能电站引水系统

（一）引水系统充排水调试条件

（1）引水系统已完工并通过验收，检测仪器已按设计要求预埋和调试，并已测得初始值；

（2）调速器处于手动关机位置，导水叶全关，接力器锁锭装置投入；

（3）主阀处于全关位置，工作密封、检修密封投入并锁定；

（4）检修排水系统及机组段渗漏排水系统正常，上水库充水泵已安装调试合格；

（5）手动投入发电/电动机机械制动；

（6）投入机组主轴工作密封及上、下止漏环冷却水，检修密封退出；

（7）上水库充水泵厂家已提供流量、压力和出口阀门的关系曲线。

（二）充水过程

对于上水库有天然径流并已充蓄一定水量的电站，可打开上水库充水（旁通）阀，对引水输水系统和压力钢管进行充水，当压力钢管水位达到设计要求时，开启上水库进/出水口闸门充水阀（或平压阀）继续向压力钢管充水。DL/T 5208—2005 中第 8.3.8 条规定："水道系统充水，尤其钢筋混凝土衬砌隧洞的初期充水，必须严格控制充水速率，并划分水头段分级进行。每级充水达到预定水位后，应稳定一段时间，待监测系统确认后，方可进行下一水头段的充水"。国内抽水蓄能电站充水速率因引水隧洞种类不同而有所差别：钢筋混凝土衬砌引水隧洞的充水速率各个工程相差较大，一般可取 5～10m/h，钢衬引水隧洞的充水速率一般为 10～15m/h。充水过程中划分水头段分级进行，钢筋混凝土衬砌引水隧洞每级水头宜取 80～120m，钢衬引水隧洞每级水头宜取 120～150m，每级稳压时间宜取 48～72h。

考虑到抽水蓄能电站上水库放空后，需从下水库向上水库充水，通常会在厂房内布置上水库充水泵。当电站不具备由进/出水口闸门充水阀条件时，可采用上水库充水泵进行引水系统充水，如浙江仙居抽水蓄能电站、江西洪屏抽水蓄能电站等均采用此种方式。充水泵吸水管接在全厂供水总管上，出口与压力钢管排水阀的直管相连，其扬程的选择应能足够将水充至进/出口闸门处。根据上水库充水泵的设计流量，采取适当的控制方式，以满足引水系统充水速率的相关要求。充水过程应严密监视管路各处有无渗漏情况，关注管道内水位及压力变化情况，严格控制充水速率及稳压时间，并安排专门人员操控水泵的启停。

（三）排水过程

引水系统充水稳压完成后，需按要求的放空速率进行放空，严格控制水位下降速度。当机组具备过水条件时，可通过压力钢管排水管经排水阀、尾水管、尾水隧洞平压排至下水库，调节压力钢管排水管上的针阀开度来控制放空速率；机组不具备过水条件时，需在压力钢管排水管与全厂供水总管之间安装临时排水管路，采用平压方式引水经压力钢管排水阀、供水总管和尾水隧洞排至下水库。待引水系统水位下降至与下水库水位齐平后，引水系统中的剩余水量可通过机组检修排水泵进行抽排或通过自流排水洞进行自排。引水系统排水过程也应分水头段进行，注意稳压，通常控制放空速率在 2~4m/h，并控制最大外水压力与引水隧洞内水的压力差小于高压隧洞的抗外压能力。

（四）工程实例

江西洪屏抽水蓄能电站引水系统充排水试验方案如下：

1 号引水系统充水量约为 2.9 万 m^3，2 号引水系统充水量约为 3.0 万 m^3。充水过程 EL93.0m~EL165m（此指下水库水位高程）通过公用供水总管自流平压充水，EL165m~EL330m 通过 1、2 号上水库充水泵充水，EL330m~EL707.1m 通过上水库进出水口事故闸门充水阀充水。排水过程 EL707.1m~EL165m 通过公用技术供水管自流排水，EL165m~EL92.00m 通过公用技术供水总管至检修排水总管，利用检修排水泵排水，EL92.00m 以下采用检修排水管上的自流排水管排出。

在 1 号引水系统充水前，1 号和 2 号机组主进水阀处于关闭状态并投入锁定，检修密封锁锭投入，检修密封及工作密封操作临时压力水系统必须可靠投入，上水库进/出水口 1 号事故闸门下闸并切断电源。公用技术供水管及各取排水支管阀门处于关闭状态，阀门上锁。通过监测主进水阀上游侧压力表（1 号水轮机层量测盘和 2 号主进水阀前）监测水位上升并控制充排水速率。

第二级以上通过充水阀开度来实现充水速率控制，稳压期间需关闭充水阀，并确保不漏水。引水系统分六级充水：第一级，充水到高程 EL230.0m，稳压 24h，充水水位上升速率不超过 15m/h，充水时间约 9h；第二级，充水到高程 EL330.0m，稳压 24h，充水水位上升速率不超过 15m/h，充水时间约 7h；第三级，充水到高程 EL430.0m，稳压 24h，充水水位上升速率不超过 15m/h，充水时间约 7h；第四级，充水到高程 EL530.0m，稳压 24h，充水水位上升速率不超过 15m/h，充水时间约 7h；第五级，充水到高程 EL640.0m，稳压 24h，充水水位上升速率不超过 15m/h，充水时间约 7h；第六级，充水到高程 EL707.1m，稳压 72h，充水水位上升速率不超过 10m/h，充水时间约 5h。充水速率控制通过充水阀每小时内的间隔开启来实现，稳压期间需关闭充水阀，并确保不漏水。充水量及充水分级参数见表 3-3。

表 3-3　　　江西洪屏抽水蓄能电站 1 号引水系统充水量及充水分级参数表

分级	高程（m）	充水量（万 m³）	累计量（万 m³）	分段水头（m）	总水头（m）	水位上升速率（m/h）	稳压时间（h）
第一级	93～230	0.48	0.48	137	137	≤15	24
第二级	230～330	0.18	0.66	100	237	≤15	24
第三级	330～430	0.56	1.22	100	337	≤15（平洞按不大于 1000m³/h 充水）	24
第四级	430～530	0.21	1.43	100	437	≤15	24
第五级	530～640	0.23	1.67	110	547	≤15	24
第六级	640～701.2	1.26	2.93	61.2	608.2	≤10（平洞按不大于 1000m³/h 充水）	72

引水系统复充水的速率控制与首次充排水相同，但每阶段稳压 12h，复充水前检查项目与首次充水相同。

第四节　机组静水试验

抽水蓄能机组静水试验是机组整组启动调试前的最后一环，以此来检验机组设备应具有的功能是否正常。静水试验一般有调速器静水试验、主进水阀静水试验、流程模拟试验、保护传动试验。

一、调速器静水试验

调速器静水试验是为了验证在蜗壳充水状态下导叶能够正常开启关闭，导叶开关时间是否满足设计要求。

试验内容主要包括：导叶与接力器锁锭的联闭锁试验；手动开关导叶，检查调速器接收到的导叶行程反馈与主接力器标尺指示的一致性；通过主配关闭导叶，检查导叶关闭规律是否符合设计要求；通过事故配关闭导叶，检查导叶关闭规律是否符合设计要求；调速器自动开关导叶，检查导叶开关时间是否符合设计要求；调速器静特性试验；导叶开度阶跃试验。

试验前机组尾水管和蜗壳充水已完成，机组转轮室有水，中、低压气系统已调试完成，机组压气罐及安全阀已通过特种压力容器检验；试验机组机械制动投入，主进水阀处于全关状态，与试验机组共流道的相邻机组主进水阀处于全关状态，并可靠锁定；主进水阀控制系统、调速系统、调相压气控制系统完成初步调试，能够完成主进水阀、导叶关闭。

（一）导叶开度一致性检查

检查调速器具备静水试验条件，开启调速器油压装置主油阀，手动投入退出接力器锁锭，检查接力器液压锁锭投退功能正确，确保接力器液压锁锭退出。

手动依次开启导叶至 5%、10%、25%、50%、75%、100%开度，检查主接力器行程标尺是否对应接力器全行程的 5%、10%、25%、50%、75%、100%，确认接力器行程传感器的一致性。

（二）主配压阀、事故配压阀关闭导叶

开启调速器主油阀检查确认导叶液压锁锭退出，手动打开导叶至全开位置，投入得电关闭电磁阀控制电源，验证主配压阀得电停机功能正确，时间满足设计要求。退出得电关闭电磁阀控制电源，检查导叶是否自动快速开启至全开，检查导叶开启功能正确，时间满足设计要求。

若导叶未自动开启，手动开启导叶至全开状态，退出失电关闭电磁阀控制电源，验证主配压阀失电停机功能正确，时间满足设计要求。投入失电关闭电磁阀控制电源，检查导叶是否自动快速开启至全开，检查导叶开启功能正确，时间满足设计要求。

若导叶未自动开启，手动开启导叶至全开状态，投入紧急停机电磁阀控制电源，验证事故配压阀关闭功能正确，关闭规律满足设计要求。

试验结束后，手动关闭导叶至全关。

（三）自动开关导叶

开启调速器主油阀，检查确认导叶液压锁锭退出，检查确认导叶接力器位移传感器已调整完毕，检查确认导叶定位功能已调整完成，置调速器于现地自动状态，执行导叶自动全开、自动全关，测量全开、全关时间是否满足设计要求。置调速器于现地自动状态，进行导叶开度阶跃试验，分别进行 $\pm 1\%$、$\pm 2\%$、$\pm 5\%$、$\pm 10\%$、$\pm 20\%$、$\pm 50\%$ 等阶跃试验，并录制试验曲线试验结束后全关导叶。

（四）静特性试验

开启调速器主油阀，检查确认导叶液压锁锭退出，调速器于现地自动状态，设置调速器调差率永态转差系数 $b_p = 4\%$，切除人工频率死区，K_D 为最小值，K_I 为最大值，K_P 为中间值，使用外加频率信号源输入频率信号，置频率给定为额定值，手动将导叶开度开启至 50% 开度左右，单向调节外加频率信号，先从 50Hz 增至 50.9Hz，每次增加 0.1Hz，然后从 50.9Hz 减至 49.1Hz，每次减少 0.1Hz；最后从 49.1Hz 增至 50Hz，每次增加 0.1Hz，完成导叶静特性试验。

二、主进水阀静水试验

主进水阀静水试验主要验证主进水阀在引水系统充水状态下能够自动开启和关闭，调整主进水阀开、关时间以满足设计要求。

主要进行主进水阀阀体充水试验，检修密封、工作密封投退试验；主进水阀开度指示及位置节点反馈检查；主进水阀与工作密封闭锁功能检查；主进水阀自动开关流程检查，开、关时间检查；主进水阀紧急关闭功能检查；机械过速装置紧急关闭主进水阀功能检查。

（一）主进水阀本体充水试验

检查主进水阀处于全关状态，接力器锁定投入，工作密封、检修密封投入，工作旁通阀、检修旁通阀关闭；打开主进水阀本体排气阀，打开主进水阀本体排水阀，通过该阀给主进水阀本体充水；待主进水阀排气孔有水溢出时，关闭主进水阀本体排水阀，再关闭主进水阀本体排气阀；主进水阀本体充水完毕。

（二）主进水阀检修密封投退试验

开启主进水阀密封操作用水过滤器进口阀、出口阀，检查主进水阀密封操作用水过滤器出口压力表压力，检查主进水阀密封操作用水过滤器差压开关是否报警；检查主进水阀密封操作柜油压压力表压力；检查主进水阀开启闭锁密封投入阀的物理闭锁是否正常；手动操作主进水阀检修密封投退手动阀退出主进水阀检修密封，观察主进水阀检修密封是否正常退出，校核主进水阀检修密封位置开反馈信号是否正确；检查主进水阀检修密封退出腔水压表压力，检查主进水阀检修密封退出腔压力开关是否正确动作；手动操作主进水阀检修密封投退手动阀投入主进水阀检修密封，观察主进水阀检修密封是否正常投入，校核主进水阀检修密封位置开关反馈信号是否正确；检查主进水阀检修密封退出腔水压，检查主进水阀检修密封退出腔压力开关是否正确动作；手动操作主进水阀检修密封投退手动阀退出主进水阀检修密封，检查从主进水阀工作密封投退液动阀处引出的排水管排水是否正常。

（三）工作检修旁通阀开启试验

①手动打开检修旁通阀上游的手动隔离阀；②手动开启检修旁通阀，并检查其位置开关反馈是否正常；③通过控制电磁阀来开启主进水阀的工作旁通阀，并检查其位置开关反馈是否正常。

（四）主进水阀工作密封投退试验

检查主进水阀密封操作用水过滤器出口压力表压力是否正常，检查主进水阀密封操作用水过滤器差压开关未报警；检查主进水阀密封操作柜油压压力表压力是否正常；检查主进水阀开启闭锁密封投入阀的物理闭锁是否正常，手动操作主进水阀工作密封投退电磁阀，退出主进水阀工作密封，观察主进水阀工作密封是否正常退出，校核主进水阀工作密封位置开关，反馈信号是否正确，检查工作密封投入闭锁开启阀是否反馈正常，检查主进水阀工作密封退出腔水压表压力是否正常，检查主进水阀工作密封退出腔压力开关差压开关是否正常开出；手动操作主进水阀工作密封投退电磁阀，投入主进水阀工作密封，观察主进水阀工作密封是否正常投入，校核主进水阀工作密封位置开关反馈信号是否正确；检查工作密封投入闭锁开启阀是否反馈正常；检查主进水阀工作密封退出腔水压表压力是否正常，检查主进水阀工作密封退出腔压力开关差压开关是否正常开出；手动操作主进水阀工作密封投退电磁阀，退出主进水阀工作密封，检查从主进水阀工作密封投退液动阀处引出的排水管排水是否正常。

（五）主进水阀锁锭操作试验

手动操作锁锭投退电磁阀，退出锁锭装置；检查锁锭装置实际位置是否已退出；检查锁锭位置开关，反馈信号是否正确；手动操作锁锭投退电磁阀，投入锁锭装置；检查锁锭装置实际位置是否已投入；检查锁锭位置开关，反馈信号是否正确；手动操作锁锭投退电磁阀，退出锁锭装置。

（六）手动操作主进水阀试验

确认主进水阀工作密封、检修密封均退出；确认检修旁通阀、工作旁通阀均开启；确认主进水阀锁锭已拔出；确认工作密封投入闭锁开启阀反馈正常；确认机械过速装置状态正常；检查差压信号正常；手动操作主进水阀开关控制电磁阀，开启主进水阀；主进水阀开启过程中校验位置开关反馈正常，主进水阀位移模拟量传感器反馈正常，记录主进水阀开启时间并调整其符合设计要求；手动操作主进水阀开关控制电磁阀，关闭主进水阀；主进水阀关闭过程中校验位置开关反馈正常，主进水阀行程模拟量传感器反馈正常，记录主进水阀关闭时间并调整其符合设计要求；手动操作主进水阀开关控制电磁阀，开启主进水阀；通过主进水阀紧急停机电磁阀，紧急关闭主进水阀；记录主进水阀关闭时间并调整其符合设计要求；手动操作主进水阀开关控制电磁阀，开启主进水阀；通过机械过速装置紧急关闭主进水阀；记录主进水阀关闭时间并调整其符合设计要求。

（七）现地操作主进水阀试验

置主进水阀控制系统于现地自动状态；通过主进水阀控制系统自动开启主进水阀；检查工作旁通阀是否开启；检查检修密封是否退出；检查工作密封是否退出；检查主进水阀锁锭是否退出；检查差压信号正常；检查主进水阀是否开启至全开位置；检查工作旁通阀是否关闭；通过主进水阀控制系统自动关闭主进水阀；检查工作旁通阀是否开启；检查主进水阀是否关闭至全关位置；检查主进水阀锁锭是否投入；检查工作密封是否投入；检查工作旁通阀是否关闭；记录主进水阀开启、关闭时间并校验其是否符合设计要求。

（八）监控系统远方操作主进水阀试验

置主进水阀控制系统于远方自动状态；通过监控系统远方自动开启主进水阀；检查工作旁通阀是否开启；检查检修密封是否退出；检查工作密封是否退出；检查主进水阀锁锭是否退出；检查差压信号正常；检查主进水阀是否开启至全开位置；检查工作旁通阀是否关闭；检查主进水阀系统反馈至监控的信号是否正确；通过监控系统远方自动关闭主进水阀；检查工作旁通阀是否开启；检查主进水阀是否关闭至全关位置；检查主进水阀锁锭是否投入；检查工作密封是否投入；检查工作旁通阀是否关闭；记录主进水阀开启、关闭时间并校验其是否符合设计要求；监控远方开启主进水阀，确认主进水阀处于全开位置；监控远方紧急关主进水阀，检查主进水阀正常关闭。

三、流程模拟试验

该试验是在静态下检查机组启停及工况转换流程的正确性，保证机组整组启动的可靠性。流程模拟试验需要把握两个基本原则，试验期间机组不能转动、试验期间机组不能带电，因此机组的主进水阀、换相隔离开关及励磁交流开关是重要的隔离点，应保证其在试验期间不会动作。在流程模拟试验时，所有的机组辅助设备都应尽可能的真实动作，如果因安全或闭锁原因不能实动，则可采用短接等方式模拟信号反馈，保证流程能够执行。

主要进行监控系统单步操作控制调试，监控系统开/停机顺控流程调试，监控系统主 PLC 控制系统事故、紧急事故停机调试，水机保护回路事故、紧急事故停机调试，手自动同期并网调试等。

试验前需要将机组换向隔离开关（Phase Reversing Disconnector，简称 PRD）分开并上锁，断开控制电源；且监控系统、SFC系统、励磁系统、继电保护系统、状态监测系统、故障录波系统完成分部调试。

（一）停机—静止流程模拟试验

停机—静止流程模拟试验需要检查以下项：

（1）蠕动装置能否正确退出；

（2）机组技术供水泵能否正常启动，各部轴承流量是否显示正确；

（3）导叶锁锭能否正确退出，反馈信号是否正常；

（4）高压油顶起装置能否启动，交、直流泵能否正常运行，高压油顶起装置出口油压是否正常。

（二）静止—空转流程模拟试验

静止—空转流程模拟试验需要检查以下项：

（1）检查主进水阀是否正常开启；

（2）检查导叶是否开启至空载开度；

（3）短接机组转速＞95％额定转速信号至高压油顶起装置，检查高压油顶起装置是否停止；

（4）检查机组状态是否处于空转态。

（三）空转—空载流程模拟试验

空转—空载流程模拟试验需检查以下项：

（1）检查确认励磁系统在发电模式；

（2）确认励磁系统是否远方建压，且监控收到机端电压＞90％信号；

（3）检查机组是否处于空载态。

（四）空载—发电流程模拟试验

空载—发电流程模拟试验需要检查以下项：

（1）确认同期装置已启动，并正确选择发电对象、发电工况电压互感器及机端电压互感器；

（2）检查GCB是否成功合闸，各系统是否收到GCB合闸信号；

（3）检查监控系统及调速器系统是否正确反馈预设功率给定值；

（4）检查机组是否处于发电态。

（五）发电—发电流程模拟调相试验

发电—发电调相流程模拟试验需要检查以下项：

（1）确认导叶是否全关，确认主进水阀是否全关，密封是否投入；

（2）确认所有阀组（主气阀、补气阀、顶盖排气阀、蜗壳平压阀、蜗壳排气阀等）动作是否正确；

（3）确认压水过程是否成功，压水完成信号是否送到监控；

（4）检查机组是否处于发电调相态。

（六）发电调相—发电流程模拟试验

发电调相—发电流程模拟试验需要检查以下项：

（1）检查主进水阀是否开启至全开位置；

（2）检查排气回水流程是否执行，所有阀组（主气阀、补气阀、顶盖排气阀、蜗壳平压阀、蜗壳排气阀等）动作是否正确；

（3）检查导叶是否正常开启；

（4）检查机组是否处于发电态。

（七）发电—空载流程模拟试验

发电—空载流程模拟试验需要检查以下项：

（1）确认机组有功功率和无功功率是否正确降为 0MW/0Mvar；

（2）检查 GCB 是否分闸，各系统是否正确收到 GCB 位置信号；

（3）检查机组是否处于空载态。

（八）空载—空转流程模拟试验

空载—空转流程模拟试验需要检查以下项：

（1）检查机组逆变灭磁令是否发出，机组电压小于 5％机端额定电压信号至监控系统；

（2）检查磁场断路器是否分闸；

（3）检查机组处于空转态。

（九）空转—旋转流程模拟试验

空转—旋转流程模拟试验需要检查以下项：

（1）检查高压油顶起装置是否正确启动；

（2）检查导叶是否全关；

（3）检查主进水阀关闭指令已发出。

（十）发电调相—旋转流程模拟试验

发电调相—旋转流程模拟试验需要检查以下项：

（1）检查机组无功功率是否降为 0Mvar；

（2）检查机组 GCB 是否成功分闸；

（3）检查主进水阀关闭指令已发出；

（4）检查高压油顶起装置是否正确启动。

（十一）静止—SFC 抽水调相流程模拟试验

静止—SFC 抽水调相流程模拟试验需要检查以下项：

（1）选择试验机组被 SFC 拖动，确认试验机组与 SFC 的控制联系是否已建立；

（2）监控系统强制发出合抽水换相隔离开关令，检查试验机被拖动隔离开关是否合闸成功；

（3）检查充气压水流程是否正确，所有阀组（主气阀、补气阀、顶盖排气阀、蜗壳平压阀、蜗壳排气阀）动作是否正确；

（4）检查励磁系统 SFC 启动模式令是否下发；

（5）短接机组转速＞95％额定转速信号至各系统，检查高压油顶起装置是否停止；

（6）将同期装置参数临时设置为无压合闸参数，检查 GCB 是否合闸成功，检查相

关系统是否收到 GCB 合闸令;

（7）检查 SFC 输出隔离开关/SFC 逆变桥侧隔离开关、SFC 试验机侧输入隔离开关是否分闸;

（8）检查机组被拖动隔离开关是否分闸成功;

（9）检查机组是否处于抽水调相态。

（十二）静止—BTB（背靠背）抽水调相流程模拟试验

试验中拖动机需要检查以下项:

（1）检查拖动机组发电换相隔离开关是否合闸;

（2）检查拖动机组拖动隔离开关是否合闸;

（3）检查主进水阀、导叶是否正常开启;

（4）确认拖动机组励磁在背靠背发电模式;

（5）检查拖动机组是否同期无压合 GCB;

（6）确认拖动机组在被拖动机并网时断开 GCB。

被拖动机组需要检查以下项:

（1）检查被拖动机组抽水换相隔离开关是否合闸;

（2）检查被拖动机组被拖动隔离开关是否合闸;

（3）确认被拖动机组励磁在背靠背电动模式;

（4）检查被拖动机组充气压水流程是否正确，所有阀组（主气阀、补气阀、顶盖排气阀、蜗壳平压阀、蜗壳排气阀）动作是否正确;

（5）检查被拖动机组是否处于抽水调相态。

（十三）抽水调相—抽水流程模拟试验

抽水调相—抽水流程模拟试验需要检查以下项:

（1）确认转轮造压是否成功，所有阀组（主气阀、补气阀、顶盖排气阀、蜗壳平压阀、蜗壳排气阀）动作是否正确;

（2）检查主进水阀是否开启;

（3）检查导叶开度是否到达抽水工况开度，检查导叶开启规律是否正确;

（4）检查机组是否处于抽水态。

（十四）抽水—抽水调相流程模拟试验

（1）检查导叶是否全关;

（2）检查主进水阀是否全关;

（3）检查充气压水流程是否正确，所有阀组（主气阀、补气阀、顶盖排气阀、蜗壳平压阀、蜗壳排气阀）动作是否正确;

（4）检查机组是否处于抽水调相态。

（十五）抽水—旋转流程模拟试验

抽水—旋转流程模拟试验需要检查以下项:

（1）检查机组有功功率和无功功率是否降到 0MW/0Mvar;

（2）检查机组 GCB 是否分闸成功;

（3）检查高压油顶起装置是否启动；

（4）检查导叶是否全关；

（5）检查主进水阀是否全关。

（十六）抽水调相—旋转流程模拟试验

抽水调相—旋转流程模拟试验需要检查以下项：

（1）检查机组无功功率是否降到 0Mvar；

（2）检查机组 GCB 是否分闸成功；

（3）检查排气回水流程是否正确，所有阀组（主气阀、补气阀、顶盖排气阀、蜗壳平压阀、蜗壳排气阀）动作是否正确；

（4）检查高压油顶起装置是否启动；

（5）检查导叶是否全关；

（6）检查主进水阀是否全关。

（十七）静止—黑启动流程模拟试验

静止—黑启动流程模拟试验需要检查以下项：

（1）检查调速器和励磁系统是否在黑启动模式；

（2）检查发电换相隔离开关是否合闸；

（3）检查机组 GCB 是否合闸；

（4）检查主进水阀是否开启；

（5）检查励磁系统是否已投入；

（6）检查机组是否处于黑启动态。

（十八）机械事故—静止流程模拟试验

机械事故—静止流程模拟试验需要检查以下项：

（1）检查机组有功功率和无功功率是否降到 0MW/0Mvar；

（2）检查高压油顶起装置是否启动；

（3）检查机组 GCB、磁场断路器是否分闸成功；

（4）检查导叶是否全关；

（5）检查主进水阀是否全关；

（6）检查励磁电制动模式开启，电制动短路隔离开关是否合闸，磁场断路器是否合闸；

（7）检查机械制动是否正确投入；

（8）检查中性点隔离开关是否合闸。

（十九）电气事故—静止流程模拟试验

电气事故—静止流程模拟试验需要检查以下项：

（1）检查机组 GCB、磁场断路器是否分闸成功；

（2）检查高压油顶起装置是否启动；

（3）检查导叶是否全关；

（4）检查主进水阀是否全关；

（5）检查机械制动是否正确投入；

（6）检查中性点隔离开关是否合闸。

（二十）静止—停机流程模拟试验

静止—停机流程模拟试验需要检查以下项：

（1）检查导叶锁锭是否已投入；

（2）检查机组蠕动装置是否已投入且无蠕动信号；

（3）检查辅助设备是否已停止。

四、保护传动试验

保护传动试验（又称整组传动试验）是指在完成继电保护装置单体调试后，为验证各保护之间的配合关系以及出口跳闸回路及闭锁回路的完整性与正确性，所进行的故障模拟试验，以此来确保保护装置二次回路的正确性。传动试验完成后，所涉及的二次回路将不允许再修改，因此一般选择机组启动前开展该试验，充水试验完成后标志机组将要启动，所以充水试验完成后进行该试验有利于现场的管理。传动试验完成后将柜门封闭，如今后需要变更则须履行相关的流程，以此保证调试阶段保护的可靠性。

一般自保护装置的电流、电压二次回路端子的引入端子处或从变流器一次侧，向被保护设备的所有保护装置通入模拟电压、电流量，以检验各保护装置在电气故障过程中动作情况。它是检查继电保护装置接线是否正确合理，工作是否可靠的最有效方法。

为了保证机组能够安全稳定运行，保护传动试验应该在机组首次转动前完成。模拟各种重要的保护跳闸信号，对保护装置的动作出口和动作结果进行确认，确保实际发生故障时能及时的切断故障源。

根据《继电保护和电网安全自动装置检验规程》（DL/T 995—2016）、《可逆式抽水蓄能机组启动试运行规程》（GB/T 18482—2010）、《继电保护和安全自动装置技术规程》（GB/T 14285—2006）的要求，保护传动试验主要完成各工况下的机组故障模拟，验证二次回路是否接线正确，保护是否正确动作，保护逻辑是否正确，同时记录保护动作时间是否与定值单一致。

规程规定有以下内容：

（1）若同一被保护设备的各套保护装置皆接于同一电流互感器二次回路，则按回路的实际接线，自电流互感器引进的第一套保护屏柜的端子排上接入试验电流、电压，以检验各套保护相互间的动作关系是否正确；如果同一被保护设备的各套保护装置分别接于不同的电流回路时，则应临时将各套保护的电流回路串联后进行整组试验。

（2）整组试验包括如下内容：

（a）整组试验时应检查各保护之间的配合、装置动作行为、断路器动作行为、保护起动故障录波信号、调度自动化系统信号、中央信号、监控信息等正确无误。

（b）借助于传输通道实现的纵联保护、远方跳闸等的整组试验，应与传输通道的检验一同进行。必要时，可与线路对侧的相应保护配合一起进行模拟区内、区外故障时保护动作行为的试验。

（c）对装设有综合重合闸装置的线路，应检查各保护及重合闸装置间的相互动作情况与设计相符合。

（d）将装置及重合闸装置接到实际的断路器回路中，进行必要的跳、合闸试验，以检验各有关跳、合闸回路、防止断路器跳跃回路、重合闸停用回路及气（液）压闭锁等相关回路动作的正确性。检查每一相的电流、电压及断路器跳合闸回路的相别是否一致。

（e）在进行整组试验时，还应检验断路器、合闸线圈的压降不小于额定值的90％。

（3）在整组试验中着重检查如下问题：

（a）各套保护间的电压、电流回路的相别及极性是否一致。

（b）在同一类型的故障下，应该同时动作并发出跳闸脉冲的保护，在模拟短路故障中是否均能动作，其信号指示是否正确。

（c）有两个线圈以上的直流继电器的极性连接是否正确，对于用电流起动（或保持）的回路，其动作（或保持）性能是否可靠。

（d）所有相互间存在闭锁关系的回路，其性能是否与设计符合。

（e）所有在运行中需要由运行值班员操作的把手及连接片、名称、位置标号是否正确，在运行过程中与这些设备有关的名称、使用条件是否一致。

（f）中央信号装置的动作及有关光字、音响信号指示是否正确。

（g）各套保护在直流电源正常及异常状态下（自端子排处断开其中一套保护的负电源等）是否存在寄生回路。

（h）断路器跳、合闸回路的可靠性，其中装设单相重合闸的线路，验证电压、电流、断路器回路相别的一致性及与断路器跳合闸回路相连的所有信号指示回路的正确性。对于有双跳闸线圈的断路器，应检查两跳闸接线的极性是否一致。

（i）自动重合闸是否能确实保证按规定的方式动作并保证不发生多次重合情况。

（4）整组试验结束后应在恢复接线前测量交流回路的直流电阻。工作负责人应在继电保护记录中注明哪些保护可以投入运行，哪些保护需要利用负荷电流及工作电压进行检验以后才能正式投入运行。

试验前，根据现场实际情况制定相应的保护传动试验方案，并经调试指挥部、监理及调度批复。保护传动试验以安全为前提，试验前，发电机变压器组保护应具备以下条件：

（1）保护装置单体调试已完成，并见调试报告。

（2）保护装置定值单已完成下装，并核对正确。

（3）二次回路按设计图纸要求已完成检查，无寄生回路；电流回路无开路，电压回路无短路。电压二次回路通电时防止反充电，断开二次回路空气开关，做好相关安全措施。

（4）各套保护均已传动至出口压板，且符合跳闸逻辑要求。

（5）已向调度申请试验，并得到批复。传动试验涉及的主变压器高压侧断路器已停役，退出断路器失灵保护，并做好相关安全措施。

（6）二次回路通流前，再次确认回路上无人工作，方可进行试验。

试验中，试验人员应听从负责人统一指挥，认真执行二次安全措施票，并做好记录。工作人员在现场工作过程中，遇到异常情况，应立即停止工作，并向负责人汇报。保持现状，待查明原因，确定与本工作无关后，方可继续工作。

试验中需要注意如下安全事项：

（1）保护装置整组传动试验工作开展前，应由专业继电保护负责人拟订具体的试验项目，传动试验应依据该项目步骤进行。

（2）整组试验和传动必须在彻底查清二次回路正确无误的情况下进行。

（3）保护压板标签及保护控制电源已标识明确。

（4）在通入交流模拟量时，应首先检查保护装置的电压回路与电压互感器连接的二次线是否断开，防止电压互感器倒送电引起高压伤人。

（5）进行与已运行系统的继电保护或自动装置试验时，必须将相关部分接线打开且用绝缘胶布包扎或申请退出与运行设备有关联的出口压板，并应有运行人员配合工作或监护。

（6）作远方传动试验时，隔离开关处应设专人监视，联系信号应畅通，明确。

（7）控制屏、保护屏及隔离开关处，应有人监视保护发出的信号和隔离开关动作情况，是否与装置要求一致，如不一致，应立即断开相关控制电源，待二次回路查明原因后方可再次进行整组及传动试验，传动试验完成后需形成相关试验报告。

五、机组技术供水调整试验

机组技术供水调整试验在机组安装完成、尾水管充水后进行。主要进行技术供水泵旋转方向检查和机组各冷却水用户流量调整试验。机组技术供水用户一般包括：上导轴承冷却水、下导轴承冷却水、推力轴承冷却水、空气冷却器冷却水、水导轴承冷却水、主轴密封冷却水（两路）、止漏环冷却水、主变压器负载冷却水，有的还包括调速器油压装置冷却水。

调试前宜准备好便携式超声波流量计，以便对各管路流量进行测量比较；确认机组冷却水总管和各用户管路上的冷却水流量计或流量开关工作正常；提前落实好各用户的冷却水流量设计值，根据定值事先检查调整各用户管路阀门状态。

调试时各用户处均安排人员监护，启动技术供水泵；检查技术供水泵旋转方向正确；检查风洞内、主变压器室等各用户管路渗漏现象；使用便携式超声波流量计进行测量，调整各用户流量与设计值基本一致；记录总管及各用户管路流量，各阀门开启状态并做好标记，各流量计或者流量开关状态。

进行机组技术供水调试时需注意：

（1）技术供水泵的故障切换，确认切换功能正确，注意模拟故障后软启是否自恢复，注意软启自恢复功能如何操作。

（2）过滤器的自动排污功能正常。

（3）主变压器空载冷却水和主变压器负载冷却水切换功能正常。

（4）主轴密封两路冷却水切换功能正常，安全阀经过校验；宜安装有现地表计，便于人员进行现地观察判断。

（5）止漏环冷却水功能正常，止漏环冷却水电动阀的控制与机组调相压水配合一致；宜安装有现地表计，便于人员进行现地观察判断。

（6）设计采用热力学法效率试验的，检查热力学法试验接口是否已安装，且阀门关闭。

⊯ 第五节 动 平 衡 试 验

动平衡试验是通过对机组主轴摆度和振动进行测试，来检查机组转动部件是否明显存在动不平衡现象，若存在且主要是由不平衡质量引起得，则对机组转子进行配重，直至机组振动和主轴摆度满足厂家运行限值的要求。

一、测点布置

动平衡试验关键测点是键相、主轴摆度和上、下机架振动，如表 3-4 所示。为更全面地了解机组振动情况，也可对定子机座振动及顶盖振动等进行测量。

表 3-4　　　　　　　　　　　　　　　动平衡试验测点布置表

序号	测点名称	传感器类型
1	键相	涡流位移传感器
2	上导 X	涡流位移传感器
3	上导 Y	涡流位移传感器
4	下导 X	涡流位移传感器
5	下导 Y	涡流位移传感器
6	水导 X	涡流位移传感器
7	水导 Y	涡流位移传感器
8	上机架水平振动	低频速度位移传感器
9	上机架垂直振动	低频速度位移传感器
10	下机架水平振动	低频速度位移传感器
11	下机架垂直振动	低频速度位移传感器

注 建议键相块与磁极引线对应的磁极在大轴上的投影在一条直线上。

二、试验实施

机组首次开机升速过程中就应进行机组动平衡情况观测，在机组缓慢升速的过程中，实时监测主轴摆度与机组振动幅值，尤其是上导、下导摆度与上下机架水平振动幅值，若在未升至 100% 额定转速的过程中出现幅值过大（具体数值根据转速、机型、轴瓦双边间隙和厂家允许的最大值而定，前提条件要求机组轴线满足标准要求）的现象，则应停机进行动平衡配重处理，配重后再次开机升速。若主轴摆度与机组振动幅值允许，则升至 100％额定转速，在 100％额定转速下运行一段时间检查主轴摆度与机组振动幅值变化情况。若主轴摆度与机组振动幅值未达理想效果，则结合机组调试安排再次配重。

考虑到抽水蓄能机组通常运行在发电工况（带 50％至 100％额定负荷运行）和抽水工况，因此，需要在发电工况与抽水工况下对动平衡配重效果进行检查。最终的配重方案综合考虑发电工况与抽水工况而定。

三、数据记录

在机组缓慢升速的过程中，需记录 4 个左右转速下的主轴摆度与机组振动的通频幅值和 1 倍转频幅值，以便进行动平衡情况的判定。数据记录格式可参见表 3-5。动平衡配重过程和配重后主轴摆度与机组振动幅值统计表可参见表 3-6 和表 3-7。

表 3-5　　　　　　　　　　　　　升速过程数据记录表

序号	内容	单位	％n_r	％n_r	％n_r	％n_r
1	上水库水位	m				
2	下水库水位	m				
3	上导 X 摆度（P2P，1X）	μm				
4	上导 Y 摆度（P2P，1X）	μm				
5	下导 X 摆度（P2P，1X）	μm				
6	下导 Y 摆度（P2P，1X）	μm				
7	水导 X 摆度（P2P，1X）	μm				
8	水导 Y 摆度（P2P，1X）	μm				
9	上机架水平（P2P，1X）	μm				
10	上机架垂直（P2P，1X）	μm				
11	下机架水平（P2P，1X）	μm				
12	下机架垂直（P2P，1X）	μm				
13	定子机座水平（P2P）	μm				
14	定子机座垂直（P2P）	μm				
15	顶盖水平（P2P）	μm				
16	顶盖垂直（P2P）	μm				

注　表格中的 P2P 表示通频幅值，1X 表示转频分量双幅值，表 3-7 与此同。

表 3-6　　　　　　　　　　　　　动 平 衡 配 重 情 况

序号	不平衡质量相位	配重方位		配重重量	
		磁极号	角度	上部（kg）	下部（kg）
1					
2					
3					
4					
5					

表 3-7 配重后振动摆度情况

测点名称	单位	配重序次				
		1	2	3	4	5
上导 X（P2P/1X）	μm					
上导 Y（P2P/1X）	μm					
下导 X（P2P/1X）	μm					
下导 Y（P2P/1X）	μm					
水导 X（P2P/1X）	μm					
水导 Y（P2P/1X）	μm					
上机架水平（P2P/1X）	μm					
上机架垂直（P2P/1X）	μm					
下机架水平（P2P/1X）	μm					
下机架垂直（P2P/1X）	μm					
定子机座水平（P2P）	μm					
定子机座垂直（P2P）	μm					
顶盖水平（P2P）	μm					
顶盖垂直（P2P）	μm					

四、动平衡判定与配重计算

抽水蓄能机组动平衡配重通常采用双面法，具体动不平衡判定、不平衡质量相位求取和配重计算原理方法参见第五章第四节中"三、动平衡试验"。

五、试验注意事项

（1）机组升速过程中，密切关注各导轴承轴瓦温升情况，防止烧瓦。

（2）动平衡效果检查时，需要考虑轴承瓦温情况。若瓦温不合理，则调整轴瓦间隙后，再进行动平衡效果检查，甚至再次配重。

（3）动平衡配重时，人员需要进入内风洞，需要做好防转动的电气隔离措施。

（4）配重块固定牢固，防止配重块掉落，对机组造成伤害。

（5）配重完成后，做好现场清理工作，防止遗留螺栓和焊渣等异物。

第六节　发电方向试验

抽水蓄能机组发电方向试验主要包含机组首次转动试验，机组升速试验，机组发电方向动平衡试验，励磁空载试验，调速器空载试验，假同期试验，同期并网试验，带负荷试验，甩负荷试验，调速器负载试验，励磁负载试验，事故低油压试验。

一、机组首次转动及升速试验

机组首次转动及升速试验的目的是检查机组首次转动碰磨情况；检查发电机方向机组启动和停机流程；检查各部位温度，特别是轴承温度是否异常；检查机组振动与主轴摆度情况；检查水轮机主轴密封及各部位水温、水压、流量及水压差情况；监测发电机运转时空气间隙变化情况；测量发电机一次残压及相序，检查调速器残压测频回路是否正常。

机组首次转动试验应满足如下要求：

（1）水导轴承、上导轴承、推力轴承、下导轴承油位正常；

（2）调速器静水试验已完成，导叶启闭时间满足设计要求，调速器得电关闭、失电关闭和紧急关闭动作试验完成，机械过速装置动作关闭导叶完成，导叶关闭规律和紧急关闭规律满足过渡过程要求，具备现地手动开启条件；

（3）主进水阀静水试验已完成，主进水阀启闭时间满足设计要求，主进水阀得电关闭、失电关闭和过速关闭动作试验完成，主进水阀处于全关状态，具备现地手动开启条件；

（4）监控系统已完成分部调试各 LCU 工作正常，水机保护试验完成，与各分系统联动试验已完成，记录各部位初始温度；

（5）机组机械保护投入，机组机械保护停机定值已核实；机械制动工作正常，处于现地手动控制方式，机械制动手动退出，检查机械制动投入腔无压；

（6）机组技术供水系统工作正常，技术供水泵启停正常，技术供水泵故障切换功能正常；

（7）监控和现地仪表柜上导、下导、水导和推力轴承的冷却水、冷却油，发电机定、转子测温装置工作正常；

（8）水力量测系统测压管路安装完毕，工作正常，压力示值正常无误；

（9）顶盖自流排水工作正常，顶盖排水泵自动运行；

（10）高顶直流泵、交流泵工作正常，起泵后压力正常；

（11）机组检修排水、电站渗漏排水系统工作正常；

（12）检查试验条件满足后开始试验，要求参试人员严格执行调试总指挥的指令，密切观察各部位的运转情况并即时汇报。

在机组模拟流程试验完成的基础上，机组首次启动可采用 LCU 现地/单步操作方式，通过单步执行，检查机组和现地设备状态以及反馈信号，避免人为的操作失误。试验也可以采用手动方式，但手动方式必须注意相应设备工况切换是否与实际工况一致。试验时机组蠕动后应立刻关闭导叶及主进水阀，在低速下检查机组的碰磨情况，并等机组停稳后进入风洞及机坑检查，确认无异常后再逐步升速至额定转速。升速过程应缓慢，一般每上升 10%额定转速需稳定一段时间观察机组状态，确认无异常才能进一步升速。

试验中应注意小开度下的导叶水力共振、水淹厂房、全厂停电、防止烧瓦等事故，试验前应编制相关的事故应急预案，并进行安全交底。在机组升速过程中如发现机组摆度过大或异常振动时，应停机进行动平衡试验。

二、机组过速试验

过速试验主要目的是为了检查机组过速保护功能和过速条件下机组的转动部分是否

满足设计要求。机组过速保护通常设计有电气一级过速保护，电气二级过速保护和机械过速保护。

常规机组过速试验常见的方式是在发电空转条件下，通过开启导叶的方式校验的各过速保护功能和考验机组。有的水泵水轮机具有明显的S区，即使开启导叶也无法将机组转速升至期望的过速保护整定值并使之动作，在这种条件下，过速试验对机组转动部分的考验可用甩负荷试验替代，过速保护装置的整定、校验用其他方法进行。

无法通过开启导叶达到升速目的的抽水蓄能机组，可以通过临时调整电柜的电气参数定值的方法校验电气过速保护，例如将电气一级过速保护和电气二级过速保护定值临时调整为105%，此时可以通过升速的方法检查电气过速保护功能是否正常，在验证结果正确后，恢复定值。

试验前在静态条件下动作纯机械过速保护装置，检查机械过速保护动作关闭导叶/主进水阀工作正常，检查机械过速保护信号上送监控系统正常，检查监控系统启动紧急事故停机流程正常；动态下通过甩100%负荷的方式来校验机械过速保护功能和机组转动部分。过速试验停机后，应对机组进行全面检查，以确保机组正常，满足运行要求。

三、机组带主变压器及高压配电装置升流、升压试验

(一) 试验条件

因为这两项试验需要约2个小时，所以应在机组首次转动并完成初步的动平衡试验后方可进行，以保证试验期间机组的稳定性。同时为了防止机组在试验中过速导致设备损伤，需完成机组过速试验以保证机组的保护能够在发生过速的情况下快速停机。上水库的水位应能够保证机组空载运行至少2个小时的要求，为避免机组在极低水头下长时间运行，下水库水位不宜太高，保证试验时的水头不低于设计的最低运行水头。

在试验前，试验范围内的所有电气设备及二次回路都应完成分部调试并通过验收。试验所需的励磁临时电源已安装完毕，核算临时励磁电缆的载流量及临时励磁电源的容量，必要时还应修改临时励磁电源的保护定值并经过试验验收。

(二) 机组对厂用高压变压器及SFC输入变压器升流试验

机组对厂用高压变压器及SFC输入变压器进行短路升流试验主要是为了检查厂用高压变压器及SFC分支回路电流回路接线的正确性，同时检查涉及回路计量、测量、保护等系统的采样是否正确。

升流范围应尽可能将新投入的回路全部包括，临时短路线（或短路排）应满足容量要求，防止发热熔断，损坏电气设备。发电机继电保护、机械保护正常投入。

试验前，在厂用高压变压器和SFC输入变压器低压侧分别装一组三相短路线。试验时，首先合上发电方向换相隔离开关，然后无压合上发电机出口断路器，并切除其操作电源，防止其误分开；合磁场断路器，手动增加发电机励磁电流，控制厂用高压变压器和SFC分支回路电流不超过额定值；随后检查厂用高压变压器分支及SFC分支保护

电流回路接线的正确性。断开发电方向换相隔离开关,合上抽水方向换相隔离开关后重复上述步骤。试验完成后拆除短路线(或短路排)。

对厂用高压变压器及 SFC 输入变压器短路升流试验应分别进行,在对厂用高压变压器分支短路升流时应将 SFC 分支隔离,在对 SFC 分支短路升流时应将厂用高压变压器分支隔离。机组对厂用高压变压器及 SFC 输入变压器短路升流试验示意如图 3-4 所示。

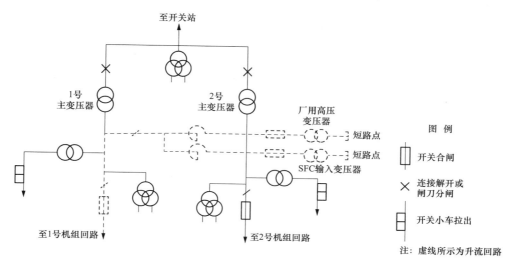

图 3-4 机组对厂用高压变压器及 SFC 输入变压器短路升流试验示意图

(三)机组对主变压器及高压配电装置短路升流试验

机组对主变压器及高压配电装置短路升流试验主要是为了检查各电流回路接线的正确性,同时检查涉及回路计量、测量、保护等系统的采样是否正确。

升流范围一般应尽可能将新投入的回路全部包括,短路点的数量、升流次数按实际需要确定,短路点的容量应满足要求,防止发生损坏电气设备事故。

升流回路应采取切实措施确保升流过程中回路不开路,主变压器中性点接地的变压器,中性点应接地。发电机继电保护、机械保护正常投入,主变压器冷却系统投入运行。

试验前,检查短路点是否连接可靠,短路点通常选取高压设备的接地隔离开关,若不拆除接地隔离开关的接地连接排,应做好接地点的物理隔离措施。若需要接入临时励磁电源,应核算临时励磁电缆的载流量及临时励磁电源的容量,必要时还应修改临时励磁电源的保护定值。试验前,将电气一次设备的状态按照试验方案摆好,第一次升流先合上发电方向换相隔离开关,采取措施防止断路器和隔离开关误分。

检查一切正常后合磁场断路器,手动增加发电机励磁电流,控制升流回路电流不超过额定值;随后检查电流回路接线的正确性。断开发电方向换相隔离开关,合上抽水方向换相隔离开关后重复上述步骤。试验完成后恢复设备状态。机组对主变压器及高压配电装置短路升流试验示意如图 3-5 所示。

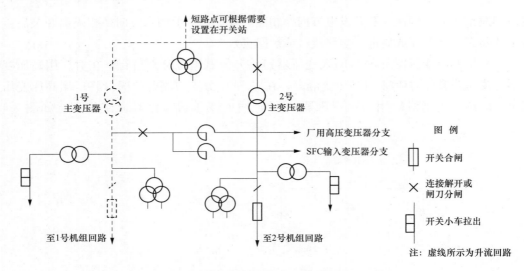

图 3-5 机组对主变压器及高压配电装置短路升流试验示意图

（四）主变压器及高压配电装置单相接地试验

对于中性点直接接地运行的主变压器应进行单相接地试验。变压器及高压配电装置单相接地试验是为了检查主变压器高压侧单相接地后，主变压器保护动作的可靠性。试验前，在主变压器高压侧设置单相接地点，主变压器高压侧断路器应断开或退出相关隔离开关保护。将主变压器中性点直接接地。开机后升压，递升电流至零序保护动作，检查保护回路动作是否正确可靠，校核动作值是否与试验整定值一致。试验完毕后拆除单相接地线，投入主变压器单相接地保护。

（五）机组对主变压器及高压配电装置升压试验

机组对主变压器及高压配电装置升压试验是为了对升压站电压互感器二次电压进行核相，同时检查电压二次回路接线的正确性，检查各测量、计量表计显示的正确性，检查保护及故障录波系统采样的正确性，并测量开口三角形电压值，重点检查发电机及升压站断路器同期回路二次电压接线的正确性。升压试验应根据抽水蓄能机组特点按照发电方向和抽水方向分别进行，两个方向的升压试验只需切换换相隔离开关即可。

试验前，发电机、主变压器、母线差动等继电保护装置按要求全部投入运行。升压范围应包括本期拟投运的所有高压一次设备，首台机组试运行时因高压配电装置投运范围较大，升压可分几次进行，升压试验应按照相关标准规定升压至额定电压。试验前应检查主变压器冷却系统已投入自动运行。

四、发电机短路特性及空载特性试验

（一）发电机短路特性试验

发电机短路特性试验，指发电机在额定转速下，将发电机出口三相绕组短接，测取发电机定子电流与转子励磁电流变化曲线的试验。发电机短路特性试验的目的是为了得出发电机的短路特性曲线，将它与制造厂提供的原始数据或上次试验的曲线相比较，其差值应在允许范围之内，如差值较大时，应进一步对定子、转子的直流电阻、匝间绝缘和绕组的接线进行检查，并找出是否有短路故障。试验应保证定子电流单方向上升和下降，避免往复操作。

短路特性试验采用定控角控制方式手动增/减励磁电流，但是转子绕组时间常数较大，起励初始电流小于晶闸管的擎住电流，造成晶闸管无法可靠导通。为解决这一问题，通常在励磁输出两端并接电阻，为晶闸管提供一条电流快速上升的回路，续流电阻可用电热丝等替代且不宜过大。试验时，并接于励磁回路的续流电阻应经过空气开关，当励磁系统起励成功后断开空气开关，操作人员应穿绝缘靴、戴绝缘手套。

试验接线和试验注意事项可参照第四章短路特性试验。

（二）发电机空载特性试验

发电机空载特性又称发电机开路特性，是指发电机在额定转速下，出口开路、负载电流为零时，定子电压与励磁电流的关系曲线。发电机空载特性试验的目的是将测录的空载特性曲线与制造厂提供的原始数据或上次试验的曲线相比较，用于判断转子绕组是否有匝间短路故障，也可用于检验发电机磁路饱和程度。试验应保证定子电压单方向上升和下降，避免往复操作。空载特性试验同样采用定控角控制方式手动增/减励磁电流。

试验接线和试验注意事项可参照第四章开路特性试验。

（三）发电机单相接地试验

对于高阻接地方式的机组，应先在机组出口设置单相接地点，机组中性点通过高阻接地，开机升压直至保护（95％定子接地保护）装置动作，校验发电机95％定子接地保护装置的可靠性。

试验前应将发电机注入式定子接地保护退出，同时确保95％定子接地保护定值整定无误。根据实际情况在机端合适位置将定子某一相可靠接地，并做好隔离措施，防止试验期间有人接近接地点。试验步骤可参考发电机空载特性试验，缓慢增加励磁电流直至保护装置动作。

五、励磁空载试验

励磁空载试验的目的是在发电机空载额定转速下，整定励磁调节器的手动、自动通道的PID参数，并对运行中的有关参数、限制器定值进行设置和检验；检验通道切换功能和电压互感器断线检测功能；检查励磁调节器一、二次电流回路及电压回路的正确性；检验励磁调节器动态特性及测试灭磁时间常数；测定发电机定子电压与转子电流的关系，检验发电机磁路的饱和程度，为负载试验做好准备。励磁空载试验前应完成起励控制的静态试验，同时励磁调节器的PID参数已进行初步整定，发电机转速为额定转速。

（一）励磁调节器起励试验

因为是发电机第一次起励升压，为保护机组安全，因此试验期间应投入发电机过电压保护，并将该保护定值设定为115％额定电压，无延时跳开磁场断路器。励磁调节器控制参数"手动给定值下限"可修改为0％；"手动给定值上限"可修改为105％。

准备工作完成后，发电机励磁调节器置"电压闭环"控制方式，监控下发起励令，根据现场要求通过增、减磁按钮，手动将发电机电压增至额定值。

发电机手动起励无异常，可修改励磁调节器控制参数"AVR 给定值上限"为110%；"AVR 给定值下限"为90%。检查起励电源投入且正常，合磁场断路器，进行发电机起励试验。

检查励磁系统能够成功起励，发电机电压稳定在设定值，发电机零起升压时，发电机端电压应稳定上升，其超调量应不大于额定值的10%。

（二）自动及手动电压调节范围测量试验

发电机空载稳定工况下运行，"AVR 给定值上限"修改为110%、"AVR 给定值下限"修改为70%。设置调节器通道，先以手动方式再以自动方式调节，起励后进行增减给定值操作，至达到要求的调节范围的上下限。记录发电机电压、转子电压、转子电流和给定值，同时观察运行的稳定情况（超出调节范围后会有报警出现、注意防止发电机过激磁保护动作）。

手动励磁调节时，转子电流上限不低于发电机额定磁场电流的110%，下限不高于发电机空载磁场电流的20%，同时发电机电压不能超过其限制值。

（三）电压阶跃响应调试

发电机空载稳定工况下运行，励磁调节器置"电压闭环"控制方式，升发电机机端电压至50%额定励磁电压，通过计算机键入命令，做±5%额定励磁电压阶跃响应调试，修改 PID 参数，观察调节性能，再升发电机机端电压至95%额定励磁电压，通过计算机键入命令，做±5%额定励磁电压阶跃响应调试，观察调节性能，最终确定整定参数，应满足：自并励静止励磁系统的电压上升时间不大于0.5s，震荡次数不超过3次，调节时间不超过5s，超调量不大于30%。

（四）电流阶跃调试

发电机空载稳定工况下运行，将调节器置"电流闭环"控制方式，通过工控机调试窗键入命令，做±5%额定励磁电流阶跃响应调试，观察调节性能，并分析波形，最终确定整定参数，应满足：自并励静止励磁系统的电压上升时间不大于0.5s，震荡次数不超过3次，调节时间不超过5s，超调量不大于30%。

（五）电压闭环/电流闭环切换的调试

发电机空载稳定工况下运行，将励磁调节器由"电压闭环"控制方式切换为"电流闭环"控制方式，应满足发电机空载自动跟踪切换后机端电压稳态值变化小于1%额定电压，机端电压变化暂态值最大变化量不超过5%额定机端电压的要求。

发电机空载稳定工况下运行，将调节器由"电流闭环"控制方式切换为"电压闭环"控制方式，应满足发电机空载自动跟踪切换后机端电压稳态值变化小于1%额定电压，机端电压变化暂态值最大变化量不超过5%额定机端电压的要求。

（六）电压闭环下 A/B 套切换

发电机空载稳定工况下运行，在"电压闭环"方式下，做 A、B 套切换调试，应满足发电机空载自动跟踪切换后机端电压稳态值变化小于1%额定电压，机端电压变化暂态值最大变化量不超过 5%额定机端电压。

（七）空载电压互感器断线调试

励磁系统正常运行时人为模拟任意电压互感器断一相，励磁调节器应能进行通道切换保持自动方式运行，同时发出电压互感器断线故障信号。励磁调节器在备用通道再次发生电压互感器断线是应切换到手动运行方式运行。模拟电压互感器两相同时断线时，励磁调节器应能切换到手动方式运行。当恢复切断的电压互感器后，励磁调节器的电压互感器断线故障信号应复归，发电机保持稳定运行不变。

先将励磁调节器 A 套设为主控，模拟 A 套电压互感器断线，调节器应切换为 B 套为主控，机端电压无扰动，然后恢复断线。

而后将励磁调节器 B 套设为主控，模拟 B 套电压互感器断线，调节器应切换为 A 套为主控，机端电压无扰动，然后恢复断线。

最后将任意一套调节器设置为主控，模拟 A、B 套电压互感器断线，调节器应切至电流闭环运行，机端电压无扰动，然后恢复断线。

根据要求，电压互感器一相断线时发电机电压应当基本不变；电压互感器两相断线时，机端电压超过 1.2 倍的时间不大于 0.5s。

（八）自动升压、逆变灭磁调试

发电机空转稳定工况下运行，操作调节器"现地建压"控制按钮，或控制台给出"远方建压"，励磁调节器自动升至 100%额定励磁电压。要求自动励磁调节时，发电机空载电压能在额定电压的 70%～100%范围内稳定平滑的调节。在发电机空载运行时，自动励磁调节的调压速度应不大于每秒 1%发电机额定电压，不小于 0.3%发电机额定电压。

操作励磁调节器"现地逆变"控制按钮，或控制台给出"远方逆变"，调节器自动逆变灭磁，检查灭磁性能。

（九）空载 U/f 限制调试

设置发电机机端电压标幺值与定子电压频率标幺值的比值 (U/f)，调速器调整机组频率，下降至 U/f 限制动作，继续降频率至调节器空载逆变。应满足 V/F 限制动作后运行稳定，动作值与设置值相符。

（十）灭磁试验及转子过电压保护试验

灭磁试验在发电机空载额定电压下按就地正常停机逆变灭磁、单分磁场断路器灭磁、远方正常停机灭磁、继电保护动作跳磁场断路器灭磁 4 种方式进行，测录发电机端电压、磁场电流和磁场电压的衰减曲线，测定灭磁时间常数，必要时测量灭磁的动作顺序。试验后检查磁场断路器不能有明显的灼痕，灭磁电阻无损伤，转子过电压保护无动作。任何情况下灭磁时，发电机转子过电压不应超过转子出厂工频耐压试验电压幅值的 70%，应低于转子过电压保护动作值。

试验时应注意如下事项：

（1）试验前相关人员需掌握此次试验项目及试验的具体内容；

（2）系统运行方式及机组运行工况满足试验要求，试验方可进行；

（3）试验时修改的参数严禁保存，最后靠失电进行参数恢复；

（4）在测量发电机残压时必须戴绝缘手套；

（5）确认运行做好安全措施后方可进行试验；

（6）试验过程中，如出现异常，应立即停止试验如有必要立即通知跳开磁场断路器，查明原因并排除后方可继续试验；

（7）所有试验人员必须听从现场负责人统一指挥，严禁违章作业，若有异常及时汇报。

六、调速器空载试验

调速器空载试验的目的是调整调速器的空载参数及检验水泵水轮机空载下转速摆动是否满足规范要求。

本试验应在完成水轮机空载热稳定试验后开展，机组振动、摆度满足试验要求，同时确保机组机械保护和电气保护全部投入运行。

（1）确认满足开机条件后手动开机至空载工况，调速器至手动方式，监测机组转速、摆动，记录3次，每次3～5min。机组应能在手动工况下稳定运行。不同型式水轮机电液调节系统手动空载转速摆动规定值见表3-8。

表 3-8　　　　　可逆混流式机组电液调节系统手动空载转速摆动规定值　　　　　（％）

机组型式	大型	中型
可逆混流式机组	±0.25	±0.35

（2）调速器频率阶跃扰动试验，确定调速器空载PID参数。

自动空载稳定工况下，"频率给定f_c"始终置于额定频率50Hz，将调节装置切至手动，通过手动增减接力器位移的方法，改变机组当前的实际转速，当转速变化幅度超过4％额定转速时，再切至自动，观测并记录机组转速、接力器行程等参数的过渡过程，见图3-6。

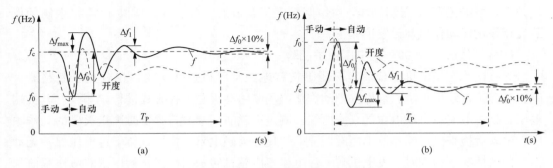

图 3-6　通过手动操作激励空载频率扰动的调节过程

（a）下扰过程；（b）上扰过程

（3）在确定的调速器空载PID参数下，进行调速器自动方式下的机组转速摆动监测试验，记录三次，每次三到五分钟，要求机组转速波动不超过合同值。记录试验时的上、下水库水位。不同型式水轮机电液调节系统自动空载转速摆动规定值如表 3-9 所示。

表 3-9 可逆式水轮机电液调节系统自动空载转速摆动规定值 （%）

机组型式	大型	中型
可逆混流式机组	±0.2	±0.25

（4）调速器切换试验。调速器切换试验包括表 3-10 所示试验内容。

表 3-10 调速器切换试验

序号	试验项目名称	试验结果
1	A/B 套切换	
2	残压/齿盘测频切换	
3	手自动切换	
4	A/B 伺服阀切换	

（5）故障模拟试验。根据调速器的故障设定情况，在空载下模拟试验，先模拟切换试验，再模拟停机试验。试验记录表如表 3-11 和表 3-12 所示。

表 3-11 故障模拟试验记录（A/B 套控制器）

故障	比例阀 A 主用（%）		比例阀 B 主用（%）	
	切换前开度	切换后开度	切换前开度	切换后开度
水头信号故障				
主配压阀反馈故障 1				
主配压阀反馈故障 2				
接力器传感器故障				
接力器传感器信号故障				
测频故障，残压				
测频故障，齿盘 1				
测频故障，齿盘 2				
网频故障				

表 3-12 故障现象记录表

故障	现象
双控制器故障	
双导叶反馈故障	
双主配反馈故障	
三测频元件测频故障	
双伺服阀故障	
双电源故障	

试验注意事项及措施：

（1）防止机组升速过程中，发现机组摆度过大或异常振动；机组启动期间密切监视机组摆度和振动，并与允许值进行比较，必要时停机进行动平衡试验。

（2）防止主轴密封处顶盖渗水严重；确保顶盖自流排水正常，顶盖排水泵工作正常，顶盖水位监视浮子工作正常。机组启动期间密切监视内顶盖水位情况，监视顶盖排水泵工作情况；并备有潜水泵备用，确保潜水泵电源正常；若渗水严重，应停机后进行相应处理。

（3）防止水车室人员滑倒，活动导叶伤人；活动导叶开启期间，禁止人员站立在转动部件上，应站立在固定部件上，并观察水车室地面的油迹，防止滑倒。

（4）防止导叶开度过大，机组转速上升异常。事先在调速器电柜上限制导叶开度，在当前水头下导叶开度的基础上增加 5%～10% 左右的导叶开限，防止机组转速异常上升。

七、发电方向同期模拟试验

发电方向同期模拟试验的目的是检查同期装置内的发电机出口电压互感器相序是否正确及机组同期参数选择及同期回路的准确性，防止机组并网时发生非同期合闸的事故。

开始发电方向同期模拟试验之前应完成机组机端电压互感器和主变压器低压侧电压互感器核相试验，确保电压二次回路接线正确无误。同时要求调速器、励磁空载试验已完成；调速器、励磁系统与同期装置的静态联调试验已完成；上水库水位是否满足机组稳定运行的水位条件；机组机械保护和电气保护已全部投入；数据采集设备已正确接入，包括机端电压、主变压器低压侧电压、同期装置合闸脉冲、GCB 位置等信号。

进行假同期试验前，应确认：同期装置静态调试已完成；GCB 分合闸回路已经过验证；同期装置和 GCB 的传动试验已完成；GCB 的分合闸时间已获取；同期参数已整定。

进行假同期试验时，应将发电电动机换相隔离开关可靠断开，并将其辅助触点放在其合闸后的状态，模拟发电运行工况。

试验条件检查完成过后，确认监控系统有功及无功预置值为零，然后执行单步流程启动机组至空载运行状态。机组稳定后，启动自动同期装置，监视装置动作情况，检查 GCB 是否成功合闸，并对合闸过程进行录波。随后可在监控系统远方拉开 GCB，执行停机流程。最后分析录波波形，并对导前时间进行分析，判断导前时间是否合适，如若不满足要求，修改同期参数后重做此试验，直至满足要求。

发电机组与电网并列的理想条件是并列断路器两侧电源的三个状态量完全相等，即电压幅值相等、频率相等、相角差为零、相序相同，这样并列没有冲击，不存在扰动。但实际上这些条件是很难同时满足，工程上要求并列时的冲击电流不损坏设备而且在允许范围内，在上述前三个条件接近的情况下就允许并网，一般电压偏差不超过 5%，频率偏差不超过 0.2Hz，相角差不超过 5°。

同期模拟试验应多次进行：同期装置调节频率进行模拟试验；调速器网频跟踪进行同期并网试验。

同期模拟试验的注意事项：

（1）试验前要进行安全、技术交底，参加试验人员应熟悉试验方案；

（2）注意周围设备安全，特别是与带电运行设备的安全距离；

（3）拆接线时，要严格对照图纸和二次安全措施票执行，做到拆开一根、用绝缘胶带包好一根，并做好记录；

（4）试验过程中必须严格执行有关安全工作规定；

（5）在试验时，试验人员的各项检查应严防电压互感器短路；

（6）发电机升压过程中运行人员要密切注意监视各设备运行情况，发现异常要立即停止升压；

（7）试验时，应专人监护，专人操作。试验切勿造成发电机过压、机组超速，一旦失控运行人员应采取相应措施。

八、同期并网试验

同期并网试验的目的是在完成同期模拟试验的基础上，通过试验检查并网合闸瞬间的压差、角差、频差及冲击电流是否满足同期要求；检查同期并网流程是否正确。

开始发电方向同期并网试验之前应完成发电方向同期模拟试验，数据采集设备已正确接入，包括机端电压、主变压器低压侧电压、同期装置合闸脉冲、GCB 关位置等信号，在此基础上还应增加机端电流的采集。

进行同期并网试验前，应重点检查在同期模拟试验时所做的安全措施是否已恢复至正常运行状态，包括：发电电动机换向隔离开关正常投运，其辅助触点的状态模拟措施已解除。检查机组发电方向动平衡试验已完成并满足要求，机组稳定性是否满足并网条件，同时关注上下水库水位情况是否满足机组稳定运行要求。

试验条件检查确认完成后，执行单步流程启动机组至空载运行状态。

待转速从零上升到额定转速，监控启动励磁（发电模式），单步执行启动自动准同期装置（发电模式）。观察同期装置对转速和电压的调节是否正常，若有异常及时启动事故停机流程。

录取机端电压、主变压器低压侧电压、机端三相电流、同期装置合闸脉冲、GCB位置等信号，用以分析机组同期并网的准确性及机组并网时的冲击电流；检查自发出同期指令至同期完成过程中逻辑回路动作的正确性。

自动同期试验过程中需要注意如下事项：

（1）试验前要进行安全、技术交底，参加试验人员应熟悉试验方案；

（2）注意周围设备安全，特别是与带电运行设备的安全距离；

（3）机组保护应按要求全部投入运行，包括 GCB 失灵保护和联跳相邻机组的保护出口压板；

（4）试验过程中必须严格执行有关安全工作规定，遵守试验指挥人员的指挥；

（5）严防电压互感器短路和电流互感器开路；

（6）发电机升压过程中运行人员要密切注意监视各设备运行情况，发现异常要立即停止升压；

（7）试验时，应专人监护，专人操作。试验切勿造成发电机过压、机组超速，一旦失控运行人员应采取相应措施。

九、发电工况机械保护试验和电气保护试验

（一）发电工况机械保护试验

当机组在发电工况带负荷运行及发电工况启停过程中发生机械类故障时，机组将启动事故停机流程，先动作减小负荷，当导叶关至空载开度或功率达到设定值时跳开GCB，当机组转速降至设定转速后投入电气制动，转速降至设定转速后退出电气制动并投入机械制动，当机组停稳后退机械制动，停机组辅助系统。流程如图 3-7所示。

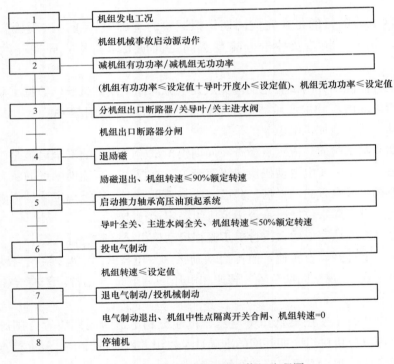

图 3-7　机组机械事故快速停机流程图

当机组在发电工况带负荷运行及发电工况启停过程中发生"机组二级过速动作""调速器严重故障""水淹厂房保护动作""事故停机＋剪断销剪断""机组机械过速动作"等故障时，机组将启动紧急事故停机流程，先动作减小负荷，当导叶关至空载开度或功率达到设定值时跳开 GCB，不同于机械事故快速停机的是机组将同时关闭导叶与主进水阀。当机组转速降至设定转速时投入电气制动，投入后当转速降至设定转速时退出电气制动并投入机械制动，当机组停稳后退机械制动，停机组辅助系统。流程如图 3-8

所示。

图 3-8　机组紧急事故停机流程图

（二）发电工况电气保护试验

当机组在发电工况带负荷运行或启停过程中发生电气类事故时，将启动电气事故停机流程，区别于机械事故快速停机流程的是，该类故障直接由继电保护装置发跳闸令分GCB 和灭磁开关，同时 LCU 流程发出分 GCB、停励磁的指令，然后关闭导叶及主进水阀，在停机过程不投电气制动。流程如图 3-9 所示。

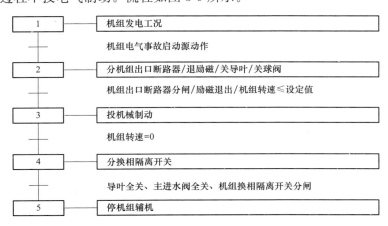

图 3-9　机组电气事故停机流程图

十、机组甩负荷试验

甩负荷分为两种，一种是主动甩负荷：当电网提供的有功远小于系统需要的有功，主动甩掉部分不重要的负荷，提高电网供电质量；一种是故障甩负荷，发生这种事故的原因除了电网不正常之外，机组电气保护动作发电电动机出口断路器、磁场断路器跳闸等都是引起该事故的原因。当电站突然甩去大量负荷时，巨大的剩余能量使机组转速上升很快，调速器迅速关闭导叶，经过一段时间的调整，重新稳定在空载工况下运行，或直接停机。有些甩负荷事故是机组的其他故障引发而成的，在甩负荷过程中会伴随机组的事故信号出现，导致机组事故停机，即机组甩完负荷后直接转入停机流程而不会转入空载运行。

由于甩负荷工况是机组运行过程中重要的过渡过程，一般在机组投产、大修或者调速器改造后会进行甩负荷试验。机组甩负荷试验是检验主机和调速器、励磁装置、继电保护及压力管路的设计、制造和安装质量最重要的试验项目之一。通过甩负荷试验测量机组的振动、转速上升率、水压上升率、电压上升率以及轴承温度上升等重要指标，来判定机组及其相应的引水管路和水工建筑物的设计、制造、安装是否符合要求。

根据《可逆式抽水蓄能机组启动试运行规程》（GB/T 18482—2010）、《水轮机电液调节系统及装置技术规程》（DL/T 563—2016）、《大中型水轮发电机静止整流励磁系统及装置的试验规程》（DL/T 489—2018）的要求，水轮发电机组甩负荷试验主要测量机组振动、摆度、蜗壳压力、机组转速（频率）、接力器行程、发电机气隙等有关数值，同时应录制过渡过程的各种参数变化曲线及过程曲线。

规程中规定有以下内容：

（1）水轮发电机组突甩负荷时，检查自动励磁调节器的稳定性和超调量。当发电机突甩额定有功负荷时，发电机电压超调量不应大于额定电压的 15%～20%，振荡次数不超过 3～5 次，调节时间不大于 5s。

（2）水轮发电机突然甩负荷时，检查水轮机调速系统动态调节性能，校核导叶接力器紧急关闭时间，蜗壳水压上升率和机组转速上升率等均应符合设计规定。

（3）机组甩负荷后按设计规定直接作用于停机的调节方式，调速器关闭导叶至零。

对于经调速器自动调节将机组关至空载的调节系统，机组甩负荷后调速系统的动态品质应按照规程满足如下要求：甩 100% 额定负荷后，在转速变化过程中超过稳态转速3% 以上的波峰不应超过 2 次；机组甩 100% 额定负荷后，从接力器第一次向关闭方向移动起到机组转速摆动值不超过 ±0.5% 为止所经历的总时间不应大于 40s；转速或指令信号按规定形式变化，接力器不动时间不大于 0.2s。

（4）机组为非单元引水输水方式布置的电站，同一引水系统中各台机组甩负荷试验和对输水系统的考核应综合考虑，多台机组同时甩负荷试验方式按设计要求进行。

甩负荷试验以安全为主，从 25%、50%、75%、100% 负荷依次实施稳步推进，每次试验完成后需对试验数据进行分析，并对下一步试验进行预算，保证试验控制点在设计范围以内，甩负荷试验期间，设计单位和主机厂家应进行过渡过程计算，以指导现场试验。

试验前，现场所有人员必须经过水淹厂房的事故演练，熟悉逃生通道；并提前进行机组过速试验，保证机组测速回路正常，机械保护装置能够正常工作，然后投入机组机械保护和电气保护，在保证现场工作照明事故照明无异常、紧急疏散各逃生通道畅通，工业电视系统摄像头对准试验机组及相关部位的前提下启动。

试验中，当机组发电带负荷至试验负荷点时，待调度批准后，监控系统远方分发电机出口断路器进行甩负荷试验，并记录试验过程中机端电压、电流等电气参数，机组轴瓦等温度参数，机组振动摆度和压力脉动等稳定性参数的变化曲线；在甩负荷过程中需重点关注高压油顶起装置和机组机械制动装置的运行情况；并注意转速变化过程中是否有异响。

（一）单机甩负荷试验

如图 3-10 所示为记录试验过程中压力脉动等稳定性参数的变化曲线。

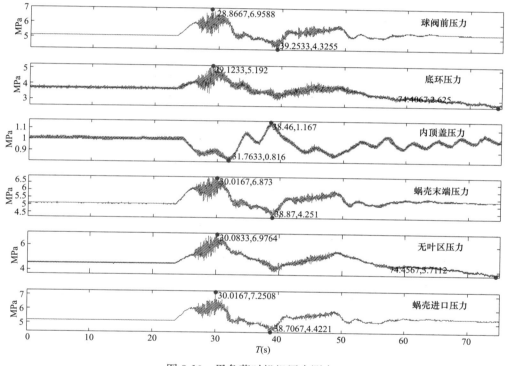

图 3-10　甩负荷时机组压力测点

根据甩负荷试验结果，需要关注蜗壳进口压力和尾水管出口压力，检查其压力极值点是否满足合同要求。

如图 3-11 所示为记录试验过程中机组转速和导叶开度曲线，为经典的机组甩负荷曲线，当机组发生甩负荷时，导叶立刻关闭（一般第一段速度较快，防止机组速度上升过快），此时机组转速由于惯性作用，会急剧上升，机组转速上升到第一个波峰；当导叶快速完成第一段关闭后，进入第二段关闭速度，此时导叶关闭速度较第一段慢（为防止机组输水管路及各过流部件处水击压力过大），由于水力因素及机组惯性，机组转速会上升到第二个波峰（一般较第一个波峰小）。

在机组甩负荷时，一般还会关注机组接力器不动时间为是否满足规范要求。所谓接力器不动时间常数指：机组甩 25％负荷时，GCB 跳开与导叶动作时间差。

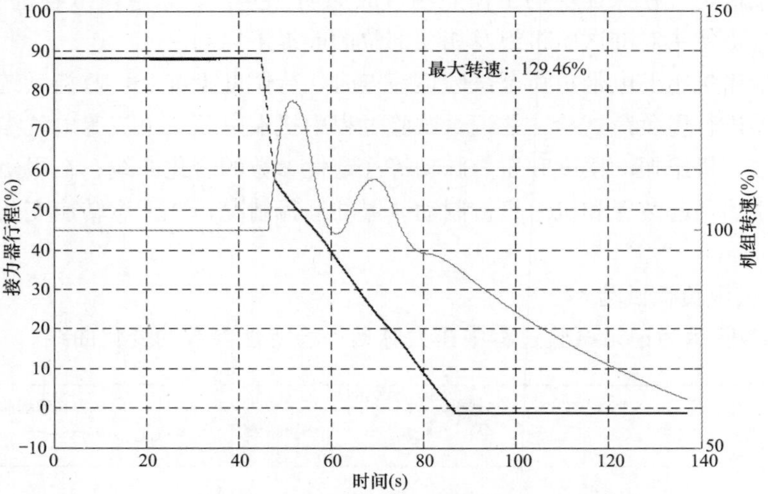

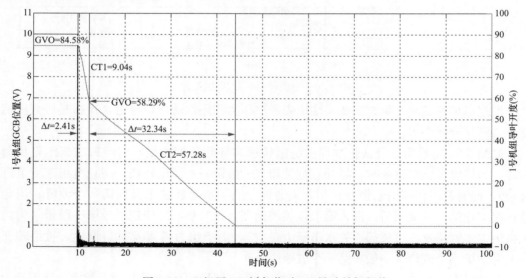

图 3-11 甩负荷时机组转速与接力器行程关系曲线

（二）一管多机甩负荷试验

当电站同一流道内设计有多台机组时，需要进行一管多机甩负荷试验，以验证机组的水力设计、结构设计过渡过程计算要求，保证输水管路的安全。一般在一管多机甩负荷试验前，需要完成同一流道内的机组负荷干扰试验，即同一流道内的多台机组同时带负荷，其中一台机组甩负荷，其他机组正常发电运行，测试甩负荷工况对其他运行机组的影响，确保一管多机甩负荷试验的安全性。

一管多机甩负荷试验方法与单机甩负荷试验基本一致，其中需要注意的是保证两台机组能够同时实现甩负荷。图 3-12～图 3-20 为某电站一管双机甩负荷时的录波图，图 3-16～图 3-20 另见彩图 3-16～彩图 3-20。

图 3-12 双机甩 100％负荷时 1U 导叶关闭规律

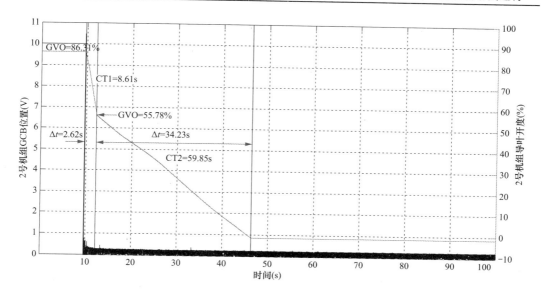

图 3-13 双机甩 100％负荷时 2U 导叶关闭规律

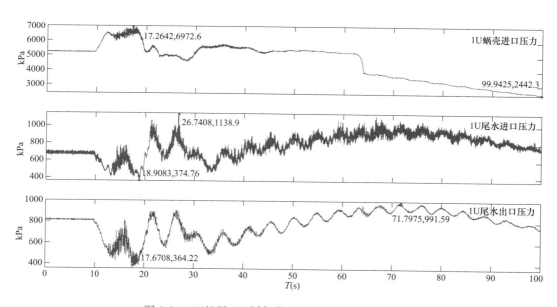

图 3-14 双机甩 100％负荷时 1U 压力测点时程曲线

在此试验中，需要主要关注如下事项：

（1）机组甩负荷时的导叶关闭规律是否满足设计要求：试验前和试验后均要检查。

（2）过渡过程参数变化是否符合调保计算：包括蜗壳进口压力和尾水管出口压力、转速，在试验前需要针对当前水头进行计算，确认试验条件满足设计要求。

（3）机组振摆幅值是否满足合同、规范要求。

（4）机组甩负荷的时间是否按照试验设计开展，确认多台机组导叶同时关闭，没有发生相继甩负荷的情况。

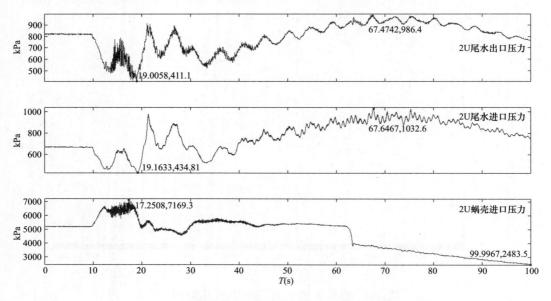

图 3-15　双机甩 100％负荷时 2U 压力测点时程曲线

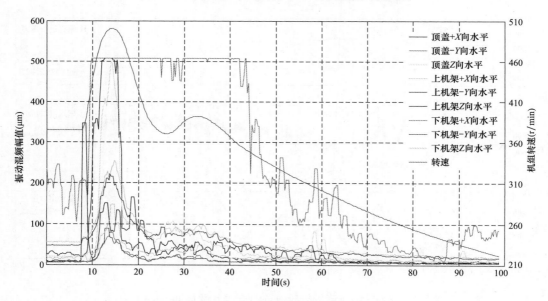

图 3-16　双机甩 100％负荷时 1U 机组振动混频幅值趋势

十一、机组带负荷试验

带负荷试验是考察机组带负荷能力，观测机组稳定性参数水平；检查机组在转速和功率控制方式下，机组调节的稳定性及相互切换过程中的稳定性。

带负荷试验要求机组已完成甩负荷试验；上水库水位具备机组运行 2 小时的水位条件；机组机械保护和电气保护全部投入。

发电工况带负荷试验，有功负荷应逐级增加，观察并记录机组各部位运转情况和各仪表指示。观察和测量机组在不同上下水库水位及各种负荷工况下的振动范围及其量值，测量尾水管压力脉动值。

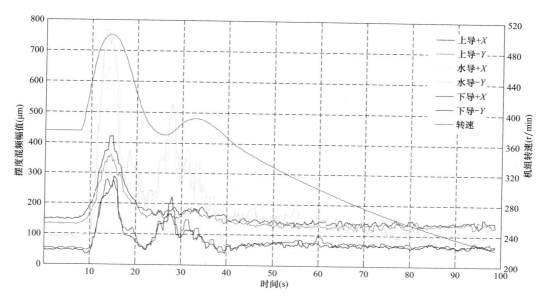

图 3-17 双机甩 100％负荷时 1U 机组摆度混频幅值趋势

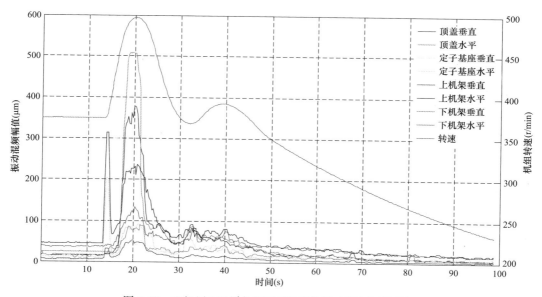

图 3-18 双机甩 100％负荷时 2U 机组振动混频幅值趋势

十二、调速器负载试验

机组在带负荷情况下，根据现场情况增加或减少机组负荷，通过对机组所带负荷扰动后的调节过程的观察和分析，找出可能达到的最佳调节过程，从而选择在带负荷时的最佳调节参数，以满足在带负荷过程中对调速系统速动性和稳定性的要求。

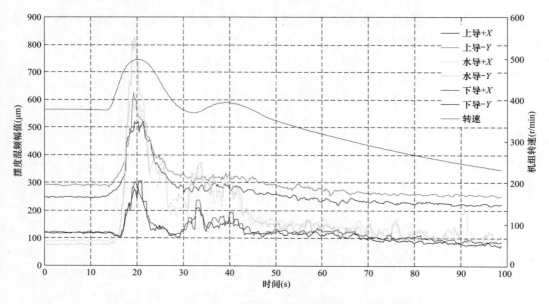

图 3-19　双机甩 100％负荷时 2U 机组摆度混频幅值趋势

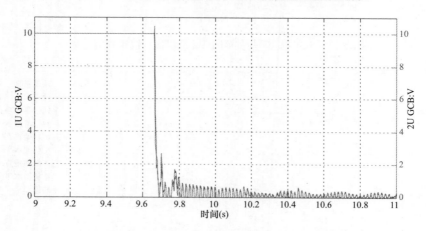

图 3-20　双机甩 100％负荷时 1U 与 2U GCB 动作情况

本试验应在完成水轮机调速器空载试验后开展，机组振动、摆度满足试验要求，同时确保机组机械保护和电气保护全部投入运行。

试验主要包括：故障模拟试验、控制器切换试验、手自动切换试验、控制模式切换试验、负荷阶跃试验；另外需要注意的是应完成监控系统和调速器功率给定和开度给定环节的配合试验。在试验过程中需要记录导叶开度、转速、功率等参数。

负荷扰动试验通过改变调节装置功率给定的方法进行负荷阶跃扰动，负荷变化量宜不小于机组额定负荷的 25％，记录开度/负荷改变前后接力器行程、蜗壳水压和机组有功功率等信号的变化过程，通过对过渡过程的分析比较，选定负载工况时的调节参数。记录 PID 参数和永态转差系数。

试验注意事项及措施：

（1）防止机组超功率运行，在试验时修改调速器电气开限，防止试验导致导叶开度过大。

（2）防止系统功率大幅震荡，阶跃试验的幅值应从小到大逐步进行，防止在PID参数没有整定好的情况下，大幅度阶跃扰动引起系统震荡；为防止功率反馈故障，造成功率震荡，试验时调速器先选择开度模式，在开度模式下确认一切信号正常后再切至功率模式，同时负荷调整时应先在调速器上进行试验，然后再在监控系统进行。

十三、励磁系统负载试验

发电机负载试验是在发电机并网运行且带负载时，对励磁调节器进行各种限制器及保护的试验与整定，检查机组调节的稳定性与切换过程的稳定性。试验过程中机组自动发电控制 AGC、自动电压控制 AVC 退出运行。

（一）励磁系统电流互感器极性检查

发电机并网带上稳定负荷后，通过增减励磁，调节发电机无功功率，观察发电机无功功率变化方向。无功功率变化方向与增磁减磁方向一致，可判断励磁系统电流互感器极性正确。

（二）并网后调节通道切换及自动/手动控制方式切换试验

在发电机带负荷运行工况下，人工操作励磁调节器通道和控制方式切换试验，观测记录机组机端电压和无功功率的波动。

发电机带负荷状态自动跟踪后切换无功功率稳态值变化小于 10% 额定无功功率。

（三）电压静差率及电压调差率测定

电压静差率测定：电压静差率是检验发电机负载变化时励磁调节器对极端电压的控制准确度。电压调差率测定试验的目的是实现发电机之间的无功功率分配和稳定运行并可以提高系统电压稳定性。

在额定负荷、无功电流补偿率为零的情况下测得机端电压 $U1$ 和给定值 U_{refl} 后，在发电机空载试验中相同励磁调节器增益下测量给定值 U_{refl} 对应的机端电压 U_0，然后按式（3-2）计算电压静差率：

$$\varepsilon = \frac{U_0 - U_1}{U_N} \times 100\% \tag{3-2}$$

式中　U_0——相同给定下值下的发电机空载电压，kV；

$\quad\quad U_1$——额定负荷下发电机电压，kV；

$\quad\quad U_N$——发电机额定电压，kV。

励磁自动调节应保证发电机机端电压静差率小于 0.5%，此时水轮发电机励磁系统的稳态增益一般应不小于 200 倍。

电压调差极性：电机并网运行时，在功率因数等于零的情况下调节给定值使发电机无功功率 Q 大于 50% 额定无功功率，测量此时的发电机电压 U_t 和电压给定值 U_{ref}，在发电机空载试验中得到 U_{ref} 对应的发电机电压 U_{t0}，代入式（3-3）中求得电压调差率 D：

$$D(\%) = \frac{U_{t0} - U_t}{U_{tn}} \times \frac{S_N}{Q} \times 100\% \qquad (3-3)$$

式中 S_N——发电机额定容量；

U_{tn}——发电机空载额定电压。

（四）电压阶跃响应试验

试验要求发电机有功功率大于80%额定有功功率，无功功率为5%～10%额定无功功率，同时调差率整定完毕，所有励磁调节器整定完毕，机组保护、热工保护投入，机组 AGC、AVC 退出。

满足条件后在自动电压调节器电压相加点加入1%～2%正阶跃，控制发电机无功功率不超过额定无功功率，发电机有功功率及无功功率稳定后切除该阶跃量，测量发电机有功功率、无功功率、磁场电压等的变化曲线；从有功功率的衰减曲线计算阻尼比。阶跃量的选择需考虑励磁电压不进入限幅区。

发电机额定工况运行，阶跃量为发电机额定电压的1%～4%，有功功率阻尼比大于0.1，振动次数不大于5次，调节时间不大于10s。

（五）低励限制校核试验

试验要求励磁调节器在并网运行方式下运行。

首先将低励限制单元投入运行，在一定的有功功率时，缓慢降低磁场电流时欠励限制动作，此动作值应与整定曲线相符。

然后，在低励限制曲线范围附近进行1%～3%的下阶跃试验，阶跃过程中欠励限制应动作。欠励限制动作时发电机无功功率应无明显摆动。如果试验进相过多导致极端电压下降至0.9（标幺值），则不允许再进行试验，需修改定值并且在严密监视厂用电电压条件下进行试验。

试验结果应满足低励限制动作后运行稳定，动作值与设置相符，且不发生有功功率的持续震荡。

（六）定子电流限制试验

试验要求在发电机并网稳定运行工况下，励磁调节器以自动方式正常运行。

首先，在有功50%左右时，记录当时的定子电流。

然后，修改限制设定值，采用阶跃试验的方式来模拟定子电流限制器动作，以此来验证软件相应的逻辑功能。通过做阶跃来检验限制器动作后的动态特性。

试验结果应满足定子电流限制动作后机组运行稳定，动作值与设置值相符。

（七）P/Q 限制试验

试验要求在发电机并网稳定运行工况下，励磁调节器以自动方式正常运行。

通过参数的修改，采用阶跃试验的方式来模拟 P/Q 限制器动作，以此来验证软件相应的逻辑功能。

在 $P=25\%$、50%、75%、100%时分别降低励磁到限制器动作，记录限制器动作时的励磁电流值。通过做负阶跃验证限制器动作后的动态性能。

试验结果应满足 P/Q 限制动作后机组运行稳定，动作值与设置值相符。

（八）功率整流装置额定工况下均流试验

试验要求发电机负载达到额定值下进行。

当功率整流装置输出为额定磁场电流时，测量各并联整流桥或每个并联支路的电流。要求功率整流装置的均流系数应不小于 0.9，均流系数为并联运行各支路电流平均值与支路最大电流之比。任意退出一个功率柜其均流系数也要符合要求。

（九）甩无功负荷试验

试验要求发电机并网带额定有功及无功负荷，做好试验录波准备。如果试验出现紧急情况应立刻解列灭磁。若 PSS 试验已完成，投入 PSS 功能，否则退出 PSS 功能。

首先将发电机并网带额定有功及无功负荷，然后断开发电机出口断路器，突甩负荷，对发电机机端电压进行录波，测试发电机电压最大值。根据机组情况甩负荷量由小到额定分几挡进行。此试验可结合机组甩负荷试验进行。

试验结果应满足发电机甩额定无功功率时，机端电压出现的最大值应不大于甩负荷之前机端电压的 1.15 倍，振荡不超过 3 次。

试验时应注意如下事项：

（1）试验前进行技术交底，参加试验人员应熟悉试验方案；

（2）发电机继电保护和励磁调节器各功能（除 PSS 外）均投入运行；

（3）做好励磁调节器备用通道的跟踪和切换准备；

（4）试验接线应防止发电机定子电压互感器短路，电流互感器开路；

（5）发电机定子电压阶跃试验中的阶跃量应在 1%～4%；

（6）试验前，电气运行人员应做好失磁、过励磁/过电压、发电机跳闸、发电机功率振荡等事故预想，一旦出现这些情况，运行人员立即按照相关的事故及异常处理规程进行相应处理。

十四、机组电制动试验

随着机组容量的增加、转速的提高，机组工况转换时，依靠水阻力矩和风摩力矩等阻力矩使机组停机所耗时间过长，必须增加适当的制动方式，加快机组停转速度，使机组具备更快的响应能力。停机过程中，电气制动与机械制动合理配合使用，可以有效地缩短停机时间，减少机械制动设备的磨损，控制机组停机过程的振动与噪声，延长机械制动设备的使用寿命。

励磁空载试验后，停机过程中，可进行电制动试验。在定子三相绕组出线端与 GCB 之间常设置电制动隔离开关。正常停机过程中，到达投电制动转速后，电制动隔离开关合闸，定子通过电制动隔离开关三相短路。然后，起动励磁，通过定子绕组产生的感应磁场制动转子转动。电制动停机过程中，应保证定子电流的有效值不超过电制动隔离开关可以长时间运行的最大电流。电气制动过程中，电磁力矩与转速成反比，停机初期转速较高时，电磁力矩的制动效果并不明显；而且停机初期，导叶和主进水阀的关闭造成的机组降速效果显著；因此，电制动的投入时间一般在机组转速降至 50% 额定转速左右。待机组机械制动投入后，电制动退出。

某电站电制动试验停机过程曲线如图 3-21 所示。机组转速下降至 50% 额定转速时，电制动投入，投入电制动节省停机时间约 10min，电制动效果明显。

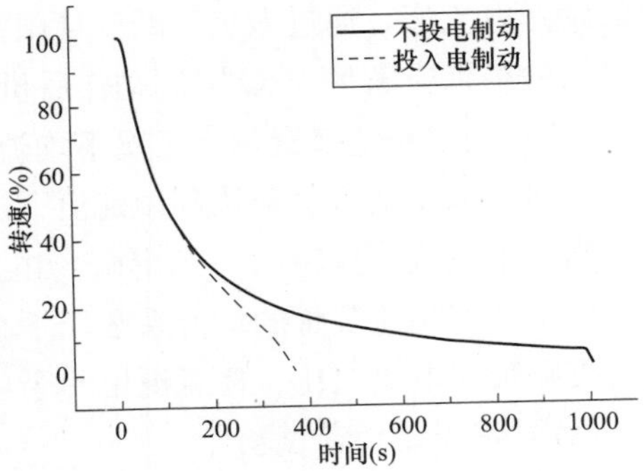

图 3-21 某电站电制动投入与不投入的停机转速过程

十五、发电工况自启停试验

发电工况自启停试验是为了优化停机转发电及发电转停机的自动启动流程，使其能够满足合同要求的流程转换时间。

（一）自动启机

当机组停机转发电条件满足时，由现地或者远方下令执行停机至发电流程。机组首先启动辅机，随后合发电换相隔离开关，开启主进水阀后开导叶，机组升速至额定转速，期间检查高顶装置是否正常投退，励磁投入建压，机组运行在空载工况。启动同期装置，GCB 合闸并网，调速器切换至功率模式，机组发电工况运行。期间记录机组从停机到停机热备的转换时间、停机热备到空转的转换时间、空转到空载的转换时间、空载至带额定负荷所需要的时间，并与合同保证值比较。

（二）自动停机

当机组停机条件满足时，由现地或者远方下令执行停机流程，当有功降至空载设定值或导叶关闭至空载开度时分 GCB，接下来停励磁、关主进水阀，当导叶全关、主进水阀全关、发电方向换相隔离开关分闸、机组转速下降至设定转速时，投入电气制动；当转速下降至设定转速时停励磁、分电制动刀并投入机械制动，直至机组退机械制动，停机组辅助系统。期间记录机组由发电到空转所需要的时间及由空转至停机所需要的时间，并与合同保证值比较。

十六、事故低油压试验

事故低油压试验是为了检查机组带额定负荷时，调速器在事故低油压条件下能否可靠地关闭导叶，实现机组停机；检查停机过程，是否有异常现象。

本试验开始前要求机组调速器事故低油压、事故低油位模拟试验已完成；机组甩负荷试验完成；机组机械保护和电气保护全部投入。为防止事故低油压接点不出口，试验前应确认事故低油压接点出口的正确性；为防止事故低油压试验时发生甩负荷事故，在试验前确认发电空载开度接点为常闭接点的正确性；放油减压过程中应关注压力油罐油位，如果油位过低，为防止管路进气，可以关闭排油阀，采取放气的方式继续降低压力油罐压力。

▦ 第七节 抽 水 方 向 试 验

一、SFC 拖动试验

SFC 拖动试验主要涉及监控系统、励磁系统和 SFC 系统，通过该试验检查 SFC 输入、输出断路器、磁场断路器和启动母线隔离开关等动作的正确性与可靠性，保证电气回路的闭锁逻辑符合设计要求；通过对转速信号测试来确认各测速设备工作是否正常，检查谐波对测速的影响；通过分析拖动曲线进行 SFC 参数优化，保证 SFC 的拖动时间满足设计要求。主要包括定子通流试验，转子通流试验，转子定位试验和 SFC 拖动试验。

（一）通流试验

一般包括转子通流和定子通流试验，其中转子通流试验是通过机组励磁给转子施加励磁电流，一般通过检测定子电压的波形来判断转子的初始位置，励磁电流的大小一般以准确检测到定子电压的波形为宜（一般试验中为 10%～20% 额定励磁电流），由于试验时发电机到 SFC 的一次回路是有电压的，因此在试验前应做好安全隔离措施。

定子通流是静态下利用 SFC 向定子提供电流，检查一次回路及移相特性的正确性。包括整流桥的相序和逆变桥的相序。

（二）首次转动试验

当 SFC 静态测试完成后，就可以进行机组的抽水方向首次转动试验，由于 SFC 拖动时机组在水泵方向首次转动，必须控制机组升速过程，进行旋转系统碰磨检查，升速目标按照机组额定转速的 5% 以内控制为宜。本过程主要检查 SFC 的控制逻辑和机组碰磨情况。

（三）换相试验

当碰磨检查没有问题后，可以进一步加速，检查晶闸管从强迫换相到自然换相旁路隔离开关切换的正确性，机组转速上升的平稳性和机组各分系统频率测量的正确性。特别是在旁路切换前，频率测量情况要加强监视，检查谐波对频率测量的影响。

在换向试验完成后应进行事故停机试验，检查 SFC 输出隔离开关在低频下的分断能力是否满足设计要求，保证机组拖动过程中的安全。

（四）升速试验

机组在升速过程中宜缓慢渐进执行，观察各部有无摩擦或碰撞情况，验证转速继电器信号的正确性，并监视各部位温度特别是轴承温度无异常升高。

在 SFC 拖动过程中记录机组的上导、下导和水导摆度，并进行动平衡分析，必要时需进行动平衡配重。在机组振动摆度满足要求的前提下可以进行励磁调节器检查和试验，并记录励磁调节器试验结果。在整个拖动过程中，需严密监测调相压水气罐的压力并记录调相压水系统的补气工作周期，检查其设计是否满足设计要求。

当 SFC 拖动试验完成后，可以进行 SFC 拖动过程的保护停机试验，带电验证 SFC

保护功能的正确性，并记录保护动作结果。

　　如图 3-22 所示为机组在 SFC 拖动过程中，机组的转速 F_UcJD，机端电压 UcJD，机端电流 IcJD 和励磁电流 If 的录波曲线。

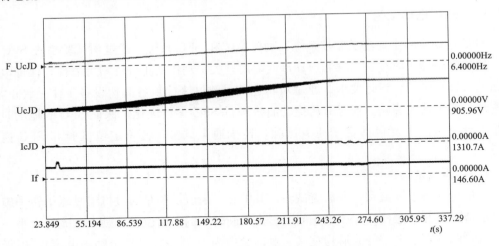

图 3-22　机组 SFC 拖动试验录波图

　　由图 3-22 可知，机组从零转速被 SFC 拖动至额定转速大约耗时 250s，整个拖动过程机组转速随机端电压上升平稳，拖动参数选择较合适。

　　在水泵方向拖动试验完成后，需要进行机组水泵方向的动平衡试验，其和水轮机方向动平衡试验方法基本一致，试验方法详见本章第五节动平衡试验相关内容。

二、水泵方向同期模拟试验

　　水泵方向同期模拟试验主要是检查同期装置内的发电机出口电压互感器相序是否正确，防止机组并网时发生非同相合闸的事故，同时检查机组同期参数及同期回路的准确性（见表 3-13），防止机组并网时发生非同期合闸的事故，最后验证 SFC 输出隔离开关与 GCB 联动的功能，检查励磁控制模式切换是否正常。

表 3-13　水泵方向同期参数推荐表

项目	电压差	频率差	角度差	同期导前时间
设定值	±5V 或者±2V	±0.25Hz 或者±0.2Hz	±2°	60ms 具体根据测量的 GCB 导前时间确定

　　试验前需检查水泵方向动平衡试验是否已完成，机组稳定性指标满足抽水并网要求。静态模拟抽水同期试验，验证抽水工况同期流程及回路是否正确。检查机组出口断路器 GCB 处于远方自动状态，机组 GCB 合闸回路和分闸回路已经过检查，动作正确，满足试验要求。

　　试验前一个重要的电气隔离措施为将机组换向隔离开关 PRD 拉开并上锁，断开动力电源，以防止在试验过程中 PRD 误合造成事故。由于试验流程中需要 PRD 的位置状态在抽水工况，因此在试验前完成一些信号的处理，如需要 PRD 全分位至监控系统的信号并短接 PRD 电动工况合位至监控系统的信号；断开 PRD 全分位至主变压器保护柜的信号并短接 PRD 电动工况合位至主变压器保护柜的信号；短接 PRD 电动工况合位至同期装置。

试验步骤如表 3-14 所示。

表 3-14　　　　　　　　　　　水泵方向同期模拟试验步骤

序号	试验步骤	执行情况
1	检查试验隔离措施是否正确，确定机组满足试验条件	
2	监控系统执行静止—SFC 抽水调相流程	
3	检查抽水工况隔离开关、被拖动隔离开关、启动母线是否合闸	
4	检查调相压水流程是否执行，机组尾水管水位满足运行要求	
5	检查止漏环冷却水电动阀是否开启	
6	检查机组保护系统、励磁系统处于抽水调相运行工况	
7	检查 SFC 是否正常启动，输入输出隔离开关处于合闸状态，辅助系统已启动	
8	检查监控系统收到 SFC 系统的"准备好"令	
9	检查机组励磁系统是否启动	
10	检查机组转速是否到达 5%N_r	
11	检查机组转速是否到达 95%N_r	
12	检查同期装置是否启动	
13	检查机组出口 GCB 是否合闸	
14	记录 GCB 前后的频差、压差和角差	
15	检查同期装置是否复归	
16	检查 SFC 输出隔离开关是否分闸	
17	检查 SFC 输入隔离开关是否分闸	
18	检查被拖动隔离开关是否分闸	
19	检查启动母线隔离开关是否分闸	
20	按下监控系统紧急停机按钮，确认机组停机正常，试验结束	

待试验结束后，需对试验数据进行分析，检查合闸瞬间电压差、角差、频率差满足相关要求。

三、水泵方向同期并网试验

在完成机组水泵方向同期模拟试验，确认同期装置内的发电机出口电压互感器相序的一致性，同期参数及同期回路的准确性，并验证 SFC 输出隔离开关与 GCB 联动的逻辑满足设计要求后，即可进行水泵方向同期并网试验，以检查机组并网瞬间的压差、角差及频差是否满足同期要求，保证机组并网运行的安全性。

本试验与水泵方向同期模拟试验步骤基本一致，但不需要对 PRD 进行隔离，因此在确认机组具备试验条件后，可以参照水泵方向同期模拟试验的步骤进行操作。试验过程中需要测录的点包括机端电压、机端频率、系统电压、系统频率和发电机出口断路器 GCB 的位置信号。如图 3-23 所示为机组同期并网前后的录波图。

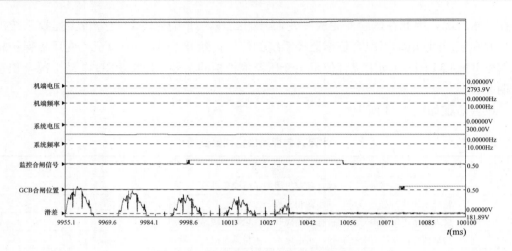

图 3-23　水泵方向同期并网试验录波图

利用测试软件进行分析得知：合闸瞬间电压差为 3.21V，合闸瞬间角差为 0.03°，合闸瞬间频率差为 0.112Hz，满足同期参数表所推荐的定值单。

四、抽水调相停机保护试验

当机组完成 PC 工况启动后，需要进行 PC 工况保护停机试验，以验证机组 PC 至停机的工况流程正确性，保证机组在 PC 工况运行的安全性和可靠性。PC 保护停机一般分为机械事故停机和电气事故停机。

（一）PC 机械事故停机试验

机组在 PC 工况下，当机械事故保护动作时，机组进入机械事故保护停机流程，调速器、励磁、主进水阀系统执行停机指令，交流高压注油泵启动，GCB 分闸，机组经惰走、电气制动、机械制动逐渐由额定转速降速至静止。机组从 PC 工况执行机械事故停机流程时需要关注如下情况：

（1）检查监控系统执行的为机械事故停机流程；

（2）检查 GCB 是否正确分闸，分闸条件符合流程设计要求；

（3）检查高压油顶起装置启动条件是否满足要求；

（4）检查排气回水流程是否正常启动；

（5）检查机组的电气制动流程是否启动，一般要求机组执行非电气事故停机流程时，电气制动应该启动；

（6）检查机组机械制动是否正常启动。

（二）PC 电气事故停机试验

机组在 PC 工况下，当电气事故保护动作时，机组进入电气事故保护停机流程，断开发电机断路器和励磁开关，交流高压注油泵启动，励磁、调速、主进水阀系统执行停机流程，机组经惰走、机械制动逐渐由额定转速降速至静止。机组从 PC 工况执行电气事故停机流程时需要关注如下情况：

（1）检查监控系统执行的为电气事故停机流程；

（2）检查 GCB 是否正确分闸，分闸条件符合流程设计要求；

（3）检查高压油顶起装置启动条件是否满足要求；

（4）检查排气回水流程是否正常启动；

（5）检查电气制动刀处于分开状态，一般要求机组执行电气事故停机流程时，电气制动不启动；

（6）检查机组机械制动是否正常启动。

五、溅水功率试验

当机组由调相运行转抽水或发电时，需经过排气回水阶段，在排气的过程中尾水管内的水位逐渐上升，待水位上升接触转轮后机组的吸入功率和无叶区的压力均会上升，因此一般会设计两个测点来进行排气回水过程的监测：机组有功、无叶区压力。在排气回水完成后，机组处于零流量工况，此时机组的吸入功率和无叶区压力也趋于稳定。根据设计无叶区的压力需大于机组的扬程，以便机组能将下水库的水抽至上水库。由于无叶区的压力测试过程中脉动量较大，作为造压成功的判据误差较大，一般将无叶区压力稳定时的吸入功率作为造压成功的判据，称为溅水功率。

在机组抽水调相转抽水的过程中，如果转轮室的气体未全部排出，导叶开启时间过早，将导致机组抽水工况运行时吸收的有功上升不了，为确定抽水调相转抽水工况顺控流程中的工况转换点，在机组调试阶段将进行溅水功率试验，根据实际情况优化排气过程，并记录溅水功率值及无叶区压力。

根据《可逆式抽水蓄能机组启动试运行规程》（GB/T 18482—2010）、《混流式水泵水轮机基本技术条件》（GB/T 22581—2008）、《水轮发电机组状态在线监测系统技术导则》（GB/T 28570—2012）的要求，机组溅水功率试验过程中主要测量溅水功率值、排水回气流程中各阀门的动作顺序和排气时间、机组振摆情况及转轮与导叶间的压力，同时还需录制机组功率和无叶区压力的波形曲线图。

试验前，现场所有工作人员必须经过水淹厂房的事故演练，熟悉逃生通道；并已完成 PC 工况轴承热稳定试验、PC 转 P 流程模拟试验，并确保机组在 PC 工况运行正常，主进水阀控制系统、调速系统、调相压气控制系统、励磁系统以及发电机辅助设备处于远方自动模式，主进水阀开关时间和导叶水泵方向关闭时间已验证，符合设计要求，然后投入机组机械保护和电气保护，在保证现场工作照明事故照明无异常、紧急疏散各逃生通道畅通，工业电视系统摄像头对准试验机组及相关部位的前提下启动机组。

试验时单步开机至 PC 工况，确认机组在 PC 工况能正常稳定运行，将调速器控制模式切至现地、手动，随后单步执行 PC-P 转换流程，调用排气回水令，检查压水阀、补气阀、排气阀是否正确动作，并记录各阀门的动作时间（各阀门位置如图 3-24 所示），检查主进水阀是否正常开启，调试人员检查水车室和蜗壳层是否有异音，当机组吸入的有功功率达到监控系统规定值稳定一段时间后，人为按下事故停机按钮，此过程中，调试人员录制机组振摆数据及压力脉动值。

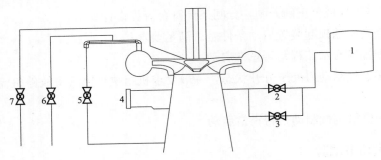

图 3-24　排气回水系统图

1—调相压水气罐；2—主压气阀；3—补气阀；4—液位测量浮子；
5—蜗壳平压阀；6—蜗壳排气阀；7—顶盖排气阀

具体试验步骤：压水后用变频器启动机组并网，退出变频器，开排气阀和主进水阀，水泵造压，转轮和导叶间的压力快速升高，先出现较大的压力脉动，后压力脉动减小，当溅水功率和无叶区动基本稳定后，跳开发电机断路器和关主进水阀，机组慢速下降停机。各阀门排气过程中动作顺序为：先关闭调相压水主充气阀和补气阀，然后开启顶盖排气阀，同时将蜗壳平压阀关闭，随后开启蜗壳排气阀，再关闭蜗壳排气阀，造压成功后关闭顶盖排气阀。某电站溅水功率试验过程中，测得的最小有功功率和最大无叶区压力如图 3-25 所示。试验过程中，确保导叶始终关闭。

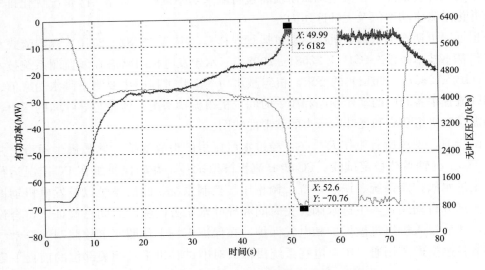

图 3-25　溅水功率试验机组功率、无叶区压力曲线

试验后，需隔离试验机组并对发电电动机的旋转部件、水泵水轮机的顶盖螺栓、主进水阀上下游连接螺栓、蜗壳和尾水管进人门以及机组油气水管路进行全面检查，防止有松动或者跑冒滴漏的情况发生。同时需对试验数据及监控简报进行分析，检查当前试验数据是否满足合同、规范要求。

试验时，应录制整个过程曲线和记录有关参数，根据这些实测资料确定最优导叶开启速度，以及用下述方法来确定导叶开启时刻：

转轮与导叶间的压力达到某一数值；

排气完毕，排气阀关闭位置触点闭合；

排气阀开启后的一定延时。

主进水阀开启时间长，它不是调节阀，宜在静水下开启。导叶开启时间短，它的调节性能要好些，因此应先开主进水阀，后开导叶。一般是在开排气阀的同时开主进水阀。对于运行多年的导叶漏水量大的电站，过早开主进水阀，易使压水失败。

六、首次泵水试验

首次泵水试验主要验证机组在当前扬程下能否在设定的导叶初始开度下成功抽水，并根据试验过程整定机组抽水顺控流程参数。在试验前需完成溅水功率测试和排气回水流程测试，并验证排气回水流程中的各阀门动作时序满足设计要求。由于泵水过程中一般是自动完成的，因此主进水阀控制系统、调速系统、调相压气控制系统、励磁系统以及发电机辅助设备要处于远方自动模式，保证泵水的顺利进行。由于泵水时机组带功率运行，机组机械保护和电气保护需全部投入，且发电机变压器组带负荷校验完成，保证机组电气运行安全可靠。

首台机组以水泵方式启动的，设计单位和主机厂家应提供首次水泵启动的最低上水库水位，作为现场调试依据。

在试验过程中要检查机组保护模式的切换情况，验证抽水调相转抽水的顺控流程是否正确，并根据实际运行情况优化顶盖排气液控阀、蜗壳排气液控阀关闭时间。必要时对抽水工况动进行平衡分析。试验步骤见表3-15。

表 3-15 首 次 泵 水 试 验 步 骤

序号	步骤	执行情况
1	启动机组至抽水调相工况稳定运行	
2	确认机组抽水调相转抽水条件满足，并执行该自动流程	
3	检查排气回水流程是否执行，所有阀组（主气阀、补气阀、顶盖排气阀、蜗壳平压阀、蜗壳排气阀）动作是否正确	
4	检查主进水阀是否正常开启	
5	检查机组吸入功率是否达到溅水功率	
6	检查导叶是否正常开启	
7	调试人员检查水车室、蜗壳层是否有异音	
8	检查导叶是否开启至第一段设计开度，检查机组当前吸入功率	
9	检查机组振动摆度情况	
10	检查导叶是否开启至第二段设计开度，检查机组当前吸入功率，检查调速器已切换至抽水模式	
11	检查机组振动摆度情况	
12	检查排气回水流程是否结束，所有阀组是否已正常关闭	
13	检查主进水阀是否开启到全开位置	
14	检查止漏环冷却水电动阀是否正常关闭	

序号	步骤	执行情况
15	检查保护模式是否已切换至抽水模式	
16	检查励磁是否已切换至抽水模式	
17	机组稳定运行，首次泵水调试完成	

在试验过程中需要录制机组的吸入功率和导叶开度曲线，并全程关注机组的振摆运行情况。

机组首次泵水时导叶开启规律如图 3-26 所示，机组抽水导叶第 1 段开启至 54.97%，维持时间 15.32s，导叶第 2 段开启至 76.26%，投入寻优功能后机组最终开度维持导叶开度在 78.73% 运行。

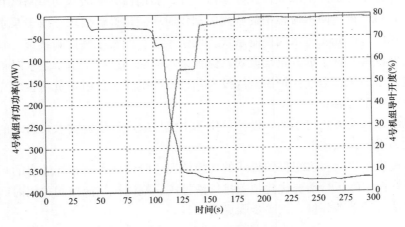

图 3-26　首次泵水导叶开启图

七、水泵机械保护停机试验

当机组完成首次泵水试验后，需要进行抽水工况机械保护停机试验，以验证机组抽水工况至停机的工况流程正确性，保证机组在抽水工况运行的安全性和可靠性。

当机组抽水在抽水工况稳定运行及抽水工况启停过程中发生机械类故障时，机组将启动事故停机流程，先动作导叶，当导叶关至空载开度或功率达到设定值时跳开 GCB，当机组转速降至设定转速后投入电气制动，转速降至设定转速后退出电气制动并投入机械制动，当机组停稳后退机械制动，停机组辅助系统。流程如图 3-27 所示。

当机组在抽水工况运动运行及抽水工况启停过程中发生"调速器严重故障""水淹厂房保护动作""事故停机＋剪断销剪断"等故障时，机组将启动紧急事故停机流程，先动作减小负荷，当导叶关至空载开度或功率达到设定值时跳开 GCB，不同于机械事故快速停机的是机组将同时关闭导叶与主进水阀。当机组转速降至设定转速时投入电气制动，投入后当转速降至设定转速时退出电气制动并投入机械制动，当机组停稳后退机械制动，停机组辅助系统。流程如图 3-28 所示。

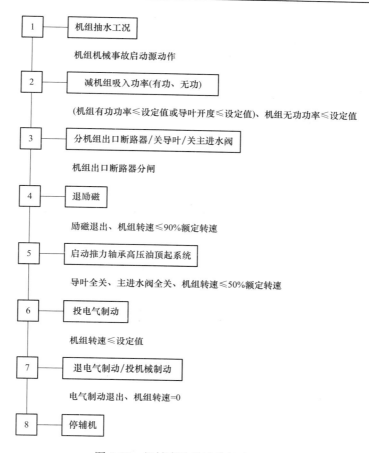

图 3-27　机械事故快速停机流程图

　　试验完成后需要分析机组导叶关闭规律是否符合设计要求，蜗壳和尾水管压力变化是否符合机组过渡过程计算要求，确保机组试验流程正确，为机组抽水工况断电试验做准备。

八、水泵断电试验

　　水泵断电试验是抽水蓄能电站机组调试过程中验证机组电气与机械性能是否符合设计要求的重要试验，通过水泵断电试验能够检查机组在抽水工况下发生电气故障或电源失去的情况下，机组停机流程是否正确；检查该工况下调速器、励磁、主回路断路器及辅助设备动作情况是否正确，并验证在停机的暂态过程中机组的转速、接力器行程、蜗壳压力、尾水管压力、无叶区压力和机组振摆等参数是否符合设计要求。

　　试验前需要进行抽水工况事故停机、紧急事故停机模拟试验，验证调速器和主进水阀事故停机、紧急事故停机回路正确性，校核导叶、主进水阀关闭时间满足设计要求，保证过渡过程安全。并需要检查现场工作照明、事故照明情况是否正常，紧急疏散各逃生通道是否畅通。确保工业电视系统摄像头对准试验机组及相关部位，并组织现场所有工作人员进行水淹厂房的事故演练，熟悉逃生通道。

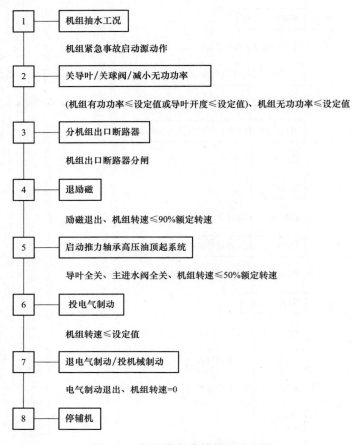

图 3-28　机组紧急事故停机流程图

　　试验中，当机组处于抽水工况稳定运行后，待调度批准后，监控系统远方分发电机出口断路器进行甩负荷试验，并记录试验过程中机端电压、电流等电气参数，机组轴瓦等温度参数，机组振动摆度和压力脉动等稳定性参数的变化曲线；在甩负荷过程中需重点关注高油压顶起装置和机组机械制动装置的运行情况，并注意转速变化过程中是否有异响。

　　试验后，需隔离试验机组并对发电电动机的旋转部件、水泵水轮机的顶盖螺栓、主进水阀上下游连接螺栓、蜗壳和尾水管进人门以及机组油气水管路进行全面检查，防止有松动或者跑冒滴漏的情况发生。同时需对试验数据进行分析，检查当前试验数据是否满足合同、规范要求。

　　水泵断电试验一般分为单机水泵断电试验和一管多机水泵断电试验。

　　（一）单机水泵断电试验

　　如图 3-29 和彩图 3-29 所示为机组水泵断电时的运行参数变化曲线。

　　发生水泵断电时由于机组与电网断开，机组突然失去动力，流量、转速、蜗壳进口压力和无叶区压力立即迅速降低，同时尾水进口压力逐渐上升，当时间 $t=5.9\text{s}$ 时，流量曲线过零点，开始反向，标志机组进入制动工况，各项压力参数曲线开始出现大量毛刺。当 $t=10.3s$ 时，反向流量变化趋势形成拐点，由升高变为降低，机组转速在反向水流的冲击下不断降低。直到 $t=19.8s$ 时，活动导叶完全关闭，机组流量基本为零，转速降低至 85.9r/min。

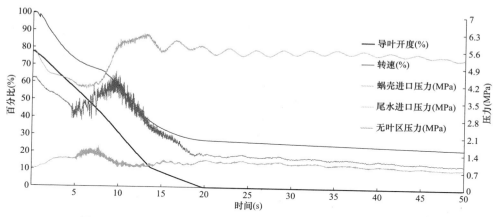

图 3-29　水泵断电时机组导叶开度、转速、各测点压力变化曲线

（二）一管多机水泵断电试验

在电站同一流道发生一管多机水泵断电时需要重点关注如下事项：

（1）机组上游通流系统最大压力发生的位置和数值，确认其满足机组调节保证计算要求和合同指标。

（2）机组尾水出口最小压力发生的位置和数值，确认其满足机组调节保证计算要求和合同指标。

（3）在发生多机水泵断电时机组停机流程是否正确，导叶关闭规律与设计是否吻合。

（4）在发生多机水泵断电时需要检查机组关键部件是否有破坏现象。

以一管双机为例，在发生水泵断电时需要检查两台机组是否为同时分开 GCB，防止发生相继断电的情况，如图 3-30 所示。

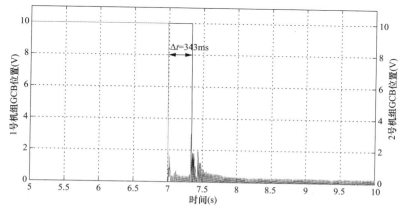

图 3-30　双机水泵断电时两台机组 GCB 动作情况

在发生水泵断电时需要检查两台机组导叶关闭规律是否按照设计参数动作，保证过渡过程安全，如图 3-31 所示。

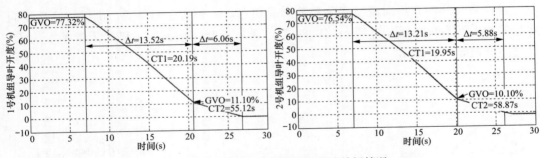

图 3-31 双机断电时两台机组导叶关闭情况

在发生水泵断电时还需要检查两台机组最大蜗壳压力和最小尾水出口压力情况是否满足合同要求指标，保证机组安全稳定运行，如图 3-32 所示。

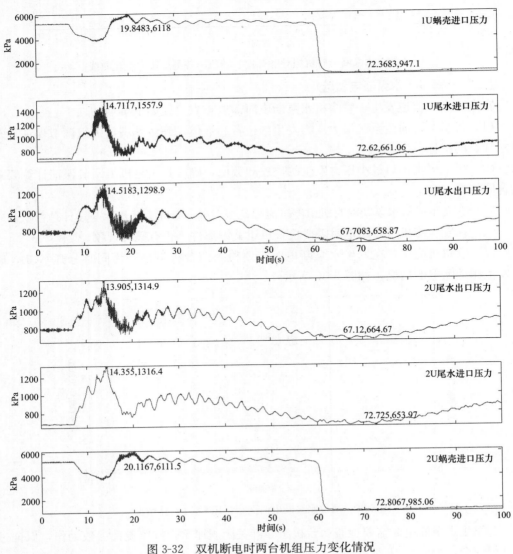

图 3-32 双机断电时两台机组压力变化情况

（三）水泵断电反转

目前国内某抽水蓄能电站在水泵断电时出现了机组反转现象，即机组抽水工况GCB突然分开后，由于导叶关闭时间较长，在机组转速从水泵方向100％至0％后还未全关，导致机组再次水轮机方向加速至较高转速的现象，此种工况需要对机械制动回路的硬接线回路进行改造，以避免硬接线回路误投入机械制动后不能退出，造成机组带机械制动水轮机反转至较高转速，造成设备损坏的事故。

水泵断电也属于调节保证设计的内容，牵涉到机组、调速器、输水系统等多方面的综合设计，在调节保证计算时如出现此现象，应妥善考虑解决，尽可能地避免出现此现象。

九、抽水调相自启停试验

抽水调相自启停调试主要是为了验证监控系统顺控流程正确性；检查机组从静止—抽水调相的启动时间和机组从抽水调相—静止的时间满足合同要求，当发生流程超时的情况，需要综合考虑并对机组流程进行优化。

当机组从静止—抽水调相时，需要重点关注如下事项：

（1）确认SFC正常，被拖动隔离开关及启动母线隔离开关位置满足启动条件。

（2）确认充气压水流程完成。

（3）确认SFC拖动过程平稳无异常，确认同期装置启动。

（4）确认机组GCB合闸，SFC停止运行，启动母线隔离开关、被拖动隔离开关分开，机组在抽水调相稳态运行。

（5）检查机组从静止转抽水调相整个流程时间满足设计要求。

当机组从抽水调相—静止时，需要重点关注如下事项：

（1）检查GCB分闸满足设计要求。

（2）检查排气回水流程是否正确执行，各阀门状态正常。

（3）检查电制动是否正常启动。

（4）检查机械制动是否正常启动。

（5）检查励磁系统是否停止。

（6）检查高压油顶起装置停止，技术供水停止运行，蠕动装置投入运行，机组进入停机稳态。

（7）检查机组从抽水调相转停机整个流程时间满足设计要求。

十、水泵自启停试验

水泵自启停调试主要是为了验证监控系统顺控流程正确性；检查机组从静止—水泵抽水的启动时间和机组从水泵抽水—静止的时间满足合同要求，当发生流程超时的情况，需要综合考虑并对机组流程进行优化。

当机组从静止—水泵抽水时，需要重点关注如下事项：

（1）确认SFC正常，被拖动隔离开关及启动母线隔离开关位置满足启动条件。

（2）确认充气压水流程完成。

（3）确认 SFC 拖动过程平稳无异常，确认同期装置启动。

（4）确认机组 GCB 合闸，启动母线隔离开关、被拖动隔离开关分开。

（5）确认机组满足抽水调相—抽水工况转换条件。

（6）确认排气回水流程完成，溅水功率满足设计要求。

（7）确认主进水阀开启至全开位，导叶正常启动。

（8）检查机组从静止—抽水稳态运行启动时间是否满足合同要求。

当机组从水泵抽水—静止时，需要重点关注如下事项：

（1）检查调速器是否执行停机流程，导叶是否关闭，GCB 分闸满足设计要求。

（2）检查主进水阀正常关闭。

（3）检查电制动是否正常启动。

（4）检查机械制动是否正常启动。

（5）检查励磁系统是否停止。

（6）检查高压油顶起装置停止，技术供水停止运行，蠕动装置投入运行，机组进入停机稳态。

（7）检查机组从抽水转停机整个流程时间满足设计要求。

十一、水位调整试验

水位调整试验是根据设计院设计的上水库水位上升、消落速率要求，对上水库水位进行调整，使其达到正常蓄水位。检查该过程中上水库、下水库和输水系统等水工建筑的渗漏情况。

试验前需检查抽水工况轴承热稳定试验已完成，机组各部轴承热稳定情况满足规范和合同要求，且下水库水位满足水位调整试验要求。

抽水工况首机启动和发电工况首机启动需满足上水库水位上升和消落速率要求。具体要求如下：

（1）初期蓄水水位上升速度控制在设计范围内。

（2）水位消落速率在初期也不能超过设计值。当水位重新上升达到一定高程后，因机组调试需要水位下降，在不突破该高程且观测数据正常，下降速度不再限制。

（3）上水库初期蓄水时间以及水位日变幅必须结合上水库各水工建筑物的观测资料进行必要的调整。

（4）遇到水库运行不正常时，如渗漏量突然增大、建筑物位移有较大的突变、渗压计值陡增较大等异常情况，由验收委员会根据情况的严重性研究是否放空水库检查修补，此时上水库速率下降不受以上限制，放空速率由验收委员会根据具体情况专门研究确定。

水位调整试验需要记录如下数据：

（1）时间：精确至年、月、日。

（2）时间：精确至时、分。

（3）上水库水位：精确到厘米。

（4）下水库水位：精确到厘米。

（5）机组功率：精确到 0.1MW。

通过水位调整试验，根据设计院设计的上水库水位上升、消落速率要求，对上水库水位进行了调整，以达到其正常蓄水位。并检查该过程中上水库、下水库和输水系统等水工建筑的渗漏情况是否满足设计要求。

✦ 第八节　工况转换试验

一、工况转换的定义

机组的运行状态称为工况。机组从一种工况到另一种工况的过程即为工况转换。机组工况一般分为稳态工况、过渡工况和特殊工况。

机组稳态工况包括停机工况（ST），发电工况（G），抽水工况（P），发电调相工况（GC），抽水调相工况（PC）。过渡工况包括中转停机（TS）和旋转备用（SR）。特殊工况包括线路充电工况（LC），黑启动工况（BS），拖动工况（L）。特殊工况中，线路充电工况是机组带主变压器、线路以零起升压方式给主变压器、线路充电的一种运行状态。黑启动工况是在厂用电源及外部电网供电消失后，用厂用自备应急电源作为启动电源，用直流系统作为起励电源，机组以零起升压方式给主变压器、线路充电的一种运行状态。拖动工况是机组以背靠背方式启动，拖动机运行在发电方向并提供变频电流将被拖动机拖动至额定转速并网的一种工况。

近年来，大型常规抽水蓄能机组常用的工况转换流程如图 3-33 所示。由静止到其他稳态工况的工况转换已在本章第六节和第七节中讲解。线路充电工况和黑启动工况属于涉网试验，将在后续章节中讲解。本章着重介绍发电与发电调相工况转换，抽水与抽水调相工况转换，抽水转发电以及背靠背启动等工况转换的试验内容。

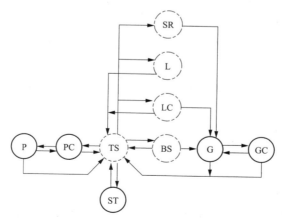

图 3-33　大型常规抽水蓄能机组的常用工况转换简图

机组工况自动转换应满足如表 3-16 所示的通用条件。

表 3-16 机组工况自动转换通用条件表

序号	内容
1	机组相应的上游侧闸门全开
2	机组相应的下游侧闸门全开
3	机组及相应主变压器无故障报警
4	上水库及下水库水位在机组正常运行水位范围内
5	机组出口母线隔离开关设备在"远方"控制方式
6	励磁系统在"远方自动"控制方式
7	调速器在"远方自动"控制方式
8	主进水阀在"远方自动"控制方式
9	同期装置在"自动"控制方式
10	推力轴承高压油顶起系统在"远方自动"控制方式
11	机械制动在"远方自动"控制方式
12	技术供水系统在"远方自动"控制方式
13	机组其他相关辅助设备在"远方自动"控制方式
14	机组直流配电盘供电正常
15	机组交流自用盘供电正常

二、发电与发电调相工况转换

(一) 工况的定义与工况转换的试验目的

发电调相工况是转轮室压水后，转轮在空气中旋转，机组发电方向并网运行的状态。根据这一定义，发电调相工况从系统吸收有功功率。

发电转发电调相工况转换与发电调相转发电工况转换互为反过程，具有对称性。在调试阶段做发电与发电调相工况转换试验主要有以下目的：

(1) 检查工况转换过程中机组的参数及工况转换时间是否满足合同或标准要求；

(2) 检查机组保护及调速器在工况转换时模式的切换；

(3) 检查调相压水工作状态；以及上、下止漏环冷却水打开是否及时。

(二) 工况转换的流程

发电转发电调相工况转换顺序功能如图 3-34 所示。工况转换条件满足后，执行工况转换令，减机组功率，同时，调速器置发电调相模式，待调速器运行在发电调相模式后，关导叶，导叶全关后，关闭主进水阀，主进水阀全关且工作密封投入后，执行转轮室压水命令，打开蜗壳—尾水管平压阀，打开止漏环冷却水阀。确认上述命令执行完成后，机组进入发电调相工况。

发电调相转发电工况转换需满足表 3-16 的基本条件以及机组调相压气系统在"远方控制"，同一引水单元的其他机组不在抽水工况的条件。

发电调相工况转换至发电工况顺序功能如图 3-35 所示。工况转换时，关闭蜗壳—尾水管平压阀，转轮室回水，减机组无功功率，开启主进水阀。确认转轮室回水及平压阀关闭后，关闭止漏环冷却水阀，给调速器发电模式令。上述指令完成后，开导叶，设定机组初始功率，检测到机组实际功率≥设定初始功率，则机组已进入发电工况，工况转换完成。

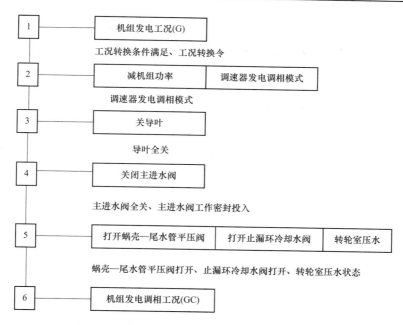

图 3-34 发电工况转换至发电调相工况顺序功能

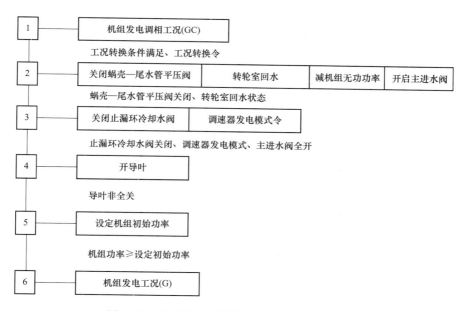

图 3-35 发电调相工况转换至发电工况顺序功能

（三）工况转换的物理过程分析

现场调试时，工况转换试验主要关注以下几点。其一，调试现场重点关注的是工况转换的流程，机组是否能按预设的监控流程完成工况转换。其二，需要关注机组导叶开度的变化规律以及机组有功功率的变化规律。其三，抽水蓄能机组无叶区（转轮叶片与活动导叶之间区域）压力脉动是机组及厂房振动的主要振源，属于典型的水力激振源。

通常情况下无叶区含有丰富的频率成分，包括：动静干涉频率、叶片过流频率、转频及其倍频等。这些频率成分通过蜗壳、机墩以及转轮、轴系等方式传播至机组及厂房，引起结构件的振动，造成机组性能劣化，影响机组运行稳定性，并对机组的寿命产生严重影响。现场调试时，记录无叶区压力脉动的通频值，再通过时域混频幅值方法与时频分析中的短时傅里叶分析等方法，对无叶区压力脉动进行分析，确保工况转换过程机组的安全运行。

某抽水蓄能电站立轴、单机、混流可逆式水泵水轮机在发电调相转发电过程中，导叶开度与有功功率及无叶区压力的变化趋势如图 3-36 所示。

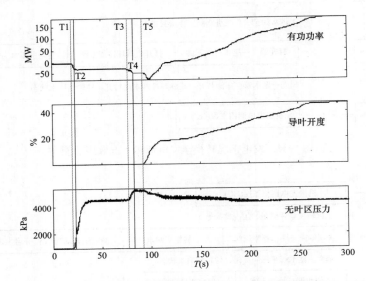

图 3-36 发电调相转发电过程有功、导叶开度与无叶区压力曲线

根据机组有功功率及导叶开度变化，图 3-37 中给出了 5 个关键时间点。由图 3-37 可见：在 T1 时刻前机组 GC 稳定运行，机组吸入功率保持恒定；T1 时刻后主进水阀工作密封退出至 T2 时刻时工作密封退出到位，当工作密封退出瞬间机组吸入功率增大，无叶区压力急剧增大；密封退出到位，主进水阀开启过程中以及排气回水过程中机组吸入功率基本保持恒定；T2 至 T3 期间，在回水排气流程期间，无叶区建压至恒定值；顶盖排气阀自 T3 时开始关闭，至 T4 时关闭结束，在此之间机组流量为零，机组吸入功率增大，无叶区压力达到最大；T4 至 T5 时刻之间时，由于顶盖排气阀已完全关闭且导叶尚未打开，因此吸入功率基本保持稳定，而压力脉动则达到最大；此后，T5 时导叶开启，受限于导叶开度较小，导叶前压力与无叶区水压进行消减，从而导致机组吸入功率达到最大，在此之后随着导叶开度的增大，机组有功功率逐渐增大，并由吸入转为发出功率。

发电转发电调相过程如图 3-37 所示。机组开始执行发电调相指令后，导叶开始关闭，发出有功功率随之减小到零，之后，随着导叶的继续关闭，机组开始吸收有功功率，导叶全关时，机组吸入有功功率达到最大值。导叶全关后，主进水阀开始关闭，调相压水开始，机组吸入的有功逐渐减少，调相压水结束后，主进水阀尚未全关过程中，机组吸入的有功基本保持不变，主进水阀全关后，蜗壳平压阀开启，导叶里的水进一步排空，机组吸入功率逐渐减少，蜗壳平压后，机组吸入有功功率维持基本恒定。无叶区压力脉动在导叶全关时达到最大值。

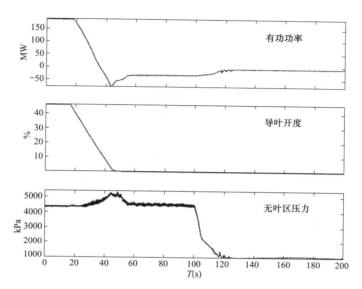

图 3-37　发电转发电调相过程有功功率、导叶开度与无叶区压力曲线

三、抽水调相与抽水工况转换

（一）工况的定义与工况转换的试验目的

抽水调相工况是转轮室压水后转轮在空气中旋转，机组抽水方向并网运行的状态。机组在抽水方向启动的过程中，无论采用 SFC 启动还是背靠背启动的启动方式，都需要将转轮室压水，使转轮处在空气中，以减小摩擦阻力。实际上，每次机组由静止到抽水时，都会经历由抽水调相工况到抽水工况的工况转换。抽水调相与抽水工况转换的条件是在满足表 3-16 中基本条件的同时，满足机组调相压气系统在"远方自动"控制方式，机组调相压气系统在"远方自动"控制方式，调相压水气罐压力正常，同一引水单元的其他机组不在发电工况运行。

在调试阶段做抽水与抽水调相工况转换试验主要有以下三个目的：

（1）检查工况转换过程中机组的参数及工况转换时间是否满足合同或标准要求；

（2）检查机组保护及调速器在工况转换时模式的切换；

（3）检查调相压水工作状态，以及上、下止漏环冷却水打开是否及时。

（二）工况转换的流程

工况转换的顺序功能图如图 3-38 所示。工况转换条件满足，工况转换开始后，关闭蜗壳—尾水管平压阀，转轮室回水，开启主进水阀，上述指令完成后，关闭止漏环冷却水阀，调速器置抽水模式，开导叶，机组进入抽水工况。

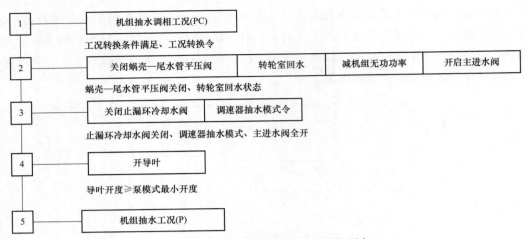

图 3-38　抽水调相转抽水工况转换顺序

　　抽水转抽水调相工况顺序功能如图 3-39 所示。工况转换条件满足，下达工况转换令后，减机组无功功率，调速器置抽水调相模式，以上命令完成后，关导叶；导叶全关后，关主进水阀；主进水阀全关后，投入主进水阀工作密封；打开蜗壳—尾水管平压阀，打开止漏环冷却水阀，转轮室压水。上述指令完成后，机组进入到抽水调相态。

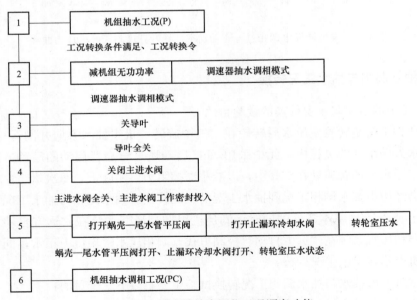

图 3-39　抽水转抽水调相工况顺序功能

（三）工况转换的物理过程分析

　　某电厂抽水调相转抽水过程中的有功功率、导叶开度和无叶区压力数据如图 3-40 所示。可见：在 T1 时刻前 PC 稳定运行时机组吸入功率与无叶区压力数值稳定；当 LCU 启动工况转换流程之后，同时启动排气无叶区压力回水流程并发出退出主进水阀工作密封指令，在 T1 至 T2 时刻之间执行主进水阀工作密封退出工作，密封退出后启动主进水阀开启流程，这一时间段内由于蜗壳内水压力由下水库水位作用变换为上水库水位压力，水环厚度随着主进水阀漏水量增大而逐渐增大，导致机组吸入功率与无叶区压力也逐渐增大；T2 时刻之后，机组吸入功率不受尾水水位上升的影响，顶盖排气过程中转轮溅水后亦基本不受排气过程的影响，无叶区压力逐渐增大；T3 时刻时顶盖排气完毕，排气阀开始关闭，此后至 T4 时间段内（T4 时刻对应顶盖排气阀完全关闭）转轮开始造压，无叶区压力急剧增大，机组吸入功率也增大，形成溅水功率；机组在 T4 至 T5 期间形成稳定的溅水功率，使其具备泵水条件；T5 时刻，机组导叶开启导叶，至 T6 时刻完成第一阶段导叶开启工作；T6 时间之后，导叶开启寻优工作，从而正式进入泵水工况。

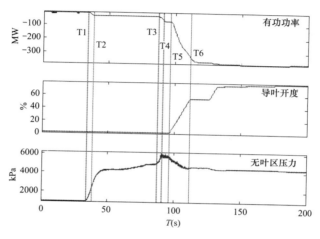

图 3-40 抽水调相转抽水过程有功、导叶开度与无叶区压力曲线

某电厂抽水转抽水调相过程中有功功率、导叶开度与无叶区压力的变化过程如图 3-41 所示。随着导叶的关闭，机组吸收的有功功率逐渐减小，导叶全关后，主进水阀开始关闭，充气压水开始，机组吸入功率进一步减小。待主进水阀全关，蜗壳平压后，吸入的有功功率达到稳态，机组进入抽水调相工况。导叶全关时，无叶区压力达到最大值。

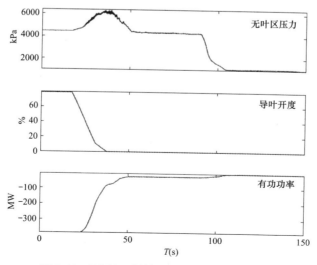

图 3-41 PC 转 P 转换时有功、导叶开度录波

四、抽水工况转发电工况

(一) 工况转换的试验目的

进行抽水转发电工况转换的目的是优化抽水转发电工况的自启动流程，使其能够满足合同要求的流程转换时间，以满足电网对负荷的快速响应需求。

(二) 工况转换的流程

机组抽水转发电工况实际上有两种可行的方式。一种是主进水阀不关，机组通过关闭导叶降负荷，然后分 GCB，将换相隔离开关从抽水方向改为发电方向；同时，水的势能会将转轮由抽水方向旋转冲击为发电方向旋转，之后的流程与发电并网相同。另一种方式是机组由抽水工况转停机，但是，在停机过程中高压油顶起装置、技术供水等辅机并不停止运行，待机组停稳后，退出机械制动，机组执行发电方向并网流程。目前，电站实际运行中，一般采用第二种方式（如图 3-42 所示），以使工况转换过程相对平稳，减少对机组的机械冲击。

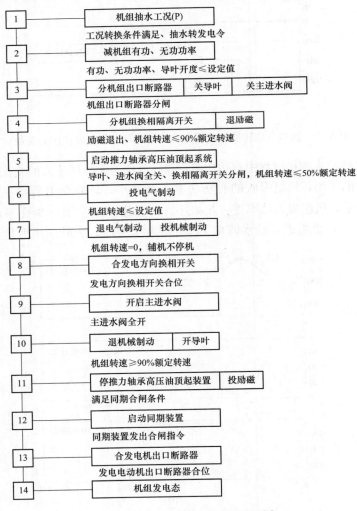

图 3-42 抽水转发电相工况的顺序

（三）工况转换的物理过程分析

某抽水蓄能电站立轴、单机、混流可逆式水泵水轮机在抽水转发电过程中，有功功率与导叶开度的变化规律如图 3-43 所示。转速与导叶开度的变化规律如图 3-44 所示。机组接到抽水转发电指令后，首先执行水泵停机流程，首先关闭导叶，降负荷；接近零功率时，分机组 GCB，机组转速下降至 50% 额定转速后，电制动刀投入，转速下降至 5% 额定转速，机械制动投入。转速降至零后，机械制动退出，机组进入发电方向启动状态。并网过程与机组常规并网相同，并网后机组按计划加负荷，进入发电工况。由于工况转换中，水泵停机过程、发电启动过程与机组正常水泵停机以及发电启动过程相同，机组的压力及振摆情况也没有差别。

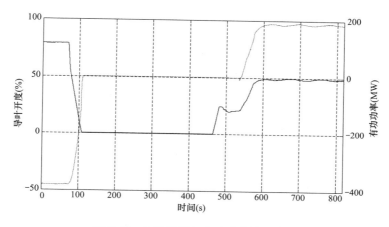

图 3-43　导叶开度与有功功率趋势曲线

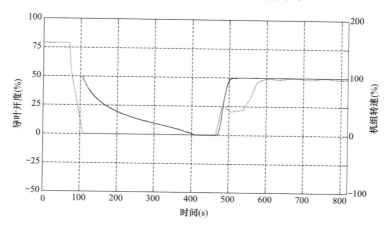

图 3-44　导叶开度与机组转速趋势曲线

五、背靠背启动工况

（一）工况的定义与工况转换的试验目的

背靠背启动是指一台机组以拖动工况启动，通过启动回路驱动另一台机组以抽水方向启动的同步启动方式。大多数电厂以 SFC 启动为主启动方式，背靠背启动为辅助启动方式。

背靠背启动试验主要目的如下：

（1）优化背靠背启动的流程，使启动时间满足合同要求；

（2）检查调速器背靠背启动功能，优化导叶开启规律；

（3）检查励磁背靠背启动功能，优化励磁控制参数；

（4）检查保护装置背靠背启动保护功能；

（5）检查背靠背启动流程的正确性。

（二）工况转换的流程

背靠背启动主要监控流程如图 3-45 所示，以下两点需要特别关注。第一，拖动机启动的第一步是分中性点隔离开关，而被拖动机中性点隔离开关必须合闸。这是因为发电电动机并网运行时，中性点需要经高阻接地，而背靠背启动时，不能有两点接地，否则会引起保护动作。第二，被拖动机在启动前要进行压水充气，使转轮浸没在空气中，以减少启动过程中的摩擦阻力。

图 3-45　背靠背启动监控流程简图

（三）工况转换的物理过程分析

背靠背启动过程中，导叶开启规律的选择以及两台机组励磁电流值的配合是影响启动成败的关键因素。现场调试时，首要任务是找到两者合适的参数以使启动时间满足合同。

背靠背启动过程中，拖动机主进水阀全开后，拖动机通过调节导叶开度来改变输入力矩。如果导叶开启速率过小，开始时，无法克服两台机组的摩擦阻力以启动机组。导叶开始速率过大，被拖动机容易跟不上拖动机的转速上升速率，导致两机失步。另外，在机组达到额定转速前，转子上的阻尼绕组会产生感应电流，且感应电流随导叶开启速率的增大而增大。目前常用的两种导叶开启规律如下：一种是匀速缓慢开启导叶，直至机组转速到达同期装置启动要求；另一种是分两段开启导叶，先快速开启导叶冲转机组，再缓慢匀速开启导叶至转速上升至同期装置启动。

励磁电流的大小影响着机组电磁力矩的传递，也直接影响着背靠背启动的成败。拖动机组的励磁电流值在背靠背启动过程中保持不变，而被拖动机的励磁电流值在同期装置启动之前会保持恒定值，而同期装置启动后，会根据机端电压与电网电压调节被拖动机的励磁电流，以满足同期并网条件。由于被拖动机同期并网时的励磁电流接近于单机发电方向空载并网时的励磁电流值，因此，与之对应的拖动机的励磁电流值宜设置为额定空载励磁电流。被拖动机在同期并网前的励磁电流值一般设置在 0.8 倍额定空载励磁电流值左右。

背靠背试验前应进行机组 GCB 分合闸回路检验及传动试验，确保背靠背时低频分 GCB 回路的正确性。

背靠背试验正式试验前也应进行假同期试验，以确保 GCB 合闸回路正确。

某电站背靠背启动过程如图 3-46 所示。导叶开启规律分为两段。第一段开启速率设置为每秒 1.5% 的最大导叶开度，第二段是每秒上升 0.2%，电气开限设置为导叶最大开度的 20%。拖动机与被拖动机的励磁电流分别为额定空载励磁电流和 0.8 倍额定空载励磁电流。导叶快速开启，

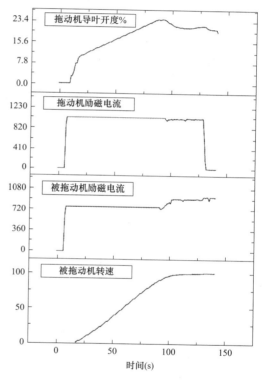

图 3-46　某电站背靠背启动过程图

机组冲转；然后导叶开启规律进入第二段匀速开启，机组转速上升平稳，达到同期装置启动条件后，启动同期。整个拖动过程，机组转速变化平稳，启动效果良好。

（四）防止拖动机与被拖动机并列运行的措施

背靠背启动过程中，当被拖动机并网后，拖动机应确保 GCB 分闸，防止两台机组通过启动母线并列运行。

将被拖动机的 GCB 合闸位置信号和合闸命令信号，作为拖动机的 GCB 分闸条件，并入 GCB 分闸回路中。当被拖动机的 GCB 合闸时，拖动机 GCB 分闸回路导通，以驱动拖动机 GCB 分闸。

在背靠背静态试验中，需要模拟被拖动机 GCB 合闸，检查拖动机 GCB 是否正常分开，动作无误后，方可进行背靠背拖动试验。

第九节 机组热稳定试验

一、概述

机组热稳定试验需要分别在抽水工况、抽水调相、50％负荷发电工况、100％负荷发电工况和发电调相几种工况分别进行，对各部位轴承温度值和温度变化都有要求。主要考核机组各部温度及旋转系统振动、摆度等运行参数是否符合设计的要求，其中在水泵调相工况和发电调相工况轴承热稳定试验中需要检查调相压水系统补气的时间间隔，以优化调相压水系统参数。

二、试验要求

在进行热稳定试验之前，应完成机组动平衡试验，各测量记录仪器完成安装校验且完成与数据采样设备的连接调试，所有参加试验人员应经过水淹厂房事故演练，所有参与人员应熟悉测点位置和危险点情况，并且已经做好相应的隔离措施。

三、试验方法

机组热稳定试验需要分别在水泵、抽水调相、水轮机和发电调相几种工况分别进行，按照相关规程的要求，在机组升速过程中，应加强对各部位轴承温度的监视，不应有急剧升高及下降现象。机组启动达到额定转速后，在半小时内，应每隔 5min 测量一次推力瓦及导轴瓦的温度，以后可每隔 30min 记录一次推力瓦及导轴瓦的温度，并绘制推力瓦及各部导轴瓦的温升曲线，观察轴承油面的变化，油位应处于正常位置范围。机组运行至温度稳定后（每小时温升不大于 1℃）标好各部油槽的运行油位线，记录稳定的温度值，此值不应超过设计规定值。

也可以通过监控系统记录各部位温度曲线和数据，如推力轴承、上导轴承、下导轴承、水导轴承、油温、水温等曲线，同时记录稳态工况下的机组上导、下导和水导摆度，顶盖、定子、上机架、下机架振动情况，以考核其运行参数是否满足规范和合同要求。还应记录上下游水位，并在最终试验结果表格中记录测点、设计报警值、设计跳机值、实测最高值和试验结果。

如果在试验过程中发生如上下止漏环温度异常或主轴密封温度异常等情况，需要对其冷却水流量进行调整，以确定最终适应于机组长期稳定运行工况下的机组各部轴承冷却水流量。

第十节 涉 网 试 验

抽水蓄能电站在电网安全稳定运行中，主要承担电网调峰填谷、调频、调相以及事故备用任务，机组的安全可靠对区域电网有效的电力调节控制具有重要作用。按照新机组并网有关要求，机组投运前需进行相应的涉网安全性评价试验，以考验机组的各项性能指标是否满足电网要求。涉网安全性评价试验是验证机组特性是否满足电网安全稳定运行的条件，同时也是第三方协助业主对机组各项技术指标和参数的评价。因此，涉网试验对电站机组转入投产具有重要意义。抽水蓄能电站新机组并网需进行相关涉网安全性评价试验，主要包括：一次调频试验、PSS 整定试验、AGC 试验和成组控制试验、发电机进相试验和黑启动试验等。

一、一次调频试验

一次调频，是指电网的频率一旦偏离额定值时，电网中机组的控制系统自动地控制机组有功功率的增减，限制电网频率变化，使电网频率维持稳定的自动控制过程，我国标准规定，电网的额定频率为 50Hz。

（一）一次调频原理

对于水电机组而言，主要是通过活动导叶开度的变化来改变流量从而引起机组有功功率的变化，对于双重调节的机组还通过转轮叶片角度的变化共同引起流量的变化，控制活动导叶和转轮叶片的系统为调速器。水电机组一次调频是在机组发电运行过程中，当系统频率变化超过调速器的频率/转速死区时，调速器根据频率静态特性（调差特性）所固有的能力，按整定的调差率/永态转差系数自行改变导叶开度（或轮叶转角或喷针/折向器开度）引起流量的变化，从而引起机组有功功率的变化，进而影响电网频率的调节过程。

一次调频时频率突变可以视为频率的一个阶跃，该频率阶跃变化经过调速器 PID 控制计算后产生一个导叶输出控制命令的阶跃。

（二）一次调频试验考核要求

根据相关要求，一次调频相关部分信号需上送至电网调度，主要包括：一次调频投入/退出信号，一次调频动作/复归信号，监控系统到调速器的输出指令，调速器控制指令，机组导叶开度，机组功率等。

目前各区域调度对机组一次调频性能指标的基本要求各不相同，但一次调频参数设置和一次调频响应能力要求基本类似，主要有：

（1）人工频率死区控制在 ±0.05Hz 内。

（2）调差率不大于 4%。

（3）负荷变化限制幅度为额定负荷的 ±10%。

（4）一次调频的负荷响应滞后时间应小于 4s，负荷调整幅度应在 15s 内根据机组响应目标完全响应，即达到理论计算的一次调频的最大负荷调整幅度的 100%；也有的要求 90%。

（5）在电网频率变化超过机组一次调频死区时开始的 45s 内，机组实际出力与机组响应目标偏差的平均值应在机组额定有功出力的 ±3% 内，也有的要求为 60s 和 ±5%。

（6）机组一次调频投用范围为机组核定的有功出力范围，即机组在核定的最低和最高有功出力范围内。

(三)影响机组一次调频调节的因素

机组一次调频为有差特性，调速器为开度模式运行时，永态转差系数 b_p 表示频率和接力器行程的相对关系，调速器为功率模式运行时，调差率 e_p 表示频率和功率的相对关系。

1. 调差率

调差率的大小影响到机组的一次调频响应能力，即功率的变化大小。调差率系数大，变化功率小；调差率系数小，变化功率大，对电网的贡献大，但是调差率系数太小，容易造成机组运行不稳定，发电厂并网运行管理实施细则要求该参数整定不大于 4%。

永态转差系数大小的影响示意图如图 3-47 所示。

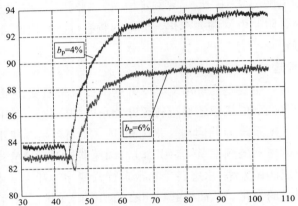

图 3-47 某混流式机组永态转差系数大小影响（83MW b_p 6% 和 4%－0.3Hz）

2. 频率变化大小和频率死区

频率变化大小影响到机组的一次调频响应能力，频差位于分母上，频差大，变化功率大；频差小，变化功率小，如图 3-48 所示。

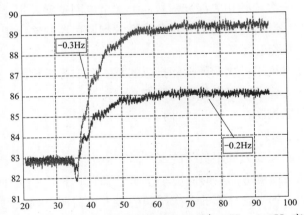

图 3-48 频差变化大小影响（83MW b_p 6% 0.2Hz、0.3Hz 变化）

人工频率死区的设置会影响到频率变化大小的计算，用于控制的频差是实测频率与额定频率的差值经过频率死区环节之后送入 PID 控制的，因此人工频率死区的大小将影响到频率变化大小，也将影响到机组的一次调频响应能力，如图 3-49 所示。发电厂并网运行管理实施细则要求该参数整定不大于 0.05Hz。

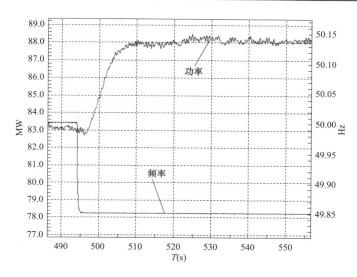

图 3-49 人工频率死区影响实际变化频差 0.1Hz（频率死区 0.05Hz）

另外，频率测量精度也会影响到机组的一次调频性能，电力行业标准对调速器测频精度的要求是 0.002Hz。

3. 机组额定功率

机组额定功率影响到机组的一次调频响应能力，机组额定功率位于分母上，变化相同的偏差条件下，额定功率大，变化功率大；功率小，变化功率小。

以变化 0.1Hz，调差率 4% 进行，机组额定功率分别为 300MW 和 95MW 进行理论计算，如式（3-4）和式（3-5）所示，可知额定功率为 300MW 时变化值为 15MW，额定功率为 95MW 时，变化功率为 4.75MW，额定功率大的机组变化值大于额定功率变化小的机组。某抽水蓄能 300MW 机组 0.1Hz 一次调频变化如图 3-50 所示。

$$\Delta P_1 = \frac{0.1}{50 \times 4\%} \times 300 = 15 (\text{MW}) \tag{3-4}$$

$$\Delta P_2 = \frac{0.1}{50 \times 4\%} \times 95 = 4.75 (\text{MW}) \tag{3-5}$$

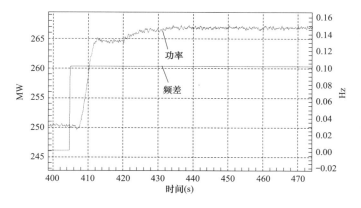

图 3-50 某 300MW 机组 250MW、0.1Hz 变化功率

（四）一次调频现场试验内容

考核抽水蓄能机组一次调频性能，一般开展以下工作：

1. AGC 退出或者二次调频不投入时的一次调频试验

（1）参数检查，包括 PID 参数、人工频率死区、人工功率死区、人工开度死区、永态转差系数或调差率、一次调频限幅等。

（2）调速器测频精度校验。

（3）调速器人工频率死区校验。

（4）一次调频使用的 PID 参数优化试验。

（5）功率调节模式下的一次调频试验。

（6）开度调节模式下的一次调频试验。

（7）不同负荷下的一次调频试验，如 50%、80% 额定负荷等。

（8）小频差试验，如 $\pm 0.045 \sim \pm 0.06\text{Hz}$，以检验小频差时测频准确性及一次调频性能。

（9）不同频差下的一次调频试验，如 $\pm 0.1\text{Hz}$、$\pm 0.15\text{Hz}$、$\pm 0.2\text{Hz}$、$\pm 0.25\text{Hz}$。

（10）在水头变化运行的条件下，不同水头下的一次调频试验，如高水头、低水头。

（11）试验水头下的接力器行程和机组出力关系曲线试验。

2. AGC 投入后的一次调频和二次调频配合试验

如果一次调频和二次调频配合有冲突，需修改调速器逻辑或 AGC 逻辑，执行一次调频优先的控制策略。

3. 一次调频频差产生方法

一次调频试验时主要是通过频差进行试验，频差的产生有两种方法，一种是机组并网后断开机组残压频率，外加频率发生器，人为模拟电网频率输入产生频差；另一种是修改调速器程序，在程序内部断开残压频率，增加人为修改的频差或者频率模块，同时将该频率或频差输出。第二种频差产生方法相对更安全。

二、PSS 整定试验

电力系统稳定器（Power System Stabilizer，简称 PSS），是一种附加控制装置，它借助自动电压调节器控制同步发电机励磁，抑制电力系统功率振荡。

PSS 整定试验的试验目的是测试发电机组阻尼特性，整定发电机组励磁系统 PSS 参数，并检验 PSS 投入对机组低频振荡的阻尼性能，使 PSS 具备正常投运条件。新建或改造后的励磁系统，或当 PSS 参数需要重新整定（只调整增益时除外）时，须进行完整的 PSS 整定试验。抽水蓄能机组的 PSS 整定试验须在发电机运行方式和电动机运行方式下分别进行，PSS 功能要符合上述两种运行方式。

在进行 PSS 试验前，一般要在实际电网数据上或单机对无穷大系统上进行如下内容的 PSS 参数预计算：

（1）本系统存在的最低机电振荡频率以及与本机组相关的低频振荡模式；

（2）系统结构和工况变化时励磁控制系统无补偿相频特性变化范围；

（3）励磁控制系统两种无补偿相频特性的差异；

（4）计算 PSS 参数，并观察 PSS 参数对系统扰动的影响和反调情况；

（5）复核制造厂提供的 PSS 整定参数。

（一）PSS 整定试验内容

PSS 整定试验的试验内容包括励磁控制系统无补偿相频特性的确定、励磁控制系统有补偿相频特性的确定、PSS 增益的确定和反调试验。

1. 励磁控制系统无补偿相频特性的确定

励磁控制系统无补偿相频特性一般通过实际测量确定。若实际励磁系统不具备进行励磁控制系统无补偿相频特性测量条件时，在励磁系统模型参数确认后计算确定励磁控制系统无补偿相频特性。

实测励磁控制系统无补偿相频特性的条件是励磁调节器应具备外加模拟信号入口，将外加信号取代 PSS 输出信号加入到 AVR。可用频谱分析仪或低频正弦信号发生器和波形记录分析仪测量并计算发电机的相频特性。

根据励磁系统无补偿特性和 PSS 的传递函数计算 PSS 相位补偿特性整定 PSS 参数。

2. 励磁控制系统有补偿相频特性的确定

一般通过实测励磁控制系统有补偿相频特性，实测的条件为：①PSS 为单信号输入；②可切除原 PSS 输入信号后外加测量信号；③具备外加模拟信号入口；④具备频谱分析仪或低频正弦信号发生器及相关的记录分析仪器。无测试条件时也可通过计算方法确定。

在 PSS 投入运行的情况下，在 PSS 的信号输入端输入白噪声信号，用动态信号分析仪测量发电机电压对于 PSS 信号输入端的相频特性。校验 PSS 补偿特性的正确性。

3. PSS 增益的确定

一般对 PSS 增益的整定有如下要求：①PSS 应提供适当的阻尼，有 PSS 时发电机负载阶跃试验的有功功率波动衰减阻尼比应不小于 0.1；②PSS 的输入信号为功率时 PSS 增益可取临界增益的 $1/5 \sim 1/3$（相当于开环频率特性增益裕量为 $9 \sim 14$dB），PSS 的输入信号为频率或转速时可取临界增益的 $1/3 \sim 1/2$（相当开环频率特性增益裕量为 $6 \sim 9$dB）；③实际整定的 PSS 增益应考虑反调大小和调节器输出波动幅度。

确定 PSS 增益可采用现场试验法或估算确认法，现场试验法有临界增益法、PSS 开环输出/输入频率响应特性稳定裕量法和负载阶跃试验法。

在负载阶跃试验法时，逐步增加 PSS 的增益，观察发电机转子电压和无功功率的波动情况，确定 PSS 的临界增益。PSS 的实际增益一般取临界增益的 $20\% \sim 30\%$。在 PSS 投入和退出两种情况下进行发电机电压给定阶跃试验并录波，阶跃量根据发电机有功的波动情况进行调整，但一般不超过额定电压的 4%，比较 PSS 投入和退出两种情况下有功功率的波动情况，需要的话可对 PSS 的参数进行调整。

4. 反调试验

反调试验是检验在原动机正常运行操作的最大出力变化速度下，发电机无功功率和发电机电压的波动是否在许可的范围。在原动机正常运行操作的最大出力变化速度下，无功功率变化量小于 30% 额定无功功率，机端电压变化量小于 3% 额定电压。

在 PSS 投入的情况下，按照运行时可能出现的最快调节速度进行原动机功率调节，观察发电机无功功率的波动即反调情况。

（二）效果检验

PSS 整定效果一般通过现场发电机负载阶跃响应检验，同时也可根据情况补充进行系统扰动、低频段适用性计算等其他检验方法。

1. 发电机负载阶跃响应检验

发电机负载阶跃响应检验对应地区性振荡的 PSS 相位补偿参数是否正确有效和 PSS 放大倍数是否适当。

2. 系统扰动检验的方法

在系统条件允许时根据需要还可采用无故障切除发电厂的一条出线或系统的某一条联络线、切机、切负荷等系统扰动，分别在有 PSS 和无 PSS 下各做一次扰动，录取线路和发电机的有功功率等量的波形。有 PSS 的振荡次数应明显少于无 PSS 的振荡次数。

3. 检验 PSS 参数在低频段适应性的计算方法

对于需要特别重视低频段阻尼作用的机组，进行计算以说明 PSS 在低频段的作用。在单机对无穷大系统或者在多机系统中增大被试机组的转动惯量，使振荡频率降低到所需范围，进行有、无 PSS 的扰动计算，通过比较获得 PSS 对区域性低频振荡阻尼的影响，判断 PSS 在区域性低频振荡的阻尼作用。

（三）安全注意事项

（1）试验接线应防止电压互感器短路、电流互感器开路。

（2）发电机负载电压阶跃试验中的阶跃量应小于 3%～4%，或小于机组的额定无功功率。

（3）试验中如发生有功功率振荡，应停止 PSS 试验、退出 PSS 运行，如继续振荡则切到手动方式运行，或减少有功功率至振荡平息。

（4）试验前做好失磁、过电压、发电机跳闸、发电机振荡等事故预案。

（5）测频率特性时，要保证在叠加的信号被屏蔽的情况下进行接线或拆线，防止试验端子开路有可能造成的发电机强励或失磁。

三、AGC 试验

自动发电控制（Automation Generating Control，简称 AGC）是电力系统频率和有功功率自动控制系统的统称，其作用是保持系统发电负荷与用电负荷平衡。它利用计算机来实现控制功能，是一种计算机闭环控制系统，也称 AGC 系统。AGC 是机组协调控制系统中的一种工作方式，在该方式下，机组的负荷指令不是由本厂运行人员给出，而是通过 AGC 根据电网的负荷需求自动给出。

AGC 是以控制调整发电机组输出功率来适应负荷波动的反馈控制，电力系统功率的不平衡将导致频率的偏移，所以，电网的频率可以作为控制发电机输出功率的一个信息。如果没有 AGC 系统，很多负荷调整的指令都需要总调或中调调度员电话调度，这既增加了调度员的工作量，同时也增加了现场值班负责人的工作量，尤其在系统发生故障的情况下，现场值班负责人一方面要协调事故的处理，一方面还要协调各电厂或各台机组的负荷分配，如果没有 AGC 系统就必须通过电话方式进行调度，在事故处理分秒必争的情况下，必然会耽误值班负责人处理事故的时间，有了 AGC 系统后，系统调度员只需要根据当时的情况，直接向电厂运行机组发送负荷指令就可以调整整个系统或部分机组的负荷，而不用通过电话向部分电厂去下达指令，这就大大减轻了运行当班负责人的工作量，在事故情况下为指挥人员赢得了事故处理的宝贵时间，因此，在电网容量日益增加的今天，AGC 系统在电网的控制以及系统与发电厂的协调控制中起到举足轻重作用。

AGC 基本控制目标为：①调整全电网发电出力与全电网负荷平衡；②调整电网频率偏差到零，保持电网频率为额定值；③在各控制区域内分配全网发电出力，使区域间联络线潮流与计划值相等；④在本区域发电厂之间分配发电出力，使区域运行成本最小。

为保证机组参加电网 AGC 后能正常稳定地运行，防止由于其参加电网 AGC 而对机组和电网带来不安全因素，机组在正式参加电网 AGC 运行前必须按网调的技术要求进行完整、细致、全面的系统开环、闭环调试工作，以发现可能存在的隐患，完善其参加电网 AGC 的功能，确保机组和电网的安全不因此受到影响。因此，电站机组正式投入电网 AGC 运行前必须进行充分全面的试验工作。抽水蓄能机组安全运行具有一定的限制条件，例如水泵水轮机 S 特性区、升负荷限制、双输水道电站单水道运行限制、甩负荷风险与单线路运行限制等，在单机运行时，一些控制逻辑的缺陷可以通过运维人员的人为操作来避免，但 AGC 运行时，人力已所不及，需要在 AGC 控制逻辑中增加限制条件，同时各电站还应根据技术方案，制定电站 AGC 实施及站内试验方案，进行本站 AGC 的实施与站内试验。完成站内试验后，将试验报告上报网调，完成与网调主站的联调。

抽水蓄能电站相比于常规水电厂，生产上需要更多的依赖电网，抽水蓄能电站的 AGC 设备主要是计算机监控系统、电站成组控制系统、发电机组及其有功功率调节装置，同时也与 AGC 应用软件、控制逻辑，与调度、运行规程管理等软性因素密切相关，稳定的设备，可靠的控制系统，高度的自动化水平是 AGC 实现的必备条件。

四、成组控制

（一）定义
成组控制是指在全厂监控系统自动控制的基础上，按照调度给定的负荷曲线或实时给定的电站总有功，机组自动开停机、增减负荷，完成计划性或随机性的负荷要求任务。

（二）成组控制原则
电站成组控制系统采用分级管理模式，可以分为现地控制、电站控制、调度控制三级。当机组控制方式选为"现地"时，可以通过现地触摸屏控制机组启停，这就是现地控制级；机组控制方式为"远方"时，机组控制权就交给了电站控制级，电站控制级在成组总投入、相应机组成组投入后，有"曲线"和"设定"两种方式，"设定"方式又有"调度设定"和"中控室设定"两种，其中"曲线"和"调度设定"即为调度控制级，"曲线"方式下，成组控制软件根据96点日负荷曲线设定值管理电站总负荷，"调度设定"方式下成组控制软件根据调度的实时负荷设定值管理电站总负荷。成组控制模式分为自动和指导模式，自动模式下，机组启停和机组功率设定值的分配都由成组控制系统计算并发令执行，指导模式下，机组启停命令由成组控制系统发出，但需运行人员确认后才能执行，机组功率设定值的分配和自动模式一样。

机组控制模式分"成组""单机""试验"（Joint，Individual，Test）三种模式，当电站控制选择从"监视"到"自动"模式时，方才允许机组选择"成组"；当机组选择为"成组"控制时，机组启停和负荷分配由电站成组软件自动计算和控制；当电站控制从"自动"切换到"监视"方式，所有选择在"成组"的机组自动切换到"单机"方式。机组控制模式只能在电站操作员站上选择。

机组的"单机"和"试验"模式基本类同，机组的启停和负荷分配由操作员自行控制，所不同的是在"单机"模式机组负荷将计入成组控制软件电站总负荷出力，而"试验"模式机组的负荷则将不计入到电站总负荷出力。电站控制结构图如图3-51所示。在现地控制单元上电初始化后，机组控制应为"单机"方式。

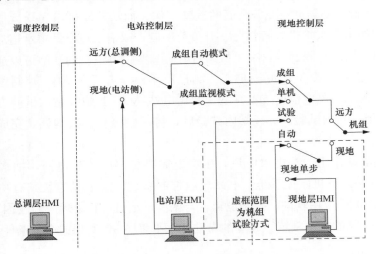

图 3-51 电站控制结构图

成组控制系统是抽水蓄能电站全面提高自动化水平，实现无人值班、少人值守的重要环节，同时也是电网优质、高效运行的重要保障。

（三）成组负荷指令的计算和分配

当电站处于成组控制，电站总负荷指令将按下列原则处理和分配：（以6台单机300MW为例）。

（1）至少有一台运行在发电工况的机组在"成组"控制模式。

（2）电站总的负荷指令的分配将计入运行在"单机"的机组负荷设定。

$$P_{\mathrm{T}} = P_{\mathrm{D}} + \sum_{i=1}^{m} P_i \quad (m \leqslant 5) \tag{3-6}$$

式中　P_{T}——电站总的负荷指令；

　　　P_{D}——电站成组控制总负荷；

$\sum_{i=1}^{m} P_i$——机组在"单机"模式的负荷设定的总和。

（3）电站成组控制仅影响和调节"成组"机组的输出，并按平均分配的原则计算和分配各机组的负荷指令。

$$P_{\mathrm{d}} = P_{\mathrm{D}} / N_i \quad (200\mathrm{MW} \leqslant P_{\mathrm{d}} \leqslant 300\mathrm{MW}) \tag{3-7}$$

式中　P_{d}——各"成组"发电机组的负荷指令；

　　　P_{D}——"成组"发电机组的负荷指令；

　　　N_i——运行在"成组"发电状态的机组。

（四）负荷可调范围和旋转备用

鉴于抽水蓄能电站成组控制是将电站所有机组作为一个整体控制（6 台单机 300MW 为例），负荷可调范围和旋转备用将以电站为基础，动态的计算全厂负荷调节的上下限以及旋转备用，实时刷新并发送给调度。所谓旋转备用是指电站可及时响应的允许最大的负荷增量，该增量包括了在"成组"和"单机"模式机组的旋转备用，即：

$$PM = (N_i + M_i) \times 300\mathrm{MW} - P_{\mathrm{L}} \tag{3-8}$$

式中　PM——电站旋转备用；

　　　N_i——在成组运行模式的机组数；

　　　M_i——在单机运行模式的机组数；

　　　P_{L}——电站总出力。

而负荷可调范围是指电站允许调度控制的负荷范围，也是调度 AGC 进行电站负荷动态调节的边界条件。即：

$$P_{\max} = \sum_{i=1}^{m} P_i + N_i \times 300\mathrm{MW} \quad (m + N_i \leqslant 6) \tag{3-9}$$

$$P_{\min} = \sum_{i=1}^{m} P_i + 200\mathrm{MW} \quad (m + N_i \leqslant 6) \tag{3-10}$$

$$P_{\mathrm{S}} = P_{\max} - P_{\min} \quad (m + N_i \leqslant 6) \tag{3-11}$$

式中　$P_{\max}$——可调负荷上限；

　　　$P_{\min}$——可调负荷下限；

　　　P_{S}——可调容量。

电站机组的运行小时数以及优先级将实时显示在操作员站上，优先级为 $1 \sim x$，优先级 1 为最高，运行值守人员按照机组的实际情况，手动修改机组启停的优先级，有选择的开机。

当电站控制为"自动"方式，在"成组"模式机组的启停将直接由成组软件自动控制，电站成组启停顺序处理可按照下列原则选择机组执行启停程序：

（1）机组优先级相对低（x 最低）；

（2）机组运行小时数相对高；

（3）两引水管运行的机组台数相对平衡。

（五）成组控制试验

依据 DL/T 578—2008《水电厂计算机监控系统基本技术条件》、DL/T 550—2014《地区电网调度控制系统技术规范》编写抽水蓄能电站成组控制试验的调试方案，对成组控制逻辑进行验证、成组负荷控制功能的静态和动态调试。其中静态试验包括成组控制相关信息点表的核对、与负荷曲线数据前置机之间信息核对及故障模拟试验、电站及机组成组控制模式切换模拟试验、成组控制故障模拟试验、成组控制自动启停机模拟试验、负荷曲线模式模拟试验；动态试验包括负荷设定值模式下单台/多台机组发电/抽水成组控制试验、负荷曲线值模式下单台/多台机组成组控制试验。

五、发电机进相试验

发电机进相运行是当前最经济、最具有大规模开发前景的调压节能措施，来解决电网无功过剩，吸收电网中的无功，降低偏高的电网电压。

发电机进相运行是指机组机端电流相位超前机端电压，从系统吸收无功功率的运行状态。由定子端部发热、定子电流、发电机静态稳定极限及厂用电电压等共同确定的不同有功功率下机组吸收系统无功功率的最大值叫做发电机的进相能力。进相试验即是确定发电机组进相能力，并检验发电机组调压能力而进行的试验。

根据规定，接入电网的同步发电机应按照电网运行要求进行进相试验。当发电机组增容或通风等冷却系统改造后，或发电机组接入电网方式等运行条件发生重大改变时要重新进行进相试验。进相试验应在自动电压调节（AVR）方式下进行。

（一）进相试验条件

1. 对机组运行状态的要求

（1）发电机组在自带厂用电方式下能满负荷运行，在发电机组正常运行范围内实现平稳调整有功功率。

（2）试验前将主变压器及厂用变压器分接头调到合适位置，保证发电机组在满负荷正常运行时，主变压器高压侧母线电压、高/低压厂用电源母线电压在合理范围内。

（3）试验前检查定子端部铁芯和金属结构件的温度测点满足要求，发电机组电气量、非电气量等状态量的指示要完整、准确。

（4）发电机冷却系统正常运行。

（5）退出自动发电控制（AGC）及其他调节发电机有功功率的功能组件。

（6）退出自动电压控制（AVC）和励磁调节器以外的其他影响发电机无功功率调整的功能组件及限制环节，无功功率能平滑、稳定调节。

2. 对励磁调节器的要求

（1）励磁调节器功能完好。

（2）进相试验时退出励磁调节器低励跳闸功能，其他调节、限制、保护功能正常投入。

（3）退出其他影响进相试验的限制条件。

（4）进相试验一般在励磁建模及电力系统稳定器试验完成后进行。

3. 对发电机变压器组保护的要求

（1）发电机变压器组保护运行正常。

（2）试验期间失磁保护投入方式应根据具体情况确定，确保试验中的最大进相深度不会启动发电机失磁保护，保证试验期间机组和电网的安全。

4. 电网运行应符合的条件

（1）应由调度安排试验所需的运行工况。

（2）退出同厂陪试机组 AVC。

（3）按调度批复方案执行涉网安全稳定措施。

（二）进相试验内容

（1）进行发电机不同有功功率下的进相能力测试。

（2）在实测的进相能力范围内，整定励磁调节器低励限制曲线。

（3）检验欠励限制器动作值。

（4）校核欠励限制器的动态稳定性。

（三）进相试验方法

（1）机组的进相过程可以通过逐渐提高系统电压使被试机组自然进相实现。

（2）当无法采用自然进相方法测定进相能力时，可采用人为减励磁的方法实现。

（3）试验机组选择的有功工况应包括机组正常运行功率的最大值和最小值，中间点可根据机组稳定运行情况选定，总工况点不少于三个，一般为 0%、50%、75%、100%额定有功功率，宜由低到高进行试验。

（4）每一种工况下的试验应包括迟（滞）相、零无功、进相三种状态（进相工况应达到进相限制条件），在三种状态下分别选择停留点记录发电机状态量。各试验工况下的进相深度应不低于规定的欠励限制动作范围。

（5）在温度稳定后进行温度记录。

（6）试验过程中至少应记录以下发电机变压器组状态量：

1）发电机有功功率、无功功率、功角；

2）机端电压、机端电流、励磁电压、励磁电流；

3）端部铁芯和金属结构件（如阶梯齿、压指、压圈等）温度。

六、黑启动试验

抽水蓄能电站一般都设计有黑启动（Black Start，缩写为 BS）功能，为验证机组设备的性能及控制程序是否能够满足黑启动设计的要求，一般选择机组投产后或整个电站投产后择机进行黑启动试验。

（一）黑启动的意义

当整个电网因事故崩溃或部分电网瓦解后，在崩溃系统网不具备任何外界电源供给的条件下，由该崩溃系统中具备自启动能力的机组发电，为该系统内其他无自启动能力的机组提供必要工作电力使其发电并网重建崩溃电网。此外在抽水蓄能电站因特殊原因丢失所有外来电源且不能再短时内恢复时，黑启动功能可保证电站本身的供电安全。

（二）黑启动的种类

黑启动试验目的就是验证抽水蓄能电站具备在电网崩溃时快速自启动的功能，并具备为电网中的负荷点提供稳定的有功功率及无功功率维持电网重启初期的频率及电压的稳定。由于真正的黑启动试验需要电网做大量的协调工作，需要电站、电网及负荷点（一般为距离抽水蓄能电站较近的火电厂的厂用电）做大量的准备工作，因此在电站投产之初为了检验设备的性能及控制程序正确性一般会选择进行简化的黑启动试验，只验证机组具备在没有电网供电的条件下具备快速启动的能力，并能够为本电站的厂用电提供稳定的有功及无功功率，这种试验称为站内黑启动试验。由于真正的黑启动试验需要调度、电站及受电电站联合制定试验方案，试验条件和试验内容较复杂，且因每个电网的实际情况不同导致不可能有较统一的试验方法，因此本书将对站内黑启动做详细的介绍。

在电网崩溃后，抽水蓄能机组黑启动时机组辅助设备供电有两种设计：一种采用备用电源供电，目前大部分抽水蓄能电站都设计了供黑启动使用的柴油发电机作为备用电源；还有一种完全使用直流供电启动辅助设备或在启动之初部分辅助设备不启动，这对机组的设计要求较高，目前少部分抽水蓄能电站采用这种方式，其中的代表为安徽琅琊山抽水蓄能电站。因此这两种方式下的黑启动条件和试验步骤会有不同之处。

（三）黑启动的条件

因黑启动试验的一项重要内容是试验机组要为电站的厂用电供电，所以一般认为只有对应主变压器低压侧与厂用电变压器相连的机组才具备黑启动功能。而线路充电试验不需要为厂用电供电，只需将电送到主变压器高压侧或送至对侧变电站，因此所有机组都具备线路充电功能。且由于线路充电如果单独进行时，可由厂用电提供辅助设备的供电，因此如果单独进行线路充电试验的话只需要机组及相应的电气设备具备条件即可，黑启动则相对复杂。下文中线路充电的试验条件是指由正常厂用电提供辅助设备电源的情况。

1. 线路充电的试验条件

确定试验的范围并做好相应的隔离措施，试验范围一般包括试验机组及辅助设备，机组出口高压设备包括主回路的隔离开关、断路器等电气设备，试验机组的主变压器及主变压器高压侧电压互感器。如果调度对试验有相应要求，一般还应包括高压线路及相应的继电保护设备。

试验前应检查机组继电保护是否按设计要求整定该工况下的保护定值并设置，调速器和励磁系统的黑启动模式控制程序和参数是否已经按要求进行设计和计算。

上下水库水位应在正常的发电运行范围，一般不建议在水头较低的情况下进行试验，因为线路充电时机组相当于运行在空载状态，水头较低时长时间运行可能对机组过流部件造成气蚀。

检查机组出口断路器及主变压器高压侧断路器同期装置的无压合闸功能是否正确，

同期参数是否满足设计需要。

线路充电和黑启动方式下，励磁起励可采用机组残压起励或利用直流系统提供电源方式的直流起励，目前大型抽水蓄能机组一般设计为直流起励方式，所以在试验前应检查直流起励回路是否正常。

2. 设计有备用电源的黑启动方式的试验条件

在进行黑启动试验时，除需要满足上述线路充电的试验条件外，黑启动试验还应满足以下条件：

因需要模拟电站失去外来电源或试验机组失去外来电源，黑启动试验前应制定详细的方案，确定模拟失电的方式和范围，并制定发生意外时快速恢复的预案，在试验前应进行相应的演练。

确定试验范围并做好相应的隔离，一般站内黑启动的试验范围应包括试验机组及辅助设备，机组出口高压设备包括主回路的隔离开关和断路器，试验机组的主变压器及主变压器高压侧电压互感器，与该主变压器低压侧相连的厂用电变压器及相关设备，至少一条厂用电母线、机组自用盘、保安配电盘、厂房公用配电盘等。

由于试验期间厂房内的直流蓄电池充电电源可能失去，因此在试验前应进行蓄电池的充放电试验或检查最近的充放电试验记录，保证试验期间直流电源可靠。并对电池容量进行核查，保证蓄电池的电量能够维持试验期间控制设备、直流供电的辅助设备（主要是部分隔离开关的操作电源，机组的高压油顶起装置直流泵电源）及励磁直流起励的需要。

黑启动试验前应完成柴油发电机的设备调试并试带负荷，核查柴油发电机、柴油发电机出口变压器及隔离开关的保护定值是否按设计要求整定并设置，检查柴油发电机的油量足够维持试验需要。

检查机组保安配电盘、试验机组自用盘、厂房公用配电盘等的备自投、联闭锁功能是否正常；如果黑启动过程要求全部在监控系统实现或全自动实现，则检查所有的隔离开关具备远程操作的功能；为防止异电源合环发生，可在试验前设置必要的隔离措施。

检查机组主进水阀油罐和调速器油罐的油位和油压在正常范围内，因在试验初期如果油位或油压过低是无法启动油泵补油的。

应要求主机厂家对机组运行时交流电突然失去后机组是否能够安全停机进行相关的核算，特别是对机组失去冷却水后轴承的散热需重点关注。

由于黑启动试验时保安配电盘需模拟失电，因此在事先要将其所带负荷转移到其他配电盘，特别是厂房内的消防供电和电梯供电，建议在试验阶段厂房内的电梯及行车暂停使用。

3. 设计仅靠直流电源黑启动方式的试验条件

应要求主机厂家对只由直流供电的条件下机组是否能够安全启停机进行相关的核算，特别是对机组无冷却水启停机组时轴承的散热，只有直流高压油顶起装置泵时机组启动的安全性评估需重点关注。

（四）黑启动的内容

设计有备用电源的站内黑启动试验可分为三个阶段：第一阶段为使用备用电源为机

组自用盘恢复供电；第二阶段为机组自启动；第三阶段为电站厂用电供电并切除备用电源；最后为试验机组停机过程。图3-52为电站黑启动过程中设备连接图。

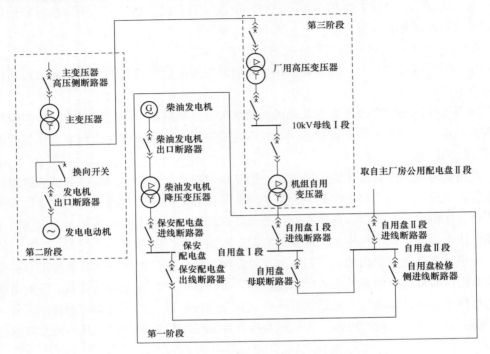

图 3-52　电站黑启动过程中设备连接图

　　而仅靠直流电源黑启动的电站由于不需要恢复机组自用盘所以只需要后三个阶段即可。而如果单独进行线路充电试验则只需要进行第二阶段和第四阶段试验内容。以下将以使用备用电源的站内黑启动为例介绍试验步骤及试验中的注意事项。

　　1. 机组自用盘恢复供电

　　试验前先检查自用盘的状态，确保三个进线隔离开关及母联隔离开关都处于分闸状态。启动备用电源（柴油机组），如果柴油机出口设计有升压变压器，则建议带升压变压器启动防止冲击变压器时的励磁涌流使柴油机保护动作导致启动失败。柴油机启动后首先恢复保安配电盘的供电，检查母线电压、频率正常。然后由保安配电盘向试验机组的自用盘供电，并在两段母线全部恢复后检查母线电压及频率是否正常。

　　试验步骤及试验过程中各隔离开关的合闸顺序如图3-53所示。

　　2. 机组自启动

　　第一阶段完成后，将试验范围内发电机出口断路器、换相隔离开关、主变压器高压侧隔离开关及断路器合闸；在监控系统选择黑启动方式启动，启动过程中应密切关注机组自用盘及柴油发电机的状态，并有专人看护高压油顶起装置，防止备用电源在启动过程中丢失导致烧瓦。机组达到额定转速后直流起励后一般机端电压会维持在一个较低的水平约30％额定电压左右，之后需要试验人员手动逐步将电压升到额定电压，记录机端和主变压器高压侧电压及频率。

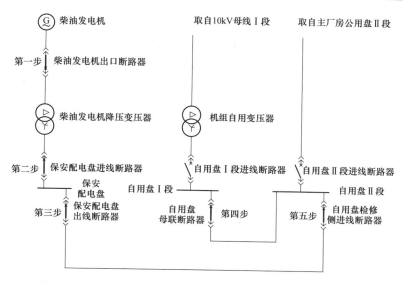

图 3-53　电站黑启动过程自用盘供电时各隔离开关的合闸顺序

3. 恢复厂用电

在机端电压升到额定后，合上主变压器所带的厂用电变压器高压侧断路器，并记录该过程的机端电压、频率的趋势；恢复该厂用电变压器所带的母线，并记录所有的电压、频率数值；在恢复机组自用盘时应先断开母联隔离开关，然后合上进线隔离开关，在分段运行时检查两段母线的电压、频率是否正常，然后分开保安段至自用盘的隔离开关并合上母联隔离开关。各隔离开关的合闸顺序如图 3-54 所示。

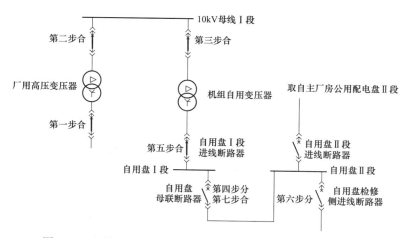

图 3-54　电站黑启动过程中厂用电恢复过程隔离开关动作顺序

在自用盘电源切换过程中，应注意运行设备失电问题，例如机组技术供水泵将会失电，正常情况应会切换至备用泵，如果没有切换，试验人员应快速启动一台技术供水泵；自用盘恢复至由机组供电后，可停止柴油发电机，但为试验安全可维持它在运行状态；在厂用电完全由机组供电后，可启动部分负荷如功率较大的泵或空压机等，检验机组在黑启动模式下的频率控制及电压控制是否满足设计需要。

4. 试验机组停机

上述试验项目全部完成后，进入最后的停机阶段，由于此时厂用电是由机组供电，所以如果走正常的发电停机流程，机端电压和频率可能会降低，造成设备损坏，而且励磁系统一般是自并励系统，在停机过程中也无法使用电气刹车，因此一般选择用电气跳机流程来停机。如果为了保证机组安全可选择将机组自用盘恢复由备用电源供电后再停机。因停机过程中机组自用盘可能失电，应密切关注高压油顶起装置和技术供水的运行情况。

⬥ 第十一节 15 天考核试运行

一、概述

可逆式抽水蓄能机组在完成标准 GB/T 18482—2010《可逆式抽水蓄能机组启动试运行规程》规定的全部试验项目并经检验、检查合格后，可进行 15 天考核试运行。15天的考核试运行是验证机组是否具备投入商业运行的条件。

二、试验要求

一般情况下，机组进入 15 天试运行前要检查确认如下几项内容：

（1）完成启动试运行大纲中 15 天试运行前的所有试验内容。

（2）试运行机组与其他机组电气、机械系统已可靠隔离。

（3）按照规程、规定和本电站主辅机合同要求的有关试验全部结束，并由试运行指挥部提供调试报告及初步结论。

（4）机组缺陷处理完成。

（5）文件资料及图纸能够满足 15 天试运行的要求。

（6）运维人员配备满足试运行需求。

（7）运维规程已编制并通过审批。

（8）试运行机组有关参数记录表编制完成，满足试运行使用要求。

（9）试运行必要的通信联系工具准备到位，满足试运行使用要求。

（10）试运行所需安全和电气等工器具准备齐全。

（11）调度通信及调度信息系统正常投运，具备使用条件。

（12）电网调度机构已经批复同意上报的试运行计划。

（13）启委会批准并签署许可机组进入 15 天试运行的决议。

考核试运行期间，机组运行方式由电网调度，但为达到考核目标，平均每天启动次数不宜少于 2 次。

对于上、下水库需要进行初充水的电站，系统在调度本机组进行发电和抽水的同时，应充分考虑上、下水库初充水的要求。

三、试验方法

在 15 天试运行期间，机组运行温升和振动应符合设计要求，应注意温升和振动在发电和抽水两种运行工况下应无明显差别，需要记录 15 天试运行的发电时长、发电电量、抽水时长、抽水电量以及记录机组试运行期间的异常情况，分析、处理机组缺陷。

可采用如表 3-17 所示记录表记录相关数据。

表 3-17   15 天考核试运行情况统计表

日期	发电开机时间	停机时间	发电电量（万 kWh)	抽水开机时间	停机时间	抽水电量（万 kWh)
2016/5/16	8：22	11：34	120.96	0：24	5：50	204.48
2016/5/17	8：25	11：34	118.08	0：30	5：42	195.84
2016/5/18	8：23	11：44	120.96	1：14	5：27	201.6
2016/5/19	8：23	11：42	118.08	0：23	5：41	195.84
2016/5/20	8：24	11：36	118.08	0：53	6：05	198.72
2016/5/21	8：24	11：38	120.96	0：23	5：35	195.84
2016/5/22	8：21	11：38	120.96	0：21	5：35	195.84
2016/5/23	8：19	11：35	120.96	0：20	5：31	195.84
2016/5/24	8：20	11：33	120.96	0：20	5：06	175.68
累计：		48：35：00	1802.88		69：43：00	2658.24

在 15 天考核试运行期间，由于机组及其附属设备的制造或安装质量原因引起中断，应及时检查处理，处理合格后进行 15 天试运行，中断前后的运行时间可以累加计算。但出现以下情况之一者，中断前后的运行时间不得累加计算，机组应重新开始 15 天试运行。

（1）一次中断运行时间超过 24h。

（2）累计中断次数超过 3 次。

（3）启动不成功次数超过 3 次。

注："启动不成功"的定义：指因机组及与其启动操作有关的系统中所有的硬、软件设备故障，造成机组按照规定程序的启动过程无法正常完成的称为"启动不成功"。

在 15 天试运行完成后，应停机进行机电设备的全面检查，必要时可将机组流道中的水排空，进行机组过流道的检查。

机组通过 15 天考核试运行并经停机处理所有缺陷后，即具备了向生产管理部门移交的条件，应进行以下操作：

（1）按合同规定及时进行机组设备及相关机电设备和文件的移交，并提供与机组启动试运行有关的资料。

（2）签署机组设备的初步验收证明，同时开始计算机组设备的保证期。

第四章

性 能 试 验

⯀ 第一节　水泵水轮机性能试验

一、水泵水轮机效率试验

水泵水轮机效率试验的目的是检验水泵水轮机的能量特性，评价水泵水轮机的合同保证值，同时为机组的经济调度以及原、模型水力性能的相似规律研究等方面提供支撑。

水泵水轮机效率试验从原动机运行方式分为水轮机效率试验和水泵效率试验，从试验的方法上分为绝对效率试验和指数效率试验（Winter-Kennedy 方法），其中指数效率试验是对效率的趋势进行检验的一种方法，除非合同专门约定，通常并不作为对合同保证值进行验证的方法。

水轮机效率 η_t 定义为：

$$\eta_t = \frac{P_t}{\rho g Q H} \tag{4-1}$$

式中　ρ——水密度，kg/m^3；

　　　g——重力加速度，m/s^2；

　　　Q——流量，m^3/s；

　　　P_t——水轮机输出功率，W；

　　　H——水头，m。

水泵效率 η_p 定义为：

$$\eta_p = \frac{\rho g Q H}{P_p} \tag{4-2}$$

式中　P_p——水泵输入轴功率，W。

由式（4-1）和式（4-2）可见，水轮机效率与水泵效率的计算公式所测参数一致，为叙述方便，除非两者在测量时存在不一致的地方外，本书统一以发电工况效率测量进行说明。

为得到水轮机效率必须对式（4-1）中的参数进行逐个确定。通常对于低水头机组而言水密度与重力加速度的乘积可以近似看做不变，而在高水头水泵水轮机而言，水的密度不可以忽略不计，须根据试验时的水温及水压确定水的密度。当地的重力加速度可以根据当地的纬度 φ 和海拔高度 z 并根据式（4-3）计算得到。

$$g = 9.7803 \cdot (1 + 0.0053 \cdot \sin^2\varphi) - 3 \times 10^{-5} \cdot z \qquad (4\text{-}3)$$

除热力学法效率试验外，对于确定的电站及试验过程，通常可以认为 ρg 的值保持不变，则式（4-1）中只有三个变量需要测量，即：水轮机输出功率、引用发电/抽水流量、工作水头。根据流量测量方法的不同，适用于水泵水轮机绝对效率试验的主要有压力时间法与超声波法。热力学法是属于间接流量测量方法，也是绝对效率测量方法，其效率的获得是基于热力学第一定律。指数试验方法中：发电工况流量是通过测量蜗壳断面压差获得，抽水工况流量则是通过测量尾水管直管段进口断面与出口断面压差获得。

考虑到流量测量方法的不同，效率试验的测量原理存在差异，以下将分别对式（4-1）中的三个未知参数进行介绍。

（一）水头测量

水泵水轮机利用水体的能量来做功，水头/扬程定义为定位水体所具有的能量与重力加速度的比值，见式（4-4）所示。水轮机水头又称净水头，是水轮机的做功有效水头，其测量方式通常为蜗壳进口断面与尾水出口断面的单位水流能量差值与重力加速度的比值。典型的水泵水轮机水头测量断面见图4-1。

$$H = \frac{p_1 - p_2}{\bar{\rho} \cdot \bar{g}} + (Z_1 - Z_2) + \frac{v_1^2 - v_2^2}{2\bar{g}} \qquad (4\text{-}4)$$

式中　　p_1、p_2——高、低压测量断面的压力值，Pa；

$\quad\quad v_1$、v_2——高、低压测量断面的流速值，m/s；

$\quad\quad Z_1$、Z_2——高、低压测量断面的高程值，m；

$\quad\quad \bar{\rho}$——高低压测量断面的平均水密度，kg/m³；

$\quad\quad \bar{g}$——高低压测量断面的平均重力加速度，m/s²。

在图4-1中，高压断面取在蜗壳进口Ⅰ-Ⅰ断面，低压断面取在尾水管出口Ⅱ-Ⅱ断面，并在测量断面上圆周方向均匀布置4个测点后通过均压环管引出，典型的断面形状见图4-2。上游水库的水流经过进水口拦污栅、闸门和压力钢管进入水轮机，通过水轮机做功后，经由尾水管以及尾水隧洞排至下游。在这一过程中将产生水力损失，见图4-1。

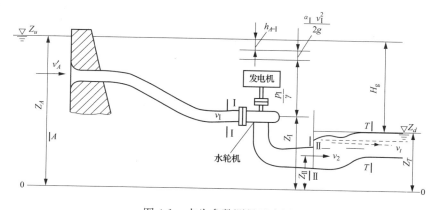

图 4-1　水头参数测量示意图

式（4-4）中的水轮机工作水头分为两个部分：前两部分之和称为静水头，后一部分称为动水头。静水头通常采用差压传感器进行测量。高、低压断面压力通过压力测压管路引至同一高程（通常引至主进水阀层或者水轮机层），安装差压传感器后通过压力变送器进行信号变送。动水头则通过测量流量 Q 并考虑高、低压测量断面面积 A_1、A_2 计算得到，见式（4-5）：

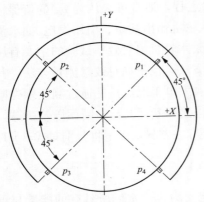

图 4-2　典型的水头高、低压测量断面示意图

$$\frac{v_1^2 - v_2^2}{2\bar{g}} = \frac{Q^2}{2\bar{g}}\left(\frac{1}{A_1^2} - \frac{1}{A_2^2}\right) \qquad (4\text{-}5)$$

（二）功率测量

水轮机的输出功率通常采用间接方法获得，即发电机输出有功功率与发电机效率通过式（4-6）进行计算：

$$P_t = P_g \cdot \eta_g \qquad (4\text{-}6)$$

式中　P_g——发电机出口输出有功功率，kW；

　　　　η_g——发电机效率。

有功功率的测量通过三相有功功率变送器或功率分析仪进行，功率变送器或功率分析仪的精度应不低于 0.2 级。应采用发电机出口用于计量的电流互感器与电压互感器进行测量，精度等级不低于 0.2 级。

发电机效率可以通过查阅电机效率曲线获得，图 4-3 给出了某发电机典型效率曲线。从图 4-3 可见，发电机效率取决于发电机实际的运行工况点：视在功率与功率因数，因此在测量有功功率时，应同步测量发电机的功率因数，以便查阅曲线进行插值。

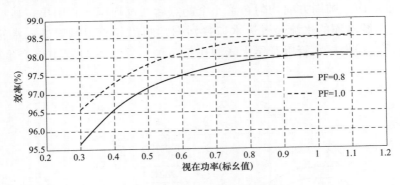

图 4-3　典型发电机效率曲线

（三）流量测量

由于效率试验的实施方法不同，目前适用于抽水蓄能机组的效率试验流量测量有：蜗壳差压法、超声波流量计法。其中利用蜗壳差压法获得流量从而计算水轮机效率试验的方法又称为指数效率试验，一般用来校核效率曲线的趋势；采用超声波流量计法测量流量从而计算水轮机效率的试验方法又称为绝对效率试验，可以用来校核厂家的合同保

证值。

蜗壳中的水流按照等速度矩规律流动（设计与制造予以保证），如式（4-7）所示。

$$v_u r = 常数 = K \tag{4-7}$$

式中　v_u——水流速度的切向分量，m/s；

　　　r——计算点半径（计算点距离蜗壳轴向中心的距离），m。

根据式（4-7）可以推导得到流量与断面内两个不同测点的压差满足式（4-8）：

$$Q = k \cdot \Delta p^n \tag{4-8}$$

式中　Δp——蜗壳内侧与外侧断面压力差值，kPa；

　　　k——流量系数，常数；

　　　n——幂指数，0.49～0.51。

压差采用差压流量计进行测量，流量系数根据原型与模型的相似性通过换算得到，幂指数原型与模型一致。流量与差压测点的关系是模型试验报告重要的一部分，这两个参数可以查阅模型试验报告获得。

典型的蜗壳差压测点布置见图 4-4。通常情况下，会在蜗壳两个相近的断面或者同一测量断面内布置两组差压流量测点，互为备用。

超声波流量计的基本原理是：声波在流动介质中的传播速度与介质速度呈线性关系，通过测量超声波在流体中顺流和逆流传播的时间差测量某一截面上水流速度。

采样超声波法测流时，如图 4-5 所示，在管壁上斜向安装两个超声波换能器，其间距为 L，换能器的水平间距为 d，管道中液体的流速为 v，渠道轴线与声路的夹角为 θ，假设静止流体中的声速为 C。

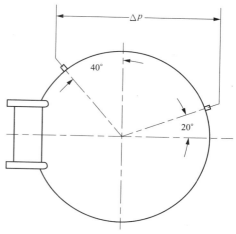

图 4-4　蜗壳差压流量测点布置示意图

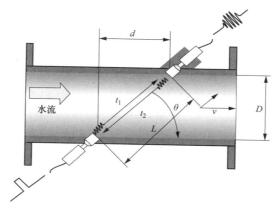

图 4-5　超声波流量计测流原理

当传感器声波顺流传播时：

$$t_1 = \frac{L}{C + v \cdot \cos\theta} \tag{4-9}$$

式中　t_1——超声波顺流传播时间，s；

L——两传感器 A、B 间距离即声路长，m；

C——超声波在静止流体中的传播速度，m/s；

v——被测流体的平均流速，m/s；

θ——渠道轴线与声路的夹角，(°)。

当传感器声波逆流传播时：

$$t_2 = \frac{L}{C - v \cdot \cos\theta} \tag{4-10}$$

式中　t_2——超声波逆流传播时间，s。

故：

$$v = \frac{L^2}{2d} \cdot \frac{t_2 - t_1}{t_1 \cdot t_2} \tag{4-11}$$

由于超声波法测量流速时沿声道上的平均流速，在断面流速分布不均匀的场合，不能以线平均流速替代断面平均流速来计算流量，因此必须采用平行多声道的测量方法，采用类似的方法可以获得不同测量平面的流速，图 4-6 给出了某电站换能器在压力钢管内的安装方式和布置。

不同平面的流速获得后，可以采用积分方式获得断面内的流量，见式（4-12）：

$$Q = \int v(r) \cdot S(r)\mathrm{d}r \tag{4-12}$$

积分方法推荐采用 Guass-Legendre 和 Gauss-Jacobi 方法。

流量亦可以采用加权平均的方式获得断面内的平均流速从而获得流量，见式（4-13）：

$$Q = A \cdot \bar{v} = A \cdot \sum_{i-1}^{n} K_i \cdot v_i / \sum_{i=1}^{n} K_i \tag{4-13}$$

式中　A——测量断面面积，m^2；

K_i——加权系数；

v_i——不同平面的流速，m/s。

采用超声波法获得封闭管道内的流量时管道直径和流速应足够大，以便在考虑计时器精度的条件下，计时器可以准确确定声脉冲的传送时差。同时该方法应尽量在流速大于 1.5m/s，管径不小于 0.8m 的管道直径下使用。

对于超声波法测量封闭圆管内的流量，详细介绍可以参阅相关标准。

（四）热力学法效率试验

热力学法是将能量守恒原理（热力学第一定律）应用在转轮与流经转轮的水流之间能量转换的一种方法。水轮机单位机械能可以通过性能参数（压力、温度、流速和高程）和水的热力学参数进行确定。采用热力学法测量水轮机效率，根据水力比能的定义，不需要直接测量水轮机流量。

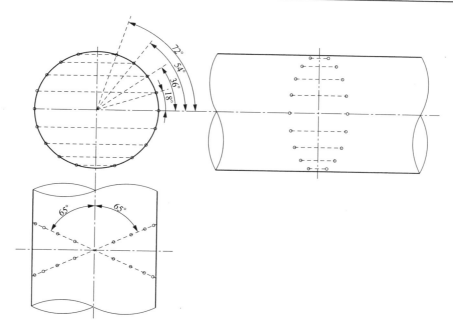

图 4-6 流量测量装置换能器在压力钢管内的声路布置

采用热力学法进行效率试验时，需要主机厂家提前设计布置高压侧和低压侧测量管路，这是目前国内开设计联络会议时容易疏忽的，宜在第一次设计联络会议时确定效率试验方法并设计，以避免机组投产后进行试验时发现条件不具备。

水力效率定义为：

$$\eta_h = \frac{P_m}{P_h} = \frac{E_m}{E \pm \dfrac{\Delta P_h}{P_m} E_m} \tag{4-14}$$

式中 P_m——水轮机转轮机械功率；

  P_h——水力功率；

  E_m——水轮机转轮单位机械能；

  E——水轮机单位水能。

采用热力学法可以直接测量单位机械能 E_m。

单位机械能 E_m 涉及水和转轮之间的单位能量的转换。根据定义，E_m 与 P_m 的关系为：

$$P_m = (\rho Q)_1 E_m \tag{4-15}$$

式中 ρ——水密度；

  Q——流量。

在本试验中，蜗壳进口采用间接法进行测量，将水引至膨胀水箱测量，此时 E_m 可以写为，

$$E_m = \bar{C}_p(\theta_{11} - \theta_2) + a(p_{abs11} - p_{abs2}) + \frac{v_{11}^2 - v_2^2}{2} + \bar{g}(z_{11} - z_2) + \delta E \tag{4-16}$$

153

式中　θ_{11}——高压测量容器温度；

$\quad\quad\theta_2$——水轮机出口测量断面上的平均温度；

$\quad\quad C_p$——水比热容；

$\quad\quad a$——水绝热系数；

$\quad\quad p_{abs11}$——高压测量容器内压力；

$\quad\quad p_{abs2}$——低压断面平均压力；

$\quad\quad v_{11}$——高压测量容器流速；

$\quad\quad v_2$——低压断面平均流速；

$\quad\quad \bar{g}$——重力加速度；

$\quad\quad z_{11}$——高压测量容器高程；

$\quad\quad z_2$——低压测量断面高程；

$\quad\quad \delta E$——能量修正项。

如果在高压侧和低压侧测量断面之间有流入或者流出的附加流量，可加上或减去一平衡功率，使 E_m 的数值计算可按通用公式进行。

由于机器的效率为：

$$\eta = \eta_m \cdot \eta_h = \frac{E_m}{E} \tag{4-17}$$

式中　η_m——机械效率；

$\quad\quad \eta_h$——水力效率。

在计算过程中，应该考虑对水轮机效率有影响的所有机械损耗。

考虑水的可压缩性，水轮机单位水能由进口、出口断面水流在理想情况下的压力、速度和位置高度参数决定：

$$E = \frac{p_{abs1} - p_{abs2}}{\bar{\rho}} + \frac{v_1^2 - v_2^2}{2} + \bar{g}(z_1 - z_2) \tag{4-18}$$

式中　$\bar{\rho}$——高低压测量断面的平均水密度，$\bar{\rho} = \dfrac{\rho_1 + \rho_2}{2}$；

$\quad\quad \bar{g}$——高低压测量断面的平均重力加速度，$\bar{g} = \dfrac{g_1 + g_2}{2}$。

对于蜗壳进口单位水能测量，由于在主流中直接测量 E_m 有一定困难，采用专门设计带有测孔的容器来测定温度和压力。用全水头探针抽取 $0.1 \sim 0.5 \times 10^{-3} \mathrm{m^3/s}$ 的水样。取出水样后，通过一个绝热导管导入测量容器，以保证和外界热交换不超过规程中要求的范围，与外界的热交换可以采用规程中所述方法进行估算。典型蜗壳进口单位水能测量型式见图 4-7。

对于尾水出口单位水能采用直接法进行测量。典型测量支架见图 4-8。在测量过程中，将测量支架固定在尾水测量断面，通过两侧钢索限位进行上下移动 3 次，从而在不同断面测量单位水能。在每层断面测量时，持续时间不少于 3min。效率计算时，采用 3 个层面参数值的均值。

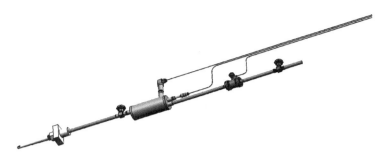

图 4-7　蜗壳进口测量示意图

图 4-8　尾水出口测量支架图

水泵水轮机的效率通常分别在水泵及水轮机两种工况下不同的扬程及水头进行保证，并相应给出权重，从而对综合效率再进行保证。表 4-1 和表 4-2 分别给出了某抽水蓄能水泵水轮机在抽水工况和发电工况运行的性能保证值。

表 4-1　　　　　　　某抽水蓄能电站水泵水轮机在抽水工况运行的效率保证值

水泵扬程（m）	439	448	457	467	476	484	493	503
权重	1	4	16	19	23	19	16	2
效率（%）	93.27	93.33	93.41	93.55	93.63	93.43	93.27	92.3
输入功率（MW）	375.14	371.19	367.82	363.06	356.12	351.93	345.18	337.78
原型水泵加权平均效率（%）	93.44							
原型水泵最高效率（%）	93.64							
最小扬程原型水泵效率（%）	93.24							

表 4-2　　　　　　某抽水蓄能电站原型水泵水轮机在发电工况运行的效率保证值

净水头（m）	参数	输出功率					
		$50\%P_r$	$60\%P_r$	$70\%P_r$	$80\%P_r$	$90\%P_r$	$100\%P_r$
421	权重	1	1	0.5	0.5	0	0
	效率（%）	86.24	89.09	90.84	91.42	N·A	N·A
429	权重	1	1	1	0.5	0.5	0
	效率（%）	86.39	89.11	90.84	91.68	91.01	N·A
437	权重	1	2	2	1	1	0
	效率（%）	86.61	89.07	90.85	91.86	91.65	N·A

净水头（m）	参数	输出功率					
		$50\%P_r$	$60\%P_r$	$70\%P_r$	$80\%P_r$	$90\%P_r$	$100\%P_r$
447	权重	1	3	4	5	6	6
	原型效率（%）	86.64	89.04	90.87	92.02	92.00	90.81
458	权重	1	3	4	5	5	5
	原型效率（%）	86.83	89.09	90.83	92.10	92.27	91.38
469	权重	1	3	3	4	5	5
	效率（%）	86.77	89.12	90.76	92.13	92.54	92.02
480	权重	1	2	2	2	2	2
	效率%（%）	86.66	89.02	90.64	92.15	92.70	92.41
492	权重	1	1	1	1	1	1
	效率（%）	86.18	88.85	90.58	92.05	92.85	92.79
加权平均效率							90.86
电站全部运行水头和输出功率范围内，水轮机最高效率							92.85
最大净水头 492.27m 时水轮机效率							90.34
额定水头 447m 时水轮机效率							90.81

二、导叶漏水量测量

测量水轮机活动导叶关闭时的漏水量是水电企业的一项重要要求，因其直接影响水电站和抽水蓄能电站的经济效益。水轮机导叶封水性能的优劣是评价水轮机性能的一个重要指标，导叶一旦因为磨损或者破坏造成损伤，不但将造成漏水量的增加，还会加剧间隙空蚀破坏，导叶关闭后漏水严重时甚至可能造成机组无法停机，进而威胁机组安全，因此导叶漏水量测试可以用于定期检测导水机构的不漏水性，从而为客观制定导水机构的维修计划提供技术支撑。目前国家标准规定，额定水头下导叶的漏水量不应超过额定流量的 0.3%。对水轮机导叶漏水量试验的测试方法主要有单一的通气孔法、斜井法、超声波法、节流孔板法。

对于主进水阀设计旁通阀的机组而言，可以采用旁通阀测量导叶漏水量。导叶在全关锁定的情况下，打开主进水阀的旁通阀，通过外夹式超声波流量计对旁通阀管路的流量进行测量，从而获得导叶漏水量。某些电站由于导叶漏水量较大，而旁通阀采用的口径较小，导致旁通阀全开后振动问题突出，给管道流量测量带来一定困难。此时推荐采用斜井法进行测量。其原理如下：

在导叶全关并锁定的情况下，落下上水库检修闸门，打开主进水阀，通过测量蜗壳进口前的压力变化获得上游管路内的水位下降情况，从而获得一定时间内的泄漏量，并进而获得导叶漏水量的变化。设导叶漏水量为 Q，闸门漏水量为 Q_2，名义导叶漏水量为 Q_1，则有：

$$Q = Q_1 + Q_2 \tag{4-19}$$

假设导叶前后压力水头为 H，测量时间为 t，由间隙流量测量公式 $Q_1 = A\sqrt{H}$（A 为流量系数，与间隙尺寸有关）和水体变化速率定义：

$$Q_1 = -F \cdot \mathrm{d}H/\mathrm{d}t \tag{4-20}$$

式中 F——流道水平截面面积，m^2。

导叶前后压差随时间的变化曲线采用二次函数进行拟合，其公式假定为：

$$H = a \cdot t^2 + b \cdot t + c \tag{4-21}$$

由式（4-19）和式（4-20）可得导叶漏水量的计算公式为：

$$Q_1 = F \sqrt{(b^2 + 4a \cdot H - 4a \cdot c)} \tag{4-22}$$

上游闸门漏水量的测量可以采用容积法进行测量获得，即将漏水引入容器中，按一段时间内所测得的漏水量计算。

根据前述，导叶漏水量的测量原理是测量某一基准点水位下降引起的相应压力变化来测量漏水量。实际测量时可以采用如下流程进行测量：

（1）在主进水阀全开，导叶全关时，落下上水库进水口闸门；

（2）记录蜗壳进口前压力变化规律；

（3）对压力变化规律曲线进行拟合获得相应参数值；

（4）根据拟合公式，计算漏水量，并将参数换算至额定水头。

图 4-9 给出了某混流式水轮机导叶漏水量测试时蜗壳进口前压力变化规律，图中给出了压力变化曲线的拟合公式。从公式的相关系数可见，相关系数接近与 1，拟合结果可靠，测量结果有效。

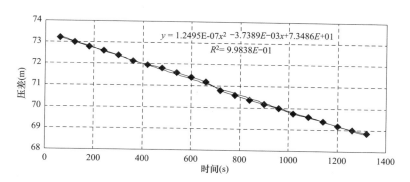

$$y = 1.2495E\text{-}07x^2 - 3.7389E\text{-}03x + 7.3486E\text{+}01$$
$$R^2 = 9.9838E\text{-}01$$

图 4-9   案例机组导叶漏水量测量时蜗壳进口压力变化曲线

由于电站的设计存在差异，不同的电站导叶漏水量测量方法存在差异。某些电站可以采用超声波法、节流孔板等方法进行实施。超声波法与孔板法适合主进水阀带有平压管的电站，此时可以在平压管安装外贴式超声波流量计或管内安装孔板对流量进行测量，从而获得导叶漏水量，这方面的知识可以参阅相关论文。

三、机组稳定性测试

2009 年俄罗斯萨扬—舒申斯克水电站发生特别重大安全事故，为深刻吸取该事故惨痛教训，不断改进我国水电站运行安全管理的组织体系和工作机制，国家电监会发文要求各电厂重视并加强水电机组状态监测及稳定性测试以全面掌握机组的稳定特征，并将机组稳定性测试情况报相关电力调度机构备案，同时要求电力调度机构应考虑机组运行限制条件，以避免水电机组长时间在振动区运行。本书所述抽水蓄能机组稳定性测试主要是抽水蓄能机组在水力因素、电气因素和机械因素影响下旋转部件的摆度测量、固定部件的振动测量以及通流系统的压力脉动测量，不包括用于电力系统稳定性分析的电气参数分析。引起抽水蓄能机组稳定性的因素包括机械、电磁和水力三个方面，其中机械因素包括转动部件质量不平衡、机组轴线不正、导轴承缺陷等，电磁因素包括定、转子间隙不均匀、转子阻尼环断裂等，水力因素包括转轮出流沿圆周分布不均匀、止漏环转动部分不对称引起的止漏环间隙压力圆周性变化产生的径向力、尾水管部分负荷产生的涡带等。

振动一方面影响机组的性能和寿命，另一方面由振动引起的机械故障和损伤将会造成重大经济损失，并影响机组以及电网的安全运行。因此，机组的振动是机组评价非常重要的指标，在调试阶段振动用于评价机组的安装质量，在运行阶段对振动连续进行监测用于确定机组的检修计划，为状态检修技术提供支撑。通常来说，抽水蓄能机组的稳定性测试可以达到以下目的：

（1）探讨机组的振动规律和特点，为研究机组的振动原因、故障类型、振源识别等提供指导，达到对症诊治的目的；

（2）了解机组的运行状态，预测事故的发展趋势，确定机组的检修时间，通过振动信号的分析处理进行故障诊断和处理；

（3）为改进和提高水力机组设计、制造、安装、运行水平和机组技术改造提供可靠的科学依据；

（4）分析各种工况下的振动参数水平，为电厂及机组安全可靠运行提供支撑。

稳定性监测应根据机组类型和安装条件，选择适当的传感器。传感器应满足一定的频率响应范围及量程的要求。理论上，可以采用一种型式的传感器信号进行处理而获得其他型式信号，例如对速度传感器进行积分可以获得位移信号，而对其进行微分可以获得加速度信号。然而考虑到传感器的低频漂移，积分后的位移信号可能存在严重失真，而微分后的信号由于对高频成分的放大作用，也将导致对信号的分析造成障碍。故原则上，振动位移、速度和加速度应分别选择相应的位移、速度和加速度传感器。

目前抽水蓄能机组均为立式，推力轴承的支撑位置根据转速的不同分别设置于上机架（悬式机组）或下机架（散式机组）。典型的抽水蓄能机组稳定性监测测点配置见表 4-3。

表 4-3　　　　　　　　　　　抽水蓄能机组稳定性监测测点配置

测点名称	测点配置	备注
键相	1 个	电涡流位移传感器
上导摆度	X/Y 方向各 1 个	电涡流位移传感器
下导摆度	X/Y 方向各 1 个	电涡流位移传感器
水导摆度	X/Y 方向各 1 个	电涡流位移传感器
上机架水平振动	X/Y 方向各 1 个	速度传感器（位移型/速度型）
上机架垂直振动	X/Y 方向各 1 个	速度传感器（位移型/速度型）
下机架水平振动	X/Y 方向各 1 个	速度传感器（位移型/速度型）

续表

测点名称	测点配置	备注
下机架垂直振动	X/Y方向各1个	速度传感器（位移型/速度型）
顶盖水平振动	X/Y方向各1个	速度传感器（位移型/速度型）
顶盖垂直振动	X/Y方向各1个	速度传感器（位移型/速度型）
定子铁芯水平振动	X/Y方向各1个	速度传感器（位移型）
定子基座水平振动	X/Y方向各1个	速度传感器（位移型/速度型）
定子基座垂直振动	X/Y方向各1个	速度传感器（位移型/速度型）
轴系垂直振动	1个	电涡流位移传感器
蜗壳进口压力脉动	1个	压力传感器
顶盖下压力脉动	2个	压力传感器（上止漏环内/外侧）
尾水锥管压力脉动	1	压力传感器
尾水肘管压力脉动	1	压力传感器
发电机层噪声	1	声级计
水车室噪声	1	声级计
尾水门噪声	1	声级计
励磁电流	1	模拟量/通信量
机组有功	1	模拟量/通信量
机组水头/扬程	1	模拟量/通信量
流量	2	模拟量/通信量（水泵/发电工况）

以下对表4-3中给出不同的测点对应不同类型的传感器进行必要说明：

（1）一般来说，对于转速小于300r/min的机组而言，振动测点优先选用速度传感器（位移型）；对于转速大于等于300r/min的机组，振动测点优先选用速度传感器（速度型）。

（2）考虑到速度传感器的频响范围限制，当需要分析较高频率的特征时，如电机的齿谐波或槽谐波频率成分振动时，此时需要采用加速度传感器进行测量，以便能够在频谱中正确显示相关成分。

（3）表中所罗列的测点为通用介绍，当具体到故障分析时应根据可能发生的情况具体问题具体分析。如机组可能存在由于下止漏环间隙导致的自激振荡时，需增加对下止漏环压力的监测。

（4）上导、下导和水导位置处摆度传感器安装时，两个方向的涡流探头应相互垂直安装，以便实现对机组轴心轨迹的监测；同时为保证对机组轴线的监测，在三个导轴承位置同一方向的涡流探头应保持在一条直线上；在安装摆度探头时应注意对应位置处转轴表面是否光滑，光洁度是否满足监测的需要。安装电涡流传感器时应注意静态间隙的调整，以避免传感器在超量程区域工作，产生削波现象，给监测人员带来误判。图4-10给出了典型的电涡流位置传感器的安装示意图。

（5）目前国标中对定子铁芯的振动给出是100Hz频率成分的振动位移允许值，因此在定子铁芯监测时应优先选用振动速度传感器（位移型）。

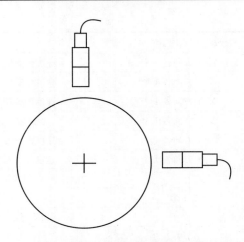

图 4-10　电涡流位移传感器的典型安装示意图

（6）根据 GB/T 17189—2017 附录 F，测压管路一阶特征频率 f_c 与管路中的声速 a_c、管长 L_c，传感器空腔体积 V_c，在 $V_c \ll L_c A_c$ 时满足式（4-23）所确定的关系式：

$$f_c = \frac{a_c}{4 \cdot L_c} \cdot \frac{1}{1 + \dfrac{V_c}{L_c A_c}} \tag{4-23}$$

上式表明，管路的布置情况，即测压管路的长短是影响管路一阶特征频率的主要因素。为避免长引水管路导致管路共振并使得测量结果产生显著误差，标准要求采集系统应在 $0.1 f_c$ 以下使用。但是，实际应用中情况应是：满足一定采样频率情况下，确定测量管路是否满足试验要求。如果测量管路不满足试验要求，应重新对管路情况进行评估并重新选择测量位置。

对式（4-23）进行适当变形可得采样频率为 f_s 时，测量管路长度应满足：$L_c \leqslant 0.1 \cdot a_c / f_s$。考虑水温为 15℃，声速为 1465.8m/s 时管路长度应满足：$L_c \leqslant 36.65/f_s$。

通常在水泵水轮机性能原型验收的压力脉动试验时采样率不低于几百赫兹的数量级，故所要求的测量管路与被测点的距离（管长）不大于几至十几厘米的数量级。具体数值根据采样率上述公式确定。考虑到水泵水轮机性能试验时一般都是通过预埋的引水管路对相关部位的参数进行测量，此时管路的共振特性将对测试信号中较高的频率成分产生严重的影响。图 4-11 给出了某抽水蓄能机组甩负荷时无叶区压力脉动测试情况，测试分别在顶盖上和通过长引水管路上实现，从图中可以看到明显的高频共振情况。

抽水蓄能机组稳定性试验所涉及的标准主要包括：

（1）GB/T 8564—2003《水轮发电机组安装技术规范》；

（2）GB/T 11348.5—2002《旋转机械转轴径向振动的测量和评定　第 5 部分　水力发电厂和泵站机组》；

（3）GB/T 6075.5—2002《在非旋转部件上测量和评价机器的机械振动　第 5 部分　水力发电厂和泵站机组》；

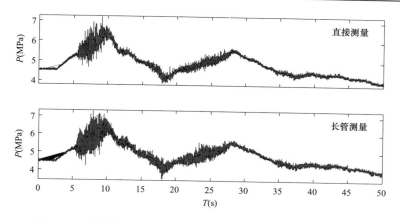

图 4-11 某抽水蓄能电站无叶区测点长、短测压管路量测压力

（4）GB/T 22581—2008《混流式水泵水轮机基本技术条件》；

（5）GB/T 20834—2014《发电电动机基本技术条件》；

（6）GB/T 17189—2007《水力机械（水轮机、蓄能泵和水泵水轮机）振动和脉动现场测试规程》；

（7）GB/T 15468—2006《水轮机基本技术条件》。

上述规范中对抽水蓄能机组的振动规定具有一致性，对各规范中振动数值的限值总结见表 4-4。

表 4-4　　　　　　　　　　　抽水蓄能机组各部位振动允许值　　　　　　　　　　　μm

项目	机组转速 n（r/min）	
	$250 \leqslant n < 375$	$375 \leqslant n < 750$
水轮机顶盖水平振动	50	30
水轮机顶盖垂直振动	60	30
发电机推力轴承支架的垂直振动	50	40
发电机导轴承支架的水平振动	70	50
发电机定子铁芯部位机座水平振动	20	20
定子铁芯振动（100Hz 双振幅值）	30	30

稳定工况下运行时，抽水蓄能机组的摆度评价依据 GB/T 11348.5—2008，如图 4-12 所示；而在机组额定转速空转阶段，根据 GB/T 18482—2010 的规定，则不应大于 75% 的轴承总间隙或符合机组合同的有关规定。

对机组压力脉动，主要是针对尾水管压力脉动，其评价描述如下：

当以导叶中心平面为基准，在电站空化系数下侧取尾水管压力脉动峰峰值，在最大水头与最小水头之比小于 1.6 时，其保证值应不大于相应运行水头的 3%～11%，低比转速取小值，高比转速取大值；原型水轮机尾水管进口下游侧压力脉动峰峰值不应大于 10m 水柱。

在水轮机行业中，水泵水轮机属于中高水头，比转速较小，因此对于水泵水轮机尾水管压力脉动应取低值，但是由于标准中规定的是一个范围值，故实际操作应采用合同保证值进行评估。对于除蜗壳进口与尾水管压力脉动外的测点评价，也应采用合同保证值进行。目前水泵水轮机通流部件的压力脉动通常在以下部位进行合同保证：

（1）尾水管锥管压力脉动（水轮机最优工况、部分负荷与空载运行工况、抽水工况）。

（2）导叶与转轮间压力脉动（抽水工况、水泵零流量工况、水轮机额定工况与部分负荷工况）。

（3）顶盖与转轮之间压力脉动（抽水工况、水轮机额定工况与部分负荷工况）。

（4）蜗壳进口压力脉动（抽水工况、水轮机额定工况与部分负荷工况）。

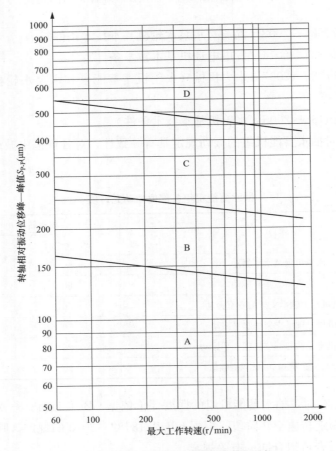

图 4-12　摆度混频幅值推荐评价区域

对机组噪声的评价主要基于两个基本技术规范：GB/T 22581—2008《混流式水泵水轮机基本技术条件》和 GB/T 20834—2014《发电电动机基本技术条件》，其中各个测点的限值如下：

（1）水泵水轮机正常运行时，在机坑地板上方 1m 处所测得的噪声不应大于 98dBA，在距离尾水管进人门 1m 处所测得的噪声不应大于 105dBA。

（2）在正常运行时距发电电动机上盖板以上高 1m 处的总噪声级不应超过 80dBA。

这里有必要指出，规范要求的数值均是对稳定转速与稳定工况，对于过渡过程工况，例如甩负荷、工况转换等工况过程的摆度、振动及压力脉动混频幅值，各标准并没有给出合理的限制值。因而在过渡过程工况目前对这方面的研究正在有序开展中，在后续的规范中将予以补充修订。

所谓稳态工况，对于水轮机是指流量、水头和出力波动较小，保持基本稳定。根据规范要求，稳定运行范围主要是指：

（1）额定转速空载工况。

（2）在最大和最小水头范围内，发电工况运行时机组最大保证功率的 50%～100% 范围内。

（3）在最高和最低扬程范围内，抽水工况。

一个测程的稳态工况性能试验通常在某个上水库及下水库水位下进行，短时内上、下水库水位可以看做近似保持不变，测程内的数值波动应在下列范围内：

（1）功率变化不应超过平均值的 ±1.5%。

（2）水力比能变化不应超过平均值的 ±1.0%。

（3）转速变化不应超过平均值的 ±0.5%。

四、动水关进水阀试验

进水阀是抽水蓄能电站重要设备之一，有两个用途：

（1）抽水蓄能机组检修时通过进水阀阻挡水流以保障检修安全。

（2）抽水蓄能机组导叶发生拒动时通过进水阀截断水流，即动水关闭进水阀，避免事故扩大。

目前有部分抽水蓄能电站的进水阀参与调节保证以降低水锤压力，减轻水力振荡。关于这一点，目前相关标准如抽水蓄能电站设计导则已明确进水阀不宜参与过渡过程调节。

进水阀的稳定性对其功能的实现具有至关重要作用，因此运行中进水阀振动、压力脉动等稳定性参数的测量与研究对保障电站安全稳定运行具有非常重要的现实意义，故我国标准对大中型电站的进水阀提出了明确的技术要求（GB/T 14478—2012 中 5.4：进水阀门进行动水关闭试验前，应与设备承包商指定详细的试验大纲，以确保试验安全。试验后，应对进水阀门及其附属设备进行详细检查，不应产生任何有害损伤）。目前，抽水蓄能电站竣工投产后也均要求进行动水情况下的进水阀关闭试验，以验证进水阀具备在导叶拒动的情况下，进水阀可以可靠动水遮断水流，防止机组发生过速至飞逸从而造成对机组不可逆伤害，同时进水阀本体不产生任何损害和有害变形，进一步判断进水阀的动作特性是否满足设计要求并对其稳定性进行观测。

为达到上述目的，进水阀测点一般包括进水阀振动、本体位移、进水阀前后压力、进水阀开腔与关腔压力及进水阀接力器行程等，如表 4-5 所示，布置图如图 4-13 所示。除进水阀测点外，实际试验过程中尚需要对机组有功功率、导叶开度、转速、流量、

163

GCB 状态等进行同步测量。如有需要，还可以对机组振动、摆度以及压力脉动等参数进行测量（动水关进水阀时机组有功功率逐渐减小，机组稳定性参数优于机组甩额定负荷试验，因此机组稳定性参数监测非必须项；如需对进水阀关闭过程中机组稳定性参数的变化特征进行深入研究，可以对机组稳定性参数进行测量）。

表 4-5　　　　　　　　　　　　进水阀测点布置列表

测点类型	位置	传感器类型
进水阀振动	上游侧水平与垂直振动	速度型位移传感器
	中部水平与垂直振动	
	下游侧水平与垂直振动	
基础振动	底座水平与垂直振动	速度型位移传感器
压力脉动	进水阀上游侧压力	压力传感器
	进水阀下游侧压力	
进水阀位移	进水阀基础	电涡流位移传感器
进水阀接力器行程	进水阀接力器	拉绳式位移传感器
进水阀开腔与关腔压力	进水阀接力器开腔与关腔	压力传感器

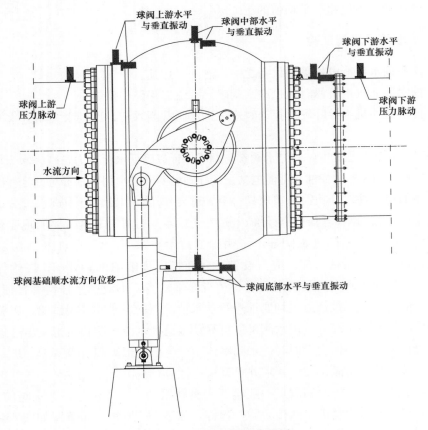

图 4-13　进水阀测点布置图

进水阀动水关闭试验一般进行三次：空载工况、50％负荷工况和额定负荷工况。其中进行空载工况动水关闭进水阀的主要目的在于校验动水关闭进水阀试验的流程，同时对测试系统的功能进行验证，以便在实际带负荷工况进行动水关闭进水阀试验时能够顺利实施。50％负荷工况主要作为100％负荷工况的预演，对进水阀遮断低速水流能力进行初步验证，如无异常则进行额定负荷工况下的动水关闭进水阀试验。根据实际情况，也可进行50％工况和额定负荷工况两次，或仅进行额定负荷工况两次。在额定负荷情况的动水关进水阀试验通常包含表4-6所示步骤。

表4-6　　　　　　　　　　　　　额定负荷动水关进水阀试验流程

项次	步骤
1	监控执行机组静止—发电自动流程，机组带100％负荷运行，待机组振动和轴承温度趋于稳定
2	确定机组监控系统已闭锁进水阀非正常关闭引起的跳机信号
3	检查确认试验人员已做好录波准备，各处监测人员已就位后，向调度申请进行机组发电带100％负荷动水关进水阀试验
4	将调速器切到现地手动，保证导叶开度不变
5	在进水阀现地控制盘将进水阀控制方式切至现地
6	现地手动关闭进水阀，检查机组是否有异常声响
7	待机组功率降至某一较小数值时，在监控系统现地控制单元按下电气事故停机按钮，检查导叶是否关闭
8	待机组停稳后隔离机组，进行机组检查

典型额定负荷情况下动水关球阀试验过程中机组转速、有功功率、球阀开度、导叶开度、球阀位移等工况参数变化趋势如图4-14所示。图中时间范围限定在100s之内，故球阀位移尚在恢复过程中。图4-15给出了这一过程中球阀振动的录波曲线，从图中可见，在球阀动水关闭过程中由于水流的流态发生恶化导致球阀产生剧烈振动。

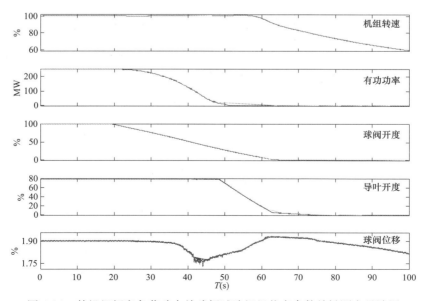

图4-14　某机组额定负荷动水关球阀试验机组状态参数关键测点录波图

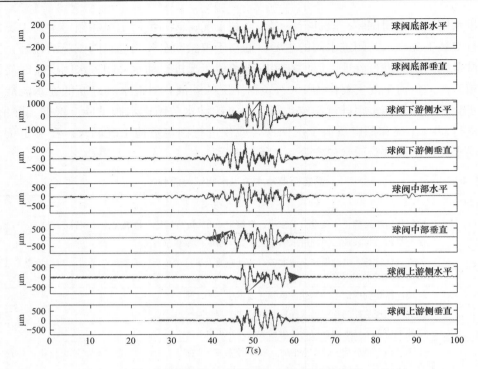

图 4-15 某机组额定负荷动水关球阀试验球阀振动测点录波图

◆ 第二节 发电电动机性能试验

一、电机效率试验

电机的效率是发电电动机性能保证的关键指标之一，是抽水蓄能电站经济运行的基础。电机的损耗是指输入功率与输出功率的差值，是恒定损耗、负载损耗、负载杂散损耗和励磁回路损耗之和。

恒定损耗是铁耗和风摩耗之和。铁耗是有效铁芯中的损耗和其他金属部件中的空载杂散损耗。风摩耗包括摩擦损耗和风阻损耗之和。所谓摩擦损耗是由摩擦产生的损耗，对于发电电动机而言这部分损耗主要是指轴承损耗，其中推力轴承损耗应扣除水轮机所承担的部分。风阻损耗是电机所有部件（旋转部件与固定部件均包括在内）因空气动力摩擦产生的总损耗，包括轴上安装的风扇以及和电机成为一体的辅助电机吸收的功率。摩擦损耗还包括因碳刷与滑环接触而产生的摩擦损耗。

励磁回路损耗包括励磁系统损耗和同步电机的电刷电损耗。励磁绕组损耗等于励磁电流 I_e 和励磁电压 U_e 的乘积。目前，抽水蓄能机组普遍采用静止励磁系统，励磁系统损耗等于励磁系统从电源吸收的电功率加上独立辅助电源提供的功率。碳刷的电损耗是由于碳刷与滑环接触导致接触电阻存在，从而产生的压降与电流的乘积。

对于发电电动机来说，负载损耗主要是指电机电枢绕组中的电流流过产生的热损耗。

由负载电流在有效铁芯和导体以外的其他金属部件中产生的损耗，以及绕组导体中负载电流产生的磁通脉动所引起的涡流损耗共同组成了负载杂散损耗。

大型同步电机的效率试验即对上述损耗进行确定，以便获得电机在不同负载情况的效率值，从而实现对电机性能保证值的评价。大型电机的效率采用量热法进行测量，所依据的标准主要是：

（1）GB/T 5321—2005《量热法测定电机的损耗和效率》；

（2）GB/T 25442—2010《旋转电机（牵引电机除外）确定损耗和效率的试验方法》。

在发电机内部产生的各种损耗，最终都将变成热量，传递给冷却介质，使冷却介质温度上升，因此可用测量电机所产生的热量来推算电机的损耗，从而计算电机的效率。一般而言，厂家对合同值进行保证时均需建立在一定的基准之上，对于定、转子均是F级绝缘的电机而言，通常情况下，定、转子绕组均取 115℃，即定、转子的电阻取值为115℃时的电阻值。

采用量热法进行测量时，被测电机需要在额定转速空转、额定转速额定机端电压空载、额定转速额定机端电流短路以及负载等工况下进行测试，其中前三个工况分别用来确定通风损耗、铁芯损耗和杂散损耗，最后一组工况主要用来确定励磁系统的损耗。

（一）损耗构成

采用量热法对发电机的效率进行测试，发电机的总损耗示意图如图 4-16 所示。

图 4-16 中各项损耗依次为：

1-集电环装置的损耗；

2-上导轴承冷却器水路带走的损耗；

3-发电机上盖板外表面向厂房散出的损耗；

4-发电机下盖板外表面向水轮机顶盖散出的损耗；

5-空气冷却器风路带走的损耗；

6-发电机水泥围墙散出的损耗；

7-应计入发电机的辅助设备损耗（励磁变压器、励磁柜等损耗）；

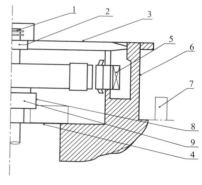

图 4-16 量热法中发电机损耗示意图

8-推力轴承油箱外表面散出的损耗；

9-推力轴承冷却器水路带走的损耗。

（二）分项损耗计算方法

发电机在额定转速下空转运行，当发电机达到热稳定状态时，基准表面内冷却介质带走的损耗 P_1 与基准表面辐射和对流所散出的损耗 P_2 之和即为通风损耗 P_w。

$$P_1 + P_2 = P_w \tag{4-24}$$

式中 P_1——由基准表面空冷器冷却介质带走的损耗，kW；

        P_2——基准表面辐射和对流所散出的损耗，kW。

发电机额定转速空载运行时损耗分为三个部分，铁耗 $P_{\mathrm{Fe\_oc}}$、转子铜耗 $P_{\mathrm{f\_oc}}$ 和通风损耗 P_{w}，即：

$$P_1 + P_2 = P_{\mathrm{Fe\_oc}} + P_{\mathrm{f\_oc}} + P_{\mathrm{w}} \tag{4-25}$$

式中　$P_{\mathrm{Fe\_oc}}$——空载铁耗，kW；

　　　$P_{\mathrm{f\_oc}}$——转子铜耗，kW，见式（4-26）。

$$P_{\mathrm{f\_oc}} = I_{\mathrm{f}}^2 \cdot R(115℃) \tag{4-26}$$

式中　I_{f}——空载时的励磁电流，A。

　　　$R(\theta)$——空载稳定时转子绕组直流电阻，Ω。

因此：

$$P_{\mathrm{Fe\_oc}} = P_1 + P_2 - P_{\mathrm{f\_oc}} - P_{\mathrm{w}} \tag{4-27}$$

短路情况下，定子铜耗 $P_{\mathrm{Cu\_sc}}$ 为：

$$P_{\mathrm{Cu\_sc}} = 3 \cdot I_1^2 \cdot R_{\mathrm{s}} \tag{4-28}$$

式中　I_1——稳态短路温升下的相电流，A；

　　　R_{s}——定子绕组的平均电阻值，Ω。

在最终计算中定子铜耗采用式（4-29）：

$$P_{\mathrm{Cu\_sc}} = 3 \cdot I_{\mathrm{N}}^2 \cdot R(115℃) \tag{4-29}$$

式中　I_{N}——额定线电流，A；

　　$R(115℃)$——定子绕组 115℃时的电阻值，Ω。

短路情况下，转子铜耗 $P_{\mathrm{f\_sc}}$ 计算公式为：

$$P_{\mathrm{f\_sc}} = I_{\mathrm{f}}^2 \cdot R(115℃) \tag{4-30}$$

式中　I_{f}——稳态短路时励磁电流，A。

短路工况下，$P_1 + P_2 = P_{\mathrm{Cu\_sc}} + P_{\mathrm{f\_sc}} + P_{\mathrm{w}} + P_{\mathrm{SL}}$，因此有

$$P_{\mathrm{SL}} = P_1 + P_2 - P_{\mathrm{Cu\_sc}} - P_{\mathrm{f\_sc}} - P_{\mathrm{w}} \tag{4-31}$$

不同工况下，定子铜耗 P_{Cu} 计算按式（4-28）进行计算，通常情况下有：

$$\frac{(P_{\mathrm{Cu}} + P_{\mathrm{SL}})_1}{(P_{\mathrm{Cu}} + P_{\mathrm{SL}})_{\mathrm{N}}} = \left(\frac{I_1^2}{I_{\mathrm{N}}^2}\right) \tag{4-32}$$

式中　I_1——测量工况下定子电流，A；

　　　I_{N}——定子额定电流，A。

碳刷损耗为机械损耗 $P_{\mathrm{b\_Mech}}$ 和电损耗 $P_{\mathrm{b\_Elec}}$ 之和。

$$P_{\mathrm{b\_Mech}} = V \cdot A \cdot \mu \cdot p \tag{4-33}$$

式中　V——集电环线速度，m/s；

　　　A——碳刷总接触面积，m²；

　　　μ——摩擦系数，0.2；

　　　p——滑环接触压力，N/m²。

$$P_{\mathrm{b\_Elec}} = 2 \cdot U \cdot I_{\mathrm{f}} \tag{4-34}$$

式中　U——电刷压降，V；

　　　I_{f}——励磁电流，A。

下导轴承损耗通过量取冷却水带走的热量与通过油箱表面散出的热量相加进行计算。

推力轴承与上导轴承损耗通过量取冷却水带走的热量和油箱散出的热量之和进行计算。

推力轴承部分损耗为水轮机与轴向水推力承担部分。

机组运行时与停机时轴向负荷的差值即为轴向水推力，各负荷下的轴向水推力通过测量不同负荷下承重机架挠度（轴向变形）计算得出。测量前，将机组停机时承重机架的挠度设置为零点，试验中测量机组各运行负荷下承重机架的挠度。

为了得到轴向水推力与承重机架轴向变形之间的关系，在试验前可通过转子高压油顶起装置，对其进行了现场标定。标定时，先在油缸中通入压力油并改变油缸油压，同时测量承重机架的挠度。

转子高压油顶起装置作用于转子上的轴向力为：

$$F = n \frac{\pi}{4} D^2 p (\text{N}) \tag{4-35}$$

式中　D——活塞直径，m；

　　　p——油压，Pa；

　　　n——油缸数。

对轴向力与承重机架挠度进行最小二乘法线性拟合，即可得到轴向力与承重机架挠度的关系曲线。根据各试验工况下测得的承重机架挠度即可计算出水轮机的轴向水推力。

（三）测量方式

根据以上各项损耗的确定方法，采用量热法进行电机效率试验时，需要测量以下参数：

（1）流量测量。

冷却水流量采用电磁流量计进行测量，流量计的安装位置及管路是否需要技改这需要视管路的具体情况而定。根据相关标准，水流密度根据冷却器管路系统出口水温确定，水的比热根据进出水口平均温度确定。

根据现场情况，对空冷器、上导、下导和推力轴承冷却水流量测量，通常在出水主管路上将出水口两阀门间管路拆除并改造以安装电磁流量计。以进水口阀门作为冷却水流量调节阀。试验完毕后进行恢复工作。

（2）发电机对流表面温差。

分别在发电机上盖板、滑环室、发电机下盖板、风洞及风洞门安装临时测温电阻及其测量系统。

（3）冷却水温升测量。

在空冷器进出水总管冷却水和上导、下导及推力轴承的冷却水进出口部位安装校准后的电阻温度计。其中，电阻温度计安装在尽可能靠近电机机坑的冷却水稳定的管路上。为保证测量精度，测试过程中，在保证机组稳定的前提下，测量的进出水温差宜在5K左右，特别是空冷器的，可考虑适当调整流量以满足水温差条件。

根据现场情况，进、出水口冷却水温度传感器安装在发电机基坑外侧进、出水管路上，温度传感器应尽可能靠近基坑壁，以提高测试精度。

（4）功率参数。

发电机输出功率采用三相有功功率变送器测量，功率变送器精度 0.2 级，电流互感器、电压互感器采用电站现用的电流互感器、电压互感器。

（5）轴向水推力测量。

在水车室焊接支架测量轴向水推力。

试验前采用高压油系统进行顶转子操作，对承重机架变形与力的关系进行标定。

（6）其他参数。

发电机定子绕组及铁芯温度、发电机的定子电压、定子电流、励磁电压与励磁电流等。

（四）热量与效率计算公式

电机效率试验中用于测量热量的主要公式包括：

（1）用测量冷却介质流量与温升方法确定损耗。

发电机各部分温升达到稳定后，冷却介质带走的损耗为：

$$P_a = C_p Q \rho \Delta t \tag{4-36}$$

式中　P_a——被冷却介质带走的损耗，kW；

　　　C_p——冷却介质比热，kJ/kg·K；

　　　Q——冷却介质流量，m^3/s；

　　　ρ——冷却介质密度，kg/m^3；

　　　Δt——冷却介质温升，K。

（2）发电机外表面与周围空气对流散热的损耗。

$$P_b = hA\Delta t \times 10^{-3} \tag{4-37}$$

式中　P_b——电机外表面散出的损耗，kW；

　　　h——表面散热系数，w/m^2·K；

　　　A——散热面积，m^2；

　　　Δt——温升，K。

表面散热系数 h 一般数值范围在 $10\sim20w/m^2$·K 之间，与空气接触的表面散热系数 h 的数值可用下式计算：

$$h = 11 + 3v \tag{4-38}$$

式中　h——表面散热系数，w/m^2·K；

　　　v——环境空气流速，m/s。

用于确定电机效率表达式为：

$$\eta = \left(1 - \frac{\sum P}{P_o + \sum P}\right) \times 100\% \tag{4-39}$$

式中　$\sum P$——发电机的总损耗，kW；

　　　P_o——发电机的输出功率，kW。

某典型抽水蓄能机组的效率测试及计算结果如表 4-7 所示。

表 4-7　　　　　　　　　　**某发电电动机效率计算表**

负载		50%S$_N$	60%S$_N$	70%S$_N$	80%S$_N$	90%S$_N$	100%S$_N$
视在功率 S	MVA	208.35	250.02	291.69	333.36	375.03	416.70
有功功率 P	MW	187.52	225.02	262.52	300.02	337.53	375.03
无功功率 Q	Mvar	90.82	108.98	127.14	145.31	163.47	181.64
功率因数 cosφ		0.9	0.9	0.9	0.9	0.9	0.9
定子电压 U	kV	18	18	18	18	18	18
定子电流 I	A	6682.83	8019.40	9355.96	10692.53	12029.09	13365.66
励磁电流 I$_f$	A	1305.66	1401.13	1501.59	1606.22	1715.93	1832.32
转子铜耗 P$_{f(115)}$	kW	360.49	415.14	476.80	545.57	622.64	709.97
碳刷摩擦损耗 P$_{B\_MECH}$	kW	3.72	3.72	3.72	3.72	3.72	3.72
集电环电损耗 P$_{B\_EL}$	kW	2.61	2.80	3.00	3.21	3.43	3.66
通风损耗 P$_V$	kW	1516.93	1516.93	1516.93	1516.93	1516.93	1516.93
定子铁耗 Q$_{FE}$	kW	761.71	761.71	761.71	761.71	761.71	761.71
定子铜耗 P$_{Cu(115)}$	kW	140.92	202.93	276.20	360.76	456.58	563.68
杂散损耗 P$_{SL}$	kW	75.85	109.23	148.67	194.18	245.76	303.41
推力/下导轴承损耗 P$_{Thrust}$	kW	681.55	681.55	681.55	681.55	681.55	681.55
上导轴承损耗 P$_{guaid}$	kW	60.58	60.58	60.58	60.58	60.58	60.58
励磁系统损耗 P$_f$	kW	63.74	69.23	73.69	77.10	79.47	80.80
总损耗	kW	3668.10	3823.81	4002.86	4205.30	4432.37	4686.01
效率 η_i		98.08%	98.33%	98.50%	98.62%	98.70%	98.77%
加权平均效率		98.55%					

二、阻抗及时间常数测试

电机的阻抗及时间测试主要依据 GB/T 1029—2005《三相同步电机试验方法》进行。所用仪器设备应在 0.2 级及以上。

(一) 直流电阻测试

定、转子直流电阻测试时应在实际冷状态下，采用微欧计、直流电阻测试仪或直流电桥等设备进行测试，测试时需记录室温，以便进行换算。所谓实际冷态，是指电机内部与环境温度基本保持一致，对于长期运行的发电电动机而言，至少应放置 3~4 天后再进行直流电阻测试。

通常在计及电机热效应的考核中，电阻需换算到指定的温度，采用下式进行换算：

$$R_2 = R_1 \cdot \frac{235 + t_2}{235 + t_1} \qquad (4\text{-}40)$$

式中　R_1——冷态时实测的绕组电阻，Ω；

　　　R_2——折算到 t_2 时的绕组电阻，Ω；

　　　t_1——实际冷态时的绕组温度，℃；

　　　t_2——折算的绕组温度，℃。

直流电阻测量时需注意：

（1）采用温度计（埋置检温计）测量电机绕组、铁芯和环境温度，所测温度之间相差不应超过 2K。

（2）实际冷态下定子绕组温度应取不同测量部位的温度均值，包括但不限于铁芯齿、铁芯轭、绕组槽部、绕组端部等。

（3）转子绕组温度应在绕组表面多处测量，并取平均值。

（4）直流电阻测试仪进行测量时，被测绕组所通电流不应超过额定电流的 10%，通电时间不超过 1min；应在三种不同电流值下进行测量。

（5）采用电桥进行测量时，每一电阻应测量三次，每次应在电桥破坏后重新进行测量，每次读数与三次读取数据的平均值之差应在平均值的 ±5% 范围内，取其平均值作为电阻的实际测量值。

（6）测量定子绕组直流电阻时应确保转子静止。

（二）开路特性试验

发电机开路特性又称发电机空载特性，是指发电机在额定转速下，出口开路，负载电流为零，定子电压与励磁电流的关系曲线。

开路特性试验时需注意：

（1）发电机在启动前应确定励磁装置处于"现地""手动"模式，确保励磁装置处于最小输出位置。

（2）励磁电流应达到额定励磁电流或机端电压达到 1.3 倍额定电压值，以先到者为准；基于此，应注意机组过压保护定值的调整，重新设置 V/Hz 保护，退出过激磁保护。

（3）试验时保证机组在额定转速下进行，应同步记录励磁电流、定子电压和机组转速；如转速存在波动，应根据下式进行修正：

$$U_0 = \frac{f_N}{f}U \tag{4-41}$$

式中　U——试验时测得的空载电压（三相平均值），V；

　　　U_0——折算到额定频率时的空载电压，V；

　　　f——实测机组频率，Hz；

　　　f_N——额定频率，Hz。

（4）试验应从最高电压向最低电压方向进行，不得采用发电机端电压上升段数据。

（5）根据标准要求，整个过程读取 7～9 个点。实际操作时，推荐的点数为：60% 额定电压以下读取 6 个点（包含励磁电流为零时的数值），在 60%～110% 额定电压范围内时每隔 5% 额定电压测取一个点（不少于 10 点），超过 110% 额定电压时应读取不少于两个点（其中至少一个点在 120% 额定电压附近或者制造商推荐的最大机端电压值）。

典型电机开路特性试验接线如图 4-17 所示。

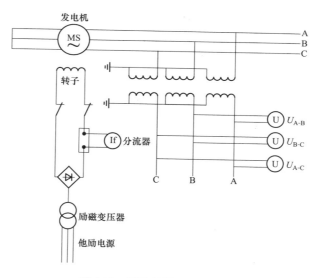

图 4-17 开路特性试验接线图

（三）短路特性试验

发电机短路特性是指额定转速下，发电机出口三相绕组短接，定子电流与励磁电流的关系曲线。

短路特性试验时需注意：

（1）发电机出口应采用低阻抗导体可靠短接，如铝排或者铜排；短路位置应尽可能靠近定子绕组出线端处。

（2）根据规范要求，短路试验的最大电流应至 1.2 倍额定电流，故机组过流保护应大于额定值的 1.2 倍；应充分考虑机组纵差保护的设置，对于电流互感器在短路点外侧的需退出机组的纵差保护；注意调整过负荷保护定值或退出。

（3）励磁系统应为"现地""手动"模式；起励前，励磁装置处于最小输出位置。

（4）试验时保证机组在额定转速下进行，应同步记录励磁电流、定子电压和机组转速。

（5）为保证读取数据过程中转子温度恒定，试验数据读取尽量采取从最大值到最小值方向的数据。

图 4-18 给出了短路特性试验的接线图，典型电机短路特性与开路特性曲线见图 4-19 所示。

在图 4-19 中：横坐标为励磁电流；纵坐标左侧对应机端电压，对应空载特性曲线；纵坐标右侧对应机端电流，为短路特性曲线；图中给出了气隙线（空载特性曲线的线性段及其延长线）。

图 4-19 中标示的三种电流：气隙线上额定电压对应的励磁电流 I_{fg}、空载特性曲线上额定电压对应的励磁电流 I_{fo} 和短路特性曲线上额定电流对应的励磁电流 I_{fk}。由这三个电流值可以确定之后直轴同步电抗的非饱和值 X_{du}，直轴同步电抗的饱和值 X_{ds} 和短路比 K_c，其计算公式分别为：

$$X_{du} = I_{fk}/I_{fg}$$
$$X_{ds} = I_{fk}/I_{fo}$$ （4-42）
$$K_c = I_{fo}/I_{fk}$$

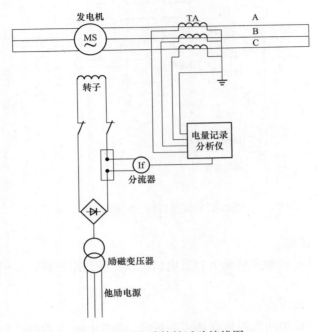

图 4-18 短路特性试验接线图

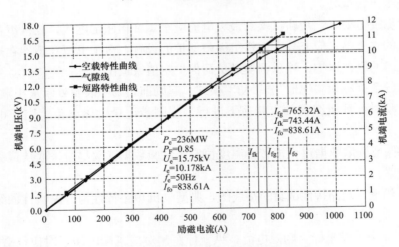

图 4-19 典型电机开路与短路特性曲线图

（四）小转差试验

小转差试验主要用于测试电机的交轴与直轴同步电抗。

当发电机接近额定转速旋转，转子绕组开路时，定子绕组中正序电流的电抗，将随着电枢反应磁场和转子磁极的相对位置而变化。当电枢反应磁场轴线与转子磁极轴线相重合时为 X_d，互相垂直时为 X_q。其试验接线图如图 4-20 所示。

174

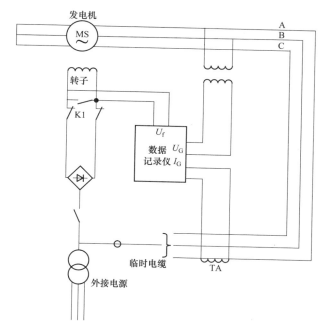

图 4-20 小转差试验接线图

小转差法试验时步骤如下：

（1）将转子绕组用开关 K1 短路（直接短路或通过电阻短路均可）。

（2）启动机组，使其接近额定转速，控制机组转差率小于 1‰。

（3）合上定子绕组外接电源开关，对定子绕组施加额定频率，三相稳定平衡的低压电源（$0.02 \sim 0.15 U_n$），一般可以采用 380V 电源或励磁变压器低压侧电源；注意外施电源相序应与转子旋转方向一致。

（4）调节机组转速，当转差小于 1‰时，断开转子绕组短接开关。

（5）转速稳定情况下，记录定子绕组电压、定子绕组电流、转子绕组两端电压曲线。

（6）波形记录完毕后，合上转子绕组短路开关 K1，其后断开外施电源开关。

（7）执行正常停机流程。

小转差法试验时需注意：

（1）试验时应退出定子、转子一点接地保护；如果外施电源不经发电机出口电流互感器时应退出发电机纵差保护；其他发电机电气量保护根据情况进行退出。

（2）试验时应注意外施电源不能将机组牵入同步；注意外施电源的电压相序应与定子绕组正相序一致。

（3）转子回路应安装短路装置；定子绕组通电或断电前应将短路装置合上；应在外施电压相序无误，机组转差小于 1‰时打开短路装置；严格防止转子绕组过电压。

（4）发电机中性点接地隔离开关断开，并应在动、静触头上各挂一根单相接地线。

（5）应采取可靠安全措施将整流系统隔离，防止过电压将整流系统损坏；将灭磁电阻与励磁回路隔离，防止灭磁电阻损坏。

（6）由于发电机残压可能过高，超过外施电压的 30%，应采用适当方法减小剩磁，将残压降低。

在残压小于试验电压 10% 的情况下，同步电抗非饱和值根据下式进行计算：

$$X_{du} = \frac{U_{max}}{\sqrt{3}\,I_{min}}$$

$$X_{qu} = \frac{U_{min}}{\sqrt{3}\,I_{max}} \tag{4-43}$$

在残压为 10%～30% 试验电压情况下，同步电抗非饱和值按下式进行计算：

$$X_{du} = \frac{U_{max1} + U_{max2}}{\sqrt{3(I_{min1} + I_{min2})}}$$

$$X_{qu} = \frac{U_{min1} + U_{min2}}{2\sqrt{3}\sqrt{I_{max \cdot av}^2 - \left(\dfrac{U'}{\sqrt{3}X_{du}}\right)^2}} \tag{4-44}$$

式中　　U'——线间残压，V；

$I_{max \cdot av}$——定子电流相邻两个最大值的平均值，A；

I_{min1}、I_{min2}——定子电流相邻两个最小值，A；

U_{max1}、U_{max2}——定子线电压相邻两个最大值，V；

U_{min1}、U_{min2}——定子线电压相邻两个最小值，V。

图 4-21 给出了一组典型的小转差法试验时录取的定子电压、定子电流与转子电压的波形图。

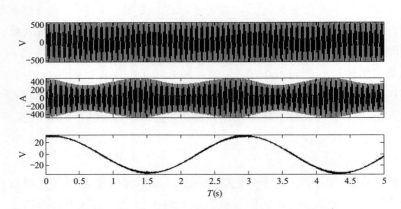

图 4-21　小转差法试验实测波形（依次为定子电压、定子电流和转子电压）

（五）相间稳态短路试验

相间稳态短路试验主要用来测量电机的负序阻抗参数。

负序电抗时当电机定子绕组中流过负序电流时所遇到的一种电抗，其数值等于负序电压基波分量与负序电流基波分量之比。

相间稳态短路试验接线图如图 4-22 所示。

相间稳态短路试验步骤如下：

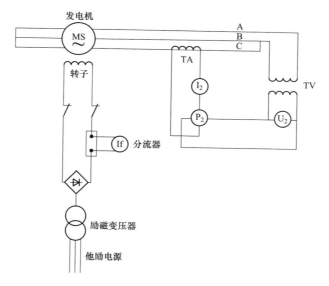

图 4-22　相间稳态短路试验示意图

（1）按照图 4-22 所示进行接线；确认各设备的可靠连接；确认励磁装置处于"现地""手动"调节模式，励磁输出处于最小位置。

（2）发电方向开启机组至额定转速。

（3）合励磁电源开关，合励磁输入隔离开关，增加励磁电流，使发电机定子电流至 20%～25%额定电流。

（4）记录测试仪器读数。

（5）数据记录完毕后，减励磁，断开励磁输入隔离开关，并执行停机操作。

相间稳态短路试验时需注意：

（1）试验时发电机出口应采用低阻抗导体可靠短接，短路位置应尽可能靠近定子绕组出线端处。

（2）断开发电机中性点隔离开关，退出失磁保护、逆功率保护、失步保护、发电机完全差动保护、发电机不完全差动保护、负序过流保护等；相关措施执行后注意检查开机条件。

（3）由于发电机带不对称负荷，机组振动增大，极靴表面发热，因此定子电流限制在不超过 0.2～0.25 倍额定电流，试验总时间控制不超过 5min，这一过程中注意观察机组振动情况。

当不考虑高次谐波所造成的测量误差时，根据相间短路电流 I_2，被短路相与开路相之间的电压 U_2，以及上两者之间的功率 P_2，按照下式计算负序阻抗 Z_2 和负序电阻 R_2 计算：

$$Z_2 = \frac{U_2}{I_2}$$
$$R_2 = \frac{P_2}{\sqrt{3}I_2}$$

（4-45）

（六）相间对中性点短路试验

相间对中性点短路试验用来确定发电机的零序阻抗参数。

当发电机定子绕组三相电流数值相等、相位一致时的电流，称为零序电流。定子绕组对零序电流所呈现出的电抗，称为零序电抗。

相间对中性点短路试验接线图如图 4-23 所示。

相间对中性点短路试验步骤如下：

（1）按照图 4-23 所示进行接线；确认各设备的可靠连接；确认励磁装置处于"现地""手动"调节模式，励磁输出处于最小位置。

（2）发电方向开启机组至额定转速。

（3）合励磁电源开关，合励磁输入隔离开关，增加励磁电流，使发电机定子电流分别为 0.05、0.10、0.15、0.20 倍和 0.25 倍额定电流，测量开路相与中性点之间的电压、短路相线与中性点联结线中电流及其功率。

（4）数据记录完毕后，减励磁，断开励磁输入隔离开关，并执行停机操作。

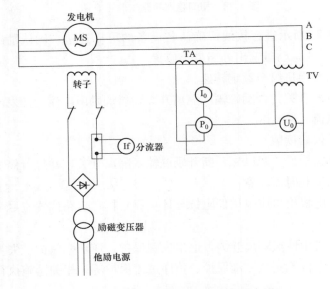

图 4-23　相间对中性点短路试验示意图

相间对中性点短路试验应注意：

（1）试验时发电机出口应采用低阻抗导体可靠短接，短路位置应尽可能靠近定子绕组出线端处。

（2）断开发电机中性点隔离开关，退出失磁保护、逆功率保护、失步保护、发电机完全差动保护、发电机不完全差动保护、负序过流保护等；相关措施执行后注意检查开机条件。

（3）由于发电机带不对称负荷，机组振动增大，为了避免因负序磁场在转子部件感应涡流，引起阻尼部件局部过热损伤，试验时应尽量控制测量数据的时间。

当不考虑高次谐波的影响时，根据测得的两相对中性点短路时的中性电流 I_0，开路

相对中性点的电压 U_0，及上述两项之间的功率 P_0，按照式（4-46）计算零序阻抗 Z_0 和零序电阻 R_0 计算：

$$Z_0 = \frac{U_0}{I_0}$$
$$R_2 = \frac{P_0}{\sqrt{3}I_0}$$

（4-46）

（七）三相突然短路试验

通过三相突然短路可以获得参数包括：直轴瞬态电抗 X_d'、直轴超瞬态电抗 X_d''、直轴瞬态短路时间常数 T_d'、直轴超瞬态短路时间常数 T_d''、电枢绕组短路时间常数 T_a、直轴瞬变开路时间常数 T_{do}' 等。

三相突然短路接线图如图 4-24 所示。

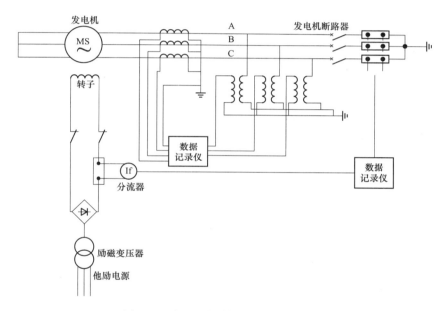

图 4-24　电机三相突然短路试验接线图

根据典型抽水蓄能电站机组的布置型式，短路点可以布置在机组 PRD 靠近出线侧，三相突然短路通过 GCB 合闸实现，此时需要主变压器停运。短路试验步骤如下：

（1）按照图 4-24 所示接线；检查试验接线，确定准备工作完毕；确认励磁装置处于"现地""手动"调节模式，励磁输出处于最小位置。

（2）发电方向开机至额定转速。

（3）合励磁电源开关，合励磁输入隔离开关，增加励磁电流，使发电机定子电压至 0.3 倍额定机端电压；确认数据采集相关装置工作正常。

（4）启动录波装置，合发电电动机出口断路器，电机出口三相突然短路。

（5）待短路电流至稳定状态时，停止数据采集；调节励磁电流至零；跳励磁输入隔离开关，断开他励电源开关。

（6）执行正常停机流程。

三相突然短路试验应注意：

（1）试验时，机组辅助设备及励磁系统电源采用他路电源供电，主变压器低压侧断引。

（2）突然短路通过发电机出口断路器形成，短路点设置在断路器出口。

（3）投定、转子一点接地保护，其他保护退出。

（4）三相突然短路试验过程中，励磁系统保持恒定，不进行励磁系统操作。

各参数的计算方法如下：

T_a：

电机在额定转速和一定电压下运行，定子绕组突然短路，短路电流中直流分量衰减至 $1/e$ 初始值所需要的时间。

（1）求取定子绕组各项直流分量的算术平均值并绘于半对数纸上。

（2）延长与纵坐标相交于一点，得到直流分量初始值。

（3）做图求出衰减至 $1/e$ 所需要的时间。

T_d'：

电机在转速和一定电压下运行，定子绕组突然短路，阻尼绕组开路时（或无阻尼作用时），定子电流中纵轴瞬态分量衰减至 $1/e$ 所需要的时间。

（1）求取定子电流周期分量的瞬态分量并绘于半对数坐标纸上。

（2）延长与纵坐标相交于一点，得到瞬态分量的初始值。

（3）做图求出衰减至 $1/e$ 所需要的时间。

T_d''：

电机在额定转速和一定电压下运行，转子阻尼绕组（或阻尼回路）和励磁绕组闭路，当定子绕组突然短路时，在阻尼作用下，定子电流中超瞬态分量迅速衰减，当其衰减至 $1/e$ 初始值所需要的时间。

（1）求取定子电流中周期分量的超瞬态分量并绘于半对数坐标纸上。

（2）延长与纵坐标相交于一点，得到超瞬态分量的初始值。

（3）做图求出衰减至 $1/e$ 所需要的时间。

X_d'：

采用突然短路试验确定直轴瞬态电抗时，它是短路前瞬间测得的空载电压与忽略超瞬态分量后短路电流周期性分量初始值之比。

$$X_d' = \frac{U(0)}{\sqrt{3}\left[I(\infty) + \Delta I_k'(0)\right]} \tag{4-47}$$

式中　$U(0)$——短路前瞬间测得的空载电压；

　　　$I(\infty)$——短路电流稳态分量；

　　　$\Delta I_k'(0)$——定子电流瞬态分量初始值。

图 4-25 给出了某机组三相突然短路试验时的定子三相电流波形与极端电压波形。图 4-26 给出了对应的超瞬变分量、瞬变分量和直流分量的衰减曲线。

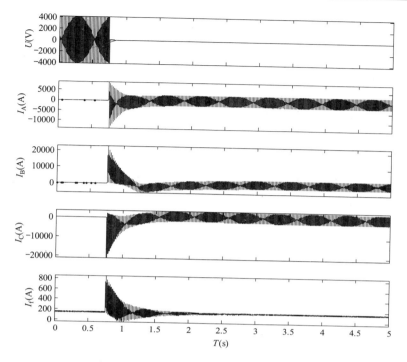

图 4-25 电机三相突然短路试验录波图

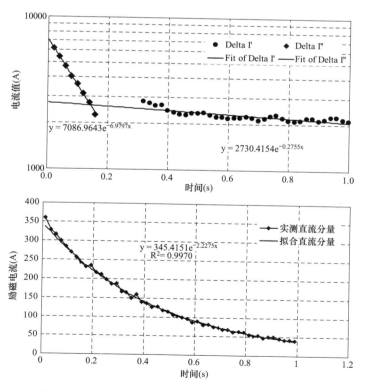

图 4-26 超瞬变分量、瞬变分量和直流分量衰减曲线

(八) 静态两相轮换试验

静态两相轮换试验主要用于测量发电机的超瞬变电抗。发电机在突然短路瞬间，短路电流的起始值在转子回路均是超导体回路的条件下所确定的定子电抗，称为超瞬变电抗。

静态两相轮换试验的接线图如图 4-27 所示。

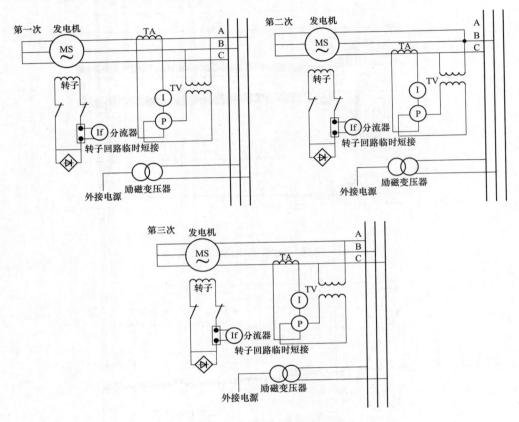

图 4-27　静态两相轮换试验接线图

静态两相轮换法主要步骤包括：

(1) 检查试验接线，完好；准备工作完毕。

(2) 合励磁电源开关，同时读取电压表、电流表和瓦特表读数。

(3) 断开励磁电源。

(4) 改变接线，重复步骤 (2) 和 (3) 依次进行测量。

(5) 拆除试验接线。

进行静态两相轮换试验时需注意：

(1) 发电机出口应与高压侧设备可靠隔离。

(2) 转子回路应当短接，严禁开路，避免转子回路因定子回路外施电压时产生过电压。

(3) 应退出发电机全部保护。

（4）风闸应当顶起，锁锭投入，防止机组转动。

如果电压接入定子 AB 相时，测得 U_{AB}、I_{AB}、P_{AB}，则 AB 相电抗为：

$$X_{AB} = \sqrt{\left(\frac{U_{AB}}{2I_{AB}}\right)^2 - \left(\frac{P_{AB}}{2I_{AB}^2}\right)^2} \tag{4-48}$$

式中　U_{AB}——定子 AB 相加入的电压，V；

I_{AB}——测得定子 AB 相的电流，A；

P_{AB}——测得定子 AB 相的功率，W。

依次将电压接入 BC 相和 CA 相，求出 X_{BC} 和 X_{CA}，则：

$$X_{av} = \frac{1}{3}(X_{AB} + X_{BC} + X_{CA}) \tag{4-49}$$

式中　X_{AB}、X_{BC}、X_{CA}——三次轮换测得的相电抗，Ω；

X_{av}——三次测量的相电抗的平均值，Ω。

三相轮换测量时，超瞬变电抗对应于 d 轴和 q 轴的变化量为：

$$\Delta X = \frac{2}{3}\sqrt{X_{AB}(X_{AB} - X_{BC}) + X_{BC}(X_{BC} - X_{CA}) + X_{CA}(X_{CA} - X_{AB})} \tag{4-50}$$

则：

$$\begin{aligned} X_d'' &= X_{av} \mp \Delta X \\ X_q'' &= X_{av} \mp \Delta X \end{aligned} \tag{4-51}$$

ΔX 的正负号由以下关系确定：

求 X_d'' 时：若测得的三个转子电流中的最大值与测得的相电抗最大值相对应时，取正；如果测得的三个转子电流中的最大值与测得的相电抗最小值相对应时，取负。

求 X_q'' 时：若测得的三个转子电流中的最小值与测得的相电抗最大值相对应时，取正；如测得的三个转子电流中的最小值与测得的相电抗最小值相对应时，取负。

三、电话谐波因数与电压波形畸变率测试

电话谐波因数是对电源电压或电流波形正弦性的度量，是波形中基波及各次谐波有效值加权平方和的平方根与整个波形有效值的百分比。电话谐波因数按下式进行计算：

$$THF(\%) = \frac{100}{U}\sqrt{\sum_{i=1}^{n}(E_i\lambda_i)^2} \tag{4-52}$$

式中　U——线电压的有效值，V；

E_i——i 次谐波电压的有效值，V；

λ_i——对应于 i 次谐波频率的加权系数，不同频率加权系数如表 4-8 所示。

表 4-8　　　　　　　　　　　电话谐波因数加权系数表

谐波频率	加权系数	谐波频率	加权系数	谐波频率	加权系数	谐波频率	加权系数
16.66	0.00000117	150	0.00665	300	0.111	450	0.327
50	0.0000444	200	0.0233	350	0.165	500	0.414
100	0.00112	250	0.0556	400	0.242	550	0.505

谐波频率	加权系数	谐波频率	加权系数	谐波频率	加权系数	谐波频率	加权系数
600	0.595	1500	1.61	2400	1.90	3600	1.51
650	0.691	1550	1.63	2450	1.91	3700	1.35
700	0.790	1600	1.65	2500	1.93	3800	1.19
750	0.895	1650	1.66	2550	1.93	3900	1.04
800	1	1700	1.68	2600	1.94	4000	0.890
850	1.10	1750	1.70	2650	1.95	4100	0.740
900	1.21	1800	1.71	2700	1.96	4200	0.610
950	1.32	1850	1.72	2750	1.96	4300	0.496
1000	1.40	1900	1.74	2800	1.97	4400	0.398
1050	1.46	1950	1.75	2850	1.97	4500	0.316
1100	1.47	2000	1.77	2900	1.97	4600	0.252
1150	1.49	2050	1.79	2950	1.97	4700	0.199
1200	1.50	2100	1.81	3000	1.97	4800	0.158
1250	1.53	2150	1.82	3100	1.94	4900	0.125
1300	1.55	2200	1.84	3200	1.89	5000	0.100
1350	1.57	2250	1.86	3300	1.83		
1400	1.58	2300	1.87	3400	1.75		
1450	1.60	2350	1.89	3500	1.65		

总谐波畸变率定义为：不大于某特定阶数 H 的所有谐波分量有效值 G_n 与基波分量有效值 G_1 比值的方和根。

$$THD = \sqrt{\sum_{n=2}^{H} \left(\frac{G_n}{G_1}\right)^2} \tag{4-53}$$

公式中应采用电压有效值。频率测量范围应包括额定频率至 100 次谐波在内的所有谐波。

根据 GB 755—2008，线电压电话谐波因数应不超过表 4-9 所示数值。

表 4-9   电话谐波因数允许值

电机的额定输出	THF
300kW（或 kVA）$= P_N = 1000kW$（或 kVA）	5%
1000kW（或 kVA）$< P_N = 5000kW$（或 kVA）	3%
5000kW（或 kVA）$= P_N$	1.5%

根据 GB 755—2008 中 9.11.2：当在开路和额定转速及额定电压下试验时，线端电压总谐波变量应不超过 5%。

进行电话谐波因数和波形畸变率测量时应注意：

（1）电话谐波因数应在电机为空载额定电压和额定频率下进行，用专用仪表或谐波分析仪测出基波电压和各次谐波电压的数值，频率范围应包括从额定值至 5000Hz 的全部谐波。

（2）电压波形正弦性畸变率应在空载额定电压和额定频率下进行，用专用仪表或谐波分析仪测出基波电压和各次谐波电压的数值，并计算畸变率。

（3）被测电压可以用分压器或者电压互感器降低电压后进行测量，使用分压器或电压互感器时应注意使波形不失真。

⊞ 第三节　计算机监控系统性能试验

针对监控系统性能试验，DL/T 822—2012《水电厂计算机监控系统试验验收规程》中规定了一些内容，主要包括了实时性性能检查及测试和处理器负荷率等性能测试两部分内容。本节依据但不局限于其内容，对监控系统性能方面的试验做一些简要介绍。然而通常性能试验的最终要求还要以具体合同为准。

计算机监控系统的性能包含两方面内容：时间特性和资源特性。时间特性是指系统处理用户请求的响应时间；资源特性是指在性能测试过程中，系统资源消耗的情况，常见的系统资源主要包括处理器（Central Processing Unit，简称 CPU）、内存和磁盘的使用情况。如果仅仅是时间特性满足要求，系统资源消耗过大，那么当有更多的并发性访问时，很可能导致时间特性不满足要求，甚至系统崩溃死机等，所以资源特性也是性能试验中的重要组成部分。另外，系统的可靠性、可维修性、适应环境能力及抗干扰能力、简单性和经济性、可扩性、可变性、安全性等也是评价监控系统性能的指标。

一、实时性性能测试

抽水蓄能电站监控系统要对电站的生产运行过程进行实时的监视和控制，因此，需要具备足够快速的响应速度，也就是要有良好的实时性能。当设备有异常时，要快速提示报警；发生事故时，要准确而且快速地记录下各事件的先后顺序，以便分析原因；运行操作人员发出控制指令后，需要得到快速的响应和执行；查询存储下来的数据时，应快速得到查询结果等，这些都要求监控系统要拥有足够优秀的性能，实时性是性能试验的重要组成部分。

在进行实时性性能测试之前，需要检查数据采集周期及有功/无功调节，AGC/AVC 有关执行周期等参数的设置，应符合产品技术条件规定。

在进行模拟量输入信号发生变化到画面上数据显示改变时间和模拟量越限到图符或数据显示改变和发出报警信息、音响的时间两项测试时，应结合计算机监控系统验收时，对直流量、温度量输入通道数据采集误差测试来进行，此时改变模拟量输入信号，测试输入信号改变到监控画面数据显示变化所用的时间。

在进行数字量输入发生变位到画面上图符或数据显示改变和发出报警信息、音响的时间测试时，应结合状态变位测试时在数字量输入信号变化条件下进行。此时从数字量输入端子接入相应的数字量信号发生器，按具体测点要求，进行输入信号变位及防触电抖动的性能试验，通过监控系统的人机接口检查显示及有关记录，测得从数字量输入发生变位到画面上图符或数据显示改变和发出报警信息、音响的时间。

控制命令执行时间测试，结合控制功能测试相关试验来进行。测试内容应包括：从人机接界面发出执行命令到现地控制单元开始执行的时间和从现地控制单元接受控制命令到开始执行的时间。

人机接口响应时间测试，结合人机接口功能检查试验来进行。测试内容包括：

(1) 调用新画面响应时间。

(2) 在已显示画面上实时数据刷新时间。

(3) 从模拟量时间产生到画面上报警信息显示和发出音响的时间。

(4) 从时间顺序记录事件产生到画面上报警信息显示和发出音响的时间。

(5) 从计算量事件产生到画面上报警信息显示和发出音响的时间。

双机切换时间测试：人为退出正在运行的主机，备用机应自动投入工作，切换过程不应出错或出现死机现象。双机切换时间应满足受检产品技术条件。

另外，应根据受检产品技术条件进行其他实时性测试。

下面给出了一些实时性的性能指标，供选择时参考。

1. 现地控制单元

(1) 数据采集响应时间。

状态和报警点采集周期	不大于 2s
模拟点采集周期　电量	不大于 2s
非电量	不大于 20s
时间顺序分辨率	不大于 10ms

(2) 响应能力。

接受控制命令到开始执行	不大于 1s

2. 电站主控级

(1) 单元级数据导入电站级数据库的时间：　　　　不大于 1s

(2) 人机接口响应时间：

调用新画面的响应时间，全图形显示	不大于 3s（90％画面）
在已显示画面上动态数据刷新的时间	不大于 2s
操作命令发出后显示回答的时间	不大于 2s
报警或事件产生到画面字符显示和发出声响	不大于 2s

(3) 控制功能的响应时间：

控制有功功率执行时间	不大于 15s
控制有无功功率执行时间	不大于 3min

(4) 通信响应时间：

主控级对调度系统数据采集和控制的响应时间应满足调度的要求。

二、CPU 负荷率等性能测试

对 CPU 负荷率等性能有明确规定的系统，应在计算机上通过命令或操作系统画面显示并记录 CPU 负荷率、内存占用率、磁盘使用率等参数，并通过计算，求出其最大值。其各项指标应满足受检产品技术条件规定。一般情况下，在一个 5min 周期内，CPU 的平均使用率应低于 50%；在重载情况下，CPU 最大负载应不高于 70%。

三、可靠性、可利用率测试

可靠性对于电力系统来说也是至关重要的。因此对于抽水蓄能电站采用的计算机监控系统也有很高的可靠性要求。衡量系统可靠性的指标主要有事故平均间隔时间 MTBF（Mean Time Between Failures）、平均停运时间 MDT（Mean Down Time）和平均检修时间 MTTR（Mean Time of Repair），通常以小时（h）计。

主控计算机（含磁盘）的 MTBF 应大于 8000h，现地控制单元的 MTBF 应大于 16000h。MTTR 是由制造单位提供的，当不包括管理时间和运送时间时，一般可取 0.5～1h。

另外，在实际应用中，还有一些一般性准则，主要包括：

单一控制元件（部分）的故障不应导致运行人员遭受伤害或设备严重受损。

单一控制元件（部分）的故障不应致使电厂满出力严重下降。

当部分过程设备功能丧失时，应将事故限制在一定范围内。

不应有不能进行检查、维护或更换的控制元件。

可利用率（Availability）是与可靠性密切相连的概念，它是表明控制系统在任何需要时间内能够工作的性能指标，尽可能的希望可利用率接近 100%，它与 MTBF 和 MDT 的关系如下：

$$A = MTBF/(MTBF + MDT)$$

为了提高整个系统的可利用率，不仅要求组成系统的各组件有很高的内在利用率，而且要求在发生故障时能够迅速进行检修或更换。监控系统在电厂验收时的可利用率指标分别为 99.9%、99.7% 和 99.5% 三挡。

通常采用如下措施来提高系统的可靠性/可利用率：

（1）增加冗余度；

（2）改善环境条件；

（3）抗电气干扰；

（4）减少元件数量；

（5）设置自诊断，及时找出故障点；

（6）在设计时特别注意增加系统结构的可靠性。

四、系统安全性测试

抽水蓄能电站的计算机监控系统应具有良好的安全性，包括操作安全、通信安全和软件、硬件安全。遵循以下原则：

（1）正常情况下，抽水蓄能电站计算机监控系统的主控级计算机、现地控制单元 LCU 均能实现对主要设备的控制和操作，并保证操作的安全和设备运行的安全。

（2）计算机监控系统故障时，上一级的故障不应影响下一级的控制和操作功能及安全，即主控级故障时，不应影响现地控制单元级的功能。

（3）当现地控制单元级故障，甚至整个系统均出现故障时，监控系统不具备正常的操控功能，但仍应有适当的措施保证主要设备的安全，或将它们转换到安全的状态。

在保证操作安全方面，应有如下措施：

（1）对系统每一功能和操作提供检查和校核，发现有误时及时报警、撤销；

（2）当操作有误时，能自动或手动地被禁止并报警；

（3）对任何自动或手动操作可作提示指导或储存记录；

（4）人机通信中应设置操作员控制权口令，其级数应不小于 4 级；

（5）按控制级实现操作闭锁，其优先权顺序为：现地控制单元级最高，主控级第二。

在保证通信安全方面，应有如下措施：

（1）系统设计应保证信息传送中的错误不会导致系统关键性故障；

（2）主控级与单元控制级的通信包括控制信息时，应该对响应有效信息或未响应有效信息作明确肯定的指示，通信失败时，应考虑 2～5 次的重复通信并发出报警信息；

（3）通道设备上应提供适当的检查手段，以证实通道正常。

在保证硬件、软件和固件安全方面，应有如下措施：

（1）应有电源故障保护和自动重新启动功能；

（2）能预置初始状态和重新预置；

（3）有自检能力，检出故障时能自动报警；

（4）设备故障能自动切除或切换到备用设备上，并能报警；

（5）软件的一般性故障应能登录并具有无扰动自恢复能力；

（6）软件系统应具备防止常规病毒侵袭的能力；

（7）任何软件、硬件的故障都不会危及设备和人身的安全；

（8）系统中任何地方单个元件的故障不应造成生产设备误动或拒动。

五、可扩性测试

抽水蓄能电站的计算机监控系统需要具有良好的可扩性，这是因为不同的抽水蓄能电站有不同的设备配置，而且同一电站的设备配置也可能随时间的变化而变化，例如电站运行一段时间之后要扩充容量，可能在最初需要的控制功能不多，后来要求增加，也就是说要求控制系统也能够适应这种要求。为实现这种适应性（可扩性），模件化和采用总线结构都是有效的措施。不仅硬件可以模块化，软件也可以模块化。每个模件只具有简单的功能，复杂的功能则可以依靠若干个模件的组合来完成。实现模块化后，可进行批量生产，制造质量可提高，从而使可靠性得到提高。软件模块化还可以大大减少开发软件所需的工时。采用总线制，方便于系统的扩展，当需要增加模件时，只需要在总线上插入必要的插件即可，不必重新接线，接口可大大简化。

建议进行的可扩性测试包括如下几点：

（1）预留 10％的备用点、布线点和空位点设备。

（2）电站级计算机存储器容量应有 60％以上的裕度。

（3）应留有扩充现地控制装置、外围设备或系统通信的接口。

（4）通道容量应留有足够裕度，期望的通道利用率宜小于 50％。

六、适应环境能力及抗干扰能力测试

抽水蓄能电站的计算机监控系统需要具有良好的环境适应能力和抗干扰能力，建议适应环境能力和抗干扰能力应达到如下要求：

（1）环境温度。

中控室	夏季	23℃±2℃
	冬季	20℃±2℃
现地控制单元		0～40℃
允许温度变化		5℃/h

（2）相对湿度。

电站级计算机旁	45％～65％
现地控制单元	20％～90％（无凝结）

（3）尘埃。

电站级计算机旁：尘埃粒度大于 0.5μ 的个数小于 3500 粒/L。

现地控制单元：尘埃粒度大于 0.5μ 的个数小于 18000 粒/L。

（4）接地。

监控系统不需要独立的接地网，可直接与电站的主接地网可靠连接，主接地网的接地电阻应不大于 2Ω。

（5）一般电气特性。

1）绝缘电阻：交流回路外部端对地的绝缘电阻应不小于 $10M\Omega$；不接地直流回路对地的绝缘电阻应不小于 $10M\Omega$。

2）介电强度：500V 以下，60V 及以上端子与外壳间应能承受交流 2000V 电压 1min；60V 以下端子与外壳间应能承受交流 500V 电压 1min。

3）抗干扰：

无线电干扰（RI）	30～500MHz	2 级 3V/m
静电干扰（ESD）	ESD 150pF	2 级 4kV
工频磁场干扰	主机　　　800A/m	
	显示器　　80A/m	

4）浪涌（或传导干扰）　抑制能力（SWC）；

1～1.5MHz 衰减振荡	2 级 1000V
$1.2/50\mu s$ 冲击波	2 级 3000V

七、可变性测试

对电站级和现地控制单元级装置中设备的参数或结构配置应能够容易实现改变。对点的可变性建议有如下要求：

（1）点说明的改变；

（2）点模拟量工程单位标度改变；

（3）点模拟量限值死区改变；

（4）点控制量时间参数改变。

第五章

数 据 分 析 与 处 理

　　分部调试与整组调试期间，将产生大量的信号数据。这些信号数据包括机组振动、主轴摆度、压力、压力脉动、电气数据及工况参数等，为了更好地反映机组的状态和评价机组的性能，势必要对获得的信号数据进行适当的分析与处理。为了大家对信号分析与处理有个全面的认识，下面先介绍一下信号和信号分析处理的相关知识。

⫸ 第一节　信 号 分 类

　　根据信号的性质可分为：确定性信号与随机信号；周期信号与非周期信号；连续时间信号与离散时间信号；能量信号与功率信号。

一、确定信号与随机信号

　　对于某一时刻，就有某一确定数值与其对应的信号，称为确定信号。
　　如果一个信号事先无法预测它的变化趋势，也无法预先知道其变化规律，称为随机信号。在实际工作中，系统总会受到各种干扰信号的影响，这些干扰信号不仅在不同时刻的信号值是互不相关的，而且在任一时刻信号的幅值和相位都是在不断变化的。因此，从严格意义上讲，绝大多数信号都是随机信号。

二、周期信号与非周期信号

　　对一个连续时间信号 $f(t)$，若对所有的 t 值均满足式（5-1）所示条件：
$$f(t) = f(t+mT) \quad m = 0, \pm 1, \pm 2, \cdots \tag{5-1}$$
则称为周期信号。满足上式的最小 T 值称为 $f(t)$ 的周期。
　　不满足周期信号条件的信号为非周期信号。
　　两个周期信号相加不一定为周期信号。假设这两个信号的周期分别为 T_1 和 T_2，只有当 $T_1/T_2 = M/N$，且 M 和 N 均为正整数时，这两个信号的和才是周期信号，且其周期为 T_1 和 T_2 的最小公倍数。

三、能量信号与功率信号

　　定义信号的能量为：
　　对于连续时间信号

$$E[f(t)] = \int_{-\infty}^{\infty} \| f(t) \|^2 \mathrm{d}t \qquad (5-2)$$

对于离散时间信号

$$E[f(n)] = \sum_{n=-\infty}^{\infty} \| f(n) \|^2 \qquad (5-3)$$

定义信号的功率为：

对于连续时间信号

$$P[f(t)] = \frac{1}{T} \int_{-T/2}^{T/2} \| f(t) \|^2 \mathrm{d}t \qquad (5-4)$$

对于离散时间信号

$$P[f(n)] = \frac{1}{N} \sum_{n=1}^{N} \| f(n) \|^2 \qquad (5-5)$$

如果信号的能量是有限的，则称为能量信号。

如果信号的功率是有界的，则称为功率信号。

根据能量信号和功率信号的定义，能量信号的平均功率为零，功率信号的能量无穷大。时限信号（在有限时间区域内存在非零值的信号）是能量信号，周期信号是功率信号，非周期信号可能是能量信号，也可能是功率信号。

四、连续时间信号与离散时间信号

信号存在的时间范围内，任意时刻都可以给出确定的函数值，称为连续时间信号；在时间上是离散的，只在某些不连续的规定瞬时给出函数值，称为离散时间信号，如图 5-1 所示。

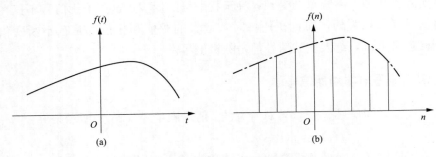

图 5-1　连续时间信号与离散时间信号

(a) 连续时间信号；(b) 离散时间信号

定义在等间隔离散时间点上的离散时间信号，称为序列，序列可以表示成函数形式，也可以直接列出序列值或写成序列值的集合。

在工程应用中，常常将幅值连续可变的信号称为模拟信号，将幅值连续的信号，在固定时间点上取值得到的信号称为取样信号。将幅值只能取某些固定的值，而在时间上等间隔的离散时间信号称为数字信号。本章是针对离散取样信号的分析与处理。

➤ 第二节 信号分析处理

　　信号分析处理是对信号进行滤波、变换、检测、谱分析和估计、压缩、识别等处理过程的统称。

　　信号分析处理的经典方法有时域分析和频域分析。时域分析又称波形分析，是分析信号的幅值随时间变化的关系，可以得到信号在不同时刻的瞬时值或最大值、最小值、均值、峰峰值、均方根值等，也可以通过信号的时域分解，研究其稳定分量与波动分量；对信号进行相关分析，可以研究信号本身或相互间的相关程度；研究信号的幅值取值的分布状态，可以了解信号幅值取值的概率及概率分布情况，因此时域分析又称为幅值域分析。

　　信号的频域分析是把时域信号进行傅里叶变换，在频域内用幅值、相位来表述信号，进而分析其频率特征的一种方法，又称为频谱分析。例如：幅值谱、相位谱、能量谱密度、功率谱密度等。对信号进行频谱分析，可以得到更多的有用信息，是近代信息技术发展中的一个重要手段。

　　滤波是抑制输入信号中的某些频率成分，改变信号频谱中各频率分量的相对比例，从而更有利于其时域的各种参数分析，因此，滤波是属于频域的处理。

　　传统的傅里叶变换是以假设信号为平稳信号条件下的一种表征信号频率特征的方法，该方法是对被分析信号在整个时间域内的频率特征的平均结果。因此，对于频率特征随时间的变化而变化的非平稳信号，采用傅里叶变换不能完全表征出非平稳信号的频率特征随时间变化的特点，无法有效地分析和处理非平稳信号。针对傅里叶变换无法同时对时间和频率定位的缺点，能够对信号进行时间—频率联合分析的时频分析方法就出现了，例如短时傅里叶变换、小波变换、经验模式分解、经验小波分解等。这些时频分析方法能提供信号的时变频谱特征，从而反映出信号频率特征随时间变化的特点。

　　因此，时域分析、频域分析和时频分析成为信号分析处理的三大方向。

一、时域分析

　　时域分析是直接在时间域中对信号进行分析处理，时域分析具有直观的优点，常用的时域分析有：均值、最大值、最小值、分布概率密度、峰峰值、有效值、轴心轨迹与相关分析等。

　　1. 均值

　　均值就是一段时间范围内，某一信号数组中所有数据的平均值，计算公式如下：

$$X_{\mathrm{avg}} = \frac{1}{N} \sum_{i=1}^{N} x_i \qquad (5\text{-}6)$$

式中　X_{avg}——信号 x 的平均值；

　　　X_i——信号 x 第 i 个点的数据值；

N——信号数据长度。

2. 最大值、最小值

最大值、最小值就是一段时间范围内，某一信号数组中所有数据的最大数据值或最小数据值。

3. 分布概率密度

用分布概率密度来描述信号的波动情况以及估计信号的强度。

概率密度定义为信号的瞬时值落在一定范围 ΔX 内的概率除以该范围大小 ΔX。在指定幅值水平 X 处的概率密度为：

$$P(x) = \lim_{\Delta X \to 0} \frac{P(X) - P(X + \Delta X)}{\Delta X} \tag{5-7}$$

式中　$P(X)$——信号值等于 x 的概率密度；

　　　$P(x)$——瞬时值大于 X 的概率；

$P(X + \Delta X)$——瞬时值大于 $X + \Delta X$ 的概率。

将信号 X 的全体值对应的概率密度值画成曲线就得到概率密度曲线，如图 5-2 所示。沿该曲线从 X_1 到 X_2 积分就得出瞬时值落在 $[x_1, x_2]$ 间的概率。

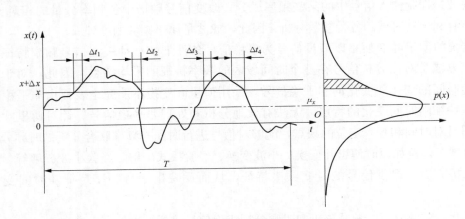

图 5-2　概率密度分布曲线示意图

4. 峰—峰值（或峰值）

峰峰值用来表示信号的波动情况，峰峰值分析有如下三种方法：

（1）时段法：把整个测录时间分成若干时段，计算出每一时段中的最大偏移量（从最低峰到最高峰），即可得出峰—峰值随时间的变化分析结果。分析结果可用表格或直方图示出。

（2）平均时段法：取一定数量时段的峰-峰值的平均值。每段时段中至少应有一个尖锐峰值。

（3）置信度法：对信号时域波形图进行分区，将每个分区的点数统计出来，求出每个分区的点数概率，剔除不可信区域内的数据，计算得到峰-峰值。推荐使用 97％ 置信度。

5. 有效值

有效值又称均方根值，属于一种平均能量分析，既可用于周期信号，也可用于随机信号。有效值计算公式如下：

$$X_{rms} = \sqrt{\frac{1}{N}\sum_{i=1}^{N}x_i^2}$$

(5-8)

6. 轴心轨迹

当转子旋转时，它会绕转轴中心点振动，运动的轨迹就是轴心轨迹。轴心轨迹通过在转轴同一截面内 X、Y 两个方向的距离变化合成得到，如图 5-3 所示。

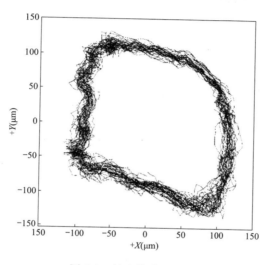

图 5-3　轴心轨迹示意图

轴心轨迹包含了转子系统的信息，可利用其来判断转子的故障，例如：

正常的轴心轨迹应该是一个较为稳定的、长短轴相差不大的椭圆。

不对中时，轴心轨迹为月牙状、香蕉状，严重时为 8 字形；发生摩擦时，会出现多处锯齿状尖角或小环；轴承间隙或刚度差异过大时，为一个很扁的椭圆；可倾瓦瓦块安装间隙相互偏差较大时，会出现明显的凹凸状。

7. 相关分析

相关分析又称为时延域分析，它包括自相关与互相关，自相关是描述一个信号在一定时移前后之间的关系，互相关是描述两个信号在一定时移前后之间的关系。

对于数字信号的自相关表达式如下：

$$R(p) = \frac{1}{N-p}\sum_{i=1}^{N-p}X(i)X(i+p) = E\big[X(i)X(i+p)\big]$$

(5-9)

互相关表达式如下：

$$R_{xy}(m) = \frac{1}{2N+1}\sum_{n=-N}^{N}x(n)y(n+m) = E\big[x(n)y(n+m)\big]$$

(5-10)

四种典型信号及其自相关函数波形如表 5-1 所示。

表 5-1　　　　　　　　　　　　四种典型信号及其自相关函数波形图

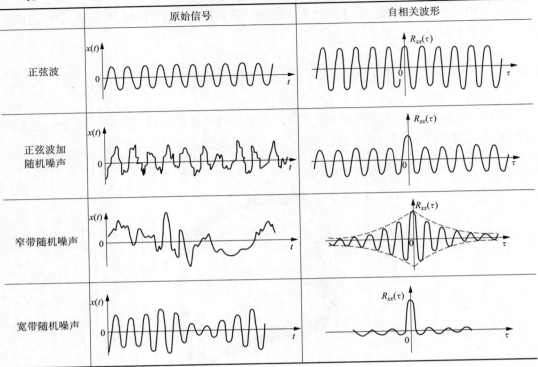

自相关与互相关具有如下性质：

（1）自相关函数是 τ 的偶函数，$R_X(\tau)=R_x(-\tau)$；

（2）当 $\tau=0$ 时，自相关函数具有最大值。

（3）周期信号的自相关函数仍然是同频率的周期信号，但不保留原信号的相位信息。

（4）两同频率周期信号的互相关函数仍然是同频率的周期信号，且保留原始信号的相位差信息。

（5）两个非同频率的周期信号互不相关。

（6）随机信号的自相关函数将随 τ 的增大快速衰减。

自相关可用来：

（1）检测信号回声。

（2）检测淹没在随机噪声中的周期信号。

互相关可用来：

（1）在混有周期成分的信号中提取特定的频率成分。

（2）线性定位和相关测速。

8．时域三维瀑布图

用来观察某一信号在不同工况下的时域波形变化情况，如某机组水导摆度在不同负荷工况的三维瀑布图见图 5-4。

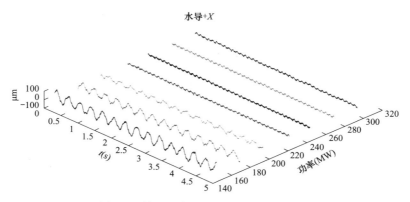

图 5-4　某机组水导摆度时域三维瀑布图

二、频域分析处理

频域分析通过对信号进行傅里叶变换来实现信号从时域到频域的转换，从而在频域进行各种分析处理，有时经频域分析处理后（典型的如滤波）还要转换到时域再进行时域的分析处理，如图 5-5 所示。

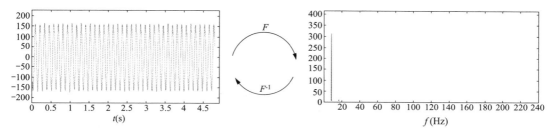

图 5-5　时域与频域相互映射图

连续函数的傅里叶正变换和逆变换计算公式如下：

正变换：

$$X(f) = \int_{-\infty}^{\infty} x(t)e^{-j2\pi ft}\,\mathrm{d}t \tag{5-11}$$

逆变换：

$$x(t) = \int_{-\infty}^{\infty} X(f)e^{j2\pi ft}\,\mathrm{d}f \tag{5-12}$$

实际应用中是把连续信号离散化，进而进行离散傅里叶变换（DFT，Discrete Fourier Transform），离散傅里叶正变换与逆变换计算公式如下：

正变换：

$$X(k) = \sum_{n=1}^{N} x(n)e^{-j\frac{2\pi}{N}(k-1)(n-1)}, \quad k = 1, 2, \cdots, N \tag{5-13}$$

逆变换为：

$$x(n) = \frac{1}{N}\sum_{k=1}^{N} X(k)e^{j\frac{2\pi}{N}(k-1)(n-1)}, \quad n = 1, 2, \cdots, N \tag{5-14}$$

式中　N——离散信号采样点数。

后来随着傅里叶变换快速算法即 FFT（Fast Fourier Transform）的提出，DFT 变换的计算量得到大幅减小。

1. 幅值谱、相位谱

由 DFT 正变换可知：

$$X(1) = \sum_{n=1}^{N} x(n) \tag{5-15}$$

$$X(k) = \sum_{n=1}^{N} x(n) \cos\left[\frac{2\pi}{N}(k-1)(n-1)\right] - j \sum_{n=1}^{N} x(n) \sin\left[\frac{2\pi}{N}(k-1)(n-1)\right]$$
$$= r_k e^{j\theta_k} \tag{5-16}$$

其中：$r_k = |X(k)|$，令 $A_k = 2r_k/N$

A_k 与各频率成分的对应关系称为该信号的幅值谱，θ_k 与各频率成分的对应关系称为该信号的相位谱。幅值谱反映信号各频率分量的幅值，而相位谱反映信号各频率分量的初始相位。

2. 主频

幅值谱中最大值对应的频率称为主频。

3. 功率谱

功率谱包括自功率谱（APS，Auto Power Spectrum）和互功率谱（CPS，Cross Power Spectrum），功率谱可以利用傅里叶变换来计算得到，对于离散数字信号 x、y。x 或 y 的自功率谱计算如下：

$$X(f) = FFT(x); \quad G_{XX}(f) = X(f) \times conj(X(f)) \tag{5-17}$$

式中　　$X(f)$——离散信号 x 的傅里叶变换；

　　　　$G_{XX}(f)$——离散信号 x 的自功率谱；

　　$conj(X(f))$——离散信号 x 的傅里叶变换的共轭。

x 与 y 的互功率谱计算如下：

$$X(f) = FFT(x); \quad Y(f) = FFT(y); \quad G_{XY}(f) = X(f) \times conj(Y(f)) \tag{5-18}$$

式中　$G_{XY}(f)$——离散信号 x 与 y 的互功率谱。

4. 传递函数与相干函数分析

在测量结构部件的模态时需要用到传递函数与相干函数。传递函数用来描述一个线性系统的传递特性，即系统响应与系统输入之间的关系，其数学定义为：

$$H(S) = \frac{Y(S)}{X(S)} \tag{5-19}$$

式中　$H(S)$——传递函数；

　　　$Y(S)$——系统响应的拉普拉斯变换；

　　　$X(S)$——系统输入的拉普拉斯变换。

工程应用中常关注频率响应特性，计算公式如下：

$$H(f) = \frac{Y(f)}{X(f)} \tag{5-20}$$

即响应傅里叶变换与输入傅里叶变换的比值，也可用下式表示：

$$H(f) = \frac{X(f) \cdot Y(f)}{X(f) \cdot X(f)} = \frac{G_{XY}(f)}{G_{XX}(f)} \tag{5-21}$$

式中 $G_{XY}(f)$——输入 X 与输出 Y 的互功率谱；

$\qquad$ $G_{XX}(f)$——输入 X 的自功率谱。

为了描述两个信号在频域内的相关程度，引入了相干函数，其定义如下：

$$\gamma_{XY}(f) = \frac{|G_{XY}(f)|}{\sqrt{G_{XX}(f) \cdot G_{XY}(f)}}, \quad 0 \leqslant \gamma_{XY}(f) \leqslant 1 \tag{5-22}$$

若 $\gamma_{XY}(f) = 1$，则表明 Y_{fk} 与 X_{fk} 在 f_k 呈线性关系。

相干函数常用来判断结构部件振动固有频率的可信度。

5. 频域三维瀑布图

用来观察某信号在不同工况下频域各频率成分的分布情况，如图 5-6 所示。

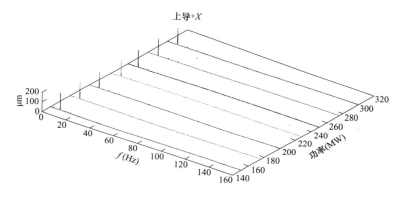

图 5-6 某信号不同负荷工况下频域瀑布图

6. 滤波

滤波包括硬件滤波和软件滤波，硬件滤波主要是通过电容与电阻的组合来实现，分为有源与无源两种，它常被嵌套在数据采集仪器中。软件滤波就是通过程序设计对采样得到的输入信号经过一定的运算改变输入信号所含频率成分的相对比例或者滤除某些频率成分。

滤波按功能来分，可分为低通滤波、高通滤波、带通滤波、带阻滤波和全通滤波。硬件滤波中使用最多的是低通滤波，用来把采样频率一半以上的频率成分或高于有用频率段以上的成分滤除。例如一阶 RC 低通滤波器的电路、幅频与相频响应曲线如图 5-7 所示。

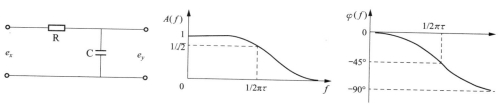

图 5-7 一阶 RC 低通滤波器电路、幅频及相频响应曲线

199

设滤波器的输入电压为 e_x，输出电压为 e_y，则有：

$$RC \frac{\mathrm{d}e_y}{\mathrm{d}t} + e_y = e_x \tag{5-23}$$

令 $\tau = RC$，称为时间常数，对上式取拉氏变换，可得：

$$H(s) = \frac{1}{\tau s + 1} \text{ 或 } H(f) = \frac{1}{j2\pi f\tau + 1} \tag{5-24}$$

其幅频与相频特性公式为：

$$A(f) = |H(f)| = \frac{1}{\sqrt{1 + (\tau 2\pi f)^2}}$$

$$\varphi(f) = -\arctan(2\pi f\tau) \tag{5-25}$$

由上式可知，当 f 很小时，$A(f) = 1$，该频率成分信号不受衰减通过；当 f 很大时，$A(f) = 0$，该频率成分完全被阻挡，该滤波器的截止频率为 $f_c = \dfrac{1}{2\pi RC}$。

软件滤波是对采样得到的信号进行分析处理时使用。下面对比较常用的巴特沃斯、贝塞尔和契比雪夫低通滤波进行简单介绍。

（1）巴特沃斯低通滤波。

巴特沃斯低通滤波器的幅度平方函数为：

$$|H(\omega)|^2 = \frac{1}{1 + \left(\dfrac{\omega}{\omega_c}\right)^{2n}} \tag{5-26}$$

式中　n——滤波器的阶数；

　　　　ω_c——滤波器的截止角频率，当 $\omega = \omega_c$ 时，$|H(\omega)|^2 = 1/2$。

巴特沃斯滤波器的幅频与相频特性曲线如图 5-8 所示，巴特沃斯滤波器的特点是通频带内的频率响应曲线最大限度平坦，而在阻频带则逐渐下降为零。

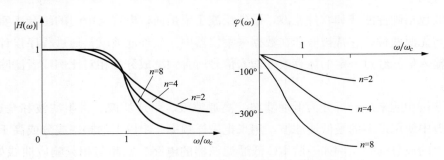

图 5-8　巴特沃斯滤波器幅频与相频特性曲线

（2）契比雪夫低通滤波。

契比雪夫低通滤波器的幅度平方函数为：

$$|H(\omega)|^2 = \frac{1}{1 + \varepsilon^2 T_n^2 \dfrac{\omega}{\omega_c}} \tag{5-27}$$

式中　ε——决定通带波纹大小的波动系数，$0 < \varepsilon < 1$；

ω_c——滤波器的截止角频率；

T_n——n 阶契比雪夫多项式。

契比雪夫滤波器的幅频与相频特性曲线如图 5-9 所示，与巴特沃斯幅频特性相比较，虽然在通带内有起伏，但同样阶数的滤波器在进入阻带后衰减更陡峭。ε 值越小，通带起伏越小，截止频率点衰减的分贝值也越小，但进入阻带后衰减缓慢。因此，在不允许通带内有纹波的情况下，巴特沃斯型更可取；从相频响应来看，巴特沃斯型要优于契比雪夫型，前者的相频响应更接近于直线。

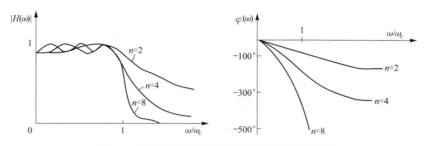

图 5-9 切比雪夫滤波器幅频与相频特性曲线

（3）贝塞尔低通滤波。

与巴特沃斯、契比雪夫滤波器相比，贝塞尔滤波器最大的特点是具有最佳的线性相位特性，在通频带内，各种频率的信号经滤波器后产生不同相移，相移与频率呈线性关系，使波形失真最小。贝塞尔滤波器又称最平时延或恒时延滤波器。不过由于它的幅频特性欠佳，会制约它的应用。

贝塞尔滤波器的幅频与相频特性曲线如图 5-10 所示。

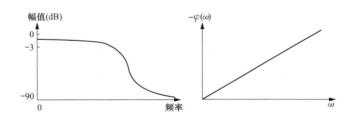

图 5-10 贝塞尔低通滤波器幅频与相频特性曲线

三、时频分析

1. 短时 FFT

1946 年 Gabor 引入了短时傅里叶变换（Short-time Fourier Transform）。短时傅里叶变换的基本思想是：把信号分成许多小的时间间隔，用傅里叶变换分析每一个时间间隔，以便确定该时间间隔存在的频率成分。其表达式为：

$$S_f(\omega,\tau) = \int_{-\infty}^{\infty} f(t)g(t-\tau)e^{j\omega t}\,dr \tag{5-28}$$

其中，$g(t)$ 为一窗口函数，它一般是一光滑的低通函数，只在 τ 的附近有值，在其余处迅速衰减掉。这样，便得到函数在时刻 τ 附近的频率信息。随着时间 τ 的变化，所确定的窗函数在时间轴上移动，对 $f(t)$ 逐段进行分析。

2. 小波分析

小波分析（wavelet transform）是一种变分辨率的时频分析方法。它在时频两域都具有表征信号局部特征的能力，是一种窗口大小固定不变，但其形状、时间窗和频率窗都可以改变的时频局部化分析方法，它具有对信号的自适应性。小波分析被广泛应用于信号处理中。

设 $a>0$，$b\in R$，则按下式生成的函数族 $\{\phi_{a,b}(t)\}$

$$\phi_{a,b}(t) = |a|^{-\frac{1}{2}}\phi\left(\frac{t-b}{a}\right) \tag{5-29}$$

称为连续小波或分析小波，$\phi(t)$ 叫作小波函数或母小波。其中 a 是尺度参数，b 是时移参数，改变 a 的值，对函数 $\phi_{a,b}(t)$ 具有伸展（$a>1$）和收缩（$a<1$）的作用，参数 b 起着平移的作用。小波 $\phi(t)$ 的选择并不是任意的，也不是唯一的。

对于 $f(t)\in L^2(R)$，$f(t)$ 的连续小波变换如下：

$$W_f(a,b) \leqslant f,\quad \phi_{a,b} \geqslant \int f(t)a^{-\frac{1}{2}}\phi\left(\frac{t-b}{a}\right)\mathrm{d}t \tag{5-30}$$

当 a 较大时，视野宽而分辨率低，可以做平滑部分的观察；当 a 较小时，视野窄而分辨率高，可以对细节进行观察。

3. EMD 分解

经验模式分解 EMD（Empirical Mode Decomposition），是由美籍华人黄锷（N. E. Huang）等人于 1998 年开拓性地提出的一种脱离 Fourier 分析框架的自适应信号分解方法，它把复杂信号分解为有限的基本模式分量 IMF（Intrinsic Mode Function）及一个余项的和。

EMD 方法是用波动上、下包络的平均值去确定"瞬时平衡位置"，进而分解出各 IMF 分量，考虑一个信号序列 $x(t)$，经验模式分解过程如下：

（1）确定信号所有的局部极值点，然后用三次样条线将所有的局部极大值点连接起来形成上包络线，再用三次样条线将所有的局部极小值点连接起来形成下包络线，上、下包络线应该包络所有的数据点。上、下包络线的平均值记为 m_1，求出：

$$x(t) - m_1 = h_1 \tag{5-31}$$

理想地，如果 h_1 是一个 IMF，那么 h_1 就是 $x(t)$ 的第一个分量。

（2）如果 h_1 不满足 IMF 的条件，把 h_1 作为原始数据，重复步骤（1），得到上下包络线的平均值 m_{11}，再判断 $h_{11}=h_1-m_{11}$ 是否满足 IMF 的条件，如果不满足，则重循环 k 次，得到 $h_{1(k-1)}-m_{1k}=h_{1k}$，使得 h_{1k} 满足 IMF 的条件，记 $c_1=h_{1k}$，则 c_1 为信号 $x(t)$ 的第一个满足 IMF 条件的分量。

（3）将 c_1 从 $x(t)$ 中分离出来，得到：

$$r_1 = x(t) - c_1 \tag{5-32}$$

将 r_1 作为原始数据重复步骤（1）、（2），得到 $x(t)$ 的第 2 个满足 IMF 条件的分量 c_2，重复循环 n 次，得到信号 $x(t)$ 的 n 个满足 IMF 的分量。这样就有

$$r_1 - c_2 = r_2$$
$$\cdots$$
$$r_{n-1} - c_n = r_n$$

(5-33)

当 r_n 成为一个单调函数不能再从中提取满足 IMF 的分量时，循环结束。这样由式（5-32）和式（5-33）得到：

$$x(t) = \sum_{j=1}^{n} c_j + r_n$$

(5-34)

因此，可以把任何一个信号 $x(t)$ 分解为 n 个基本模式分量和一个残量 r_n 之和，分量 c_1、c_2、$\cdots$、c_n 分别包含了信号从高到低不同频率段的成分，而且不是等带宽的。所以，经验模态分解是基于与不同时间尺度有关的能量的直接提取上进行的。

4. 广义 S 变换

S 变换（S-transform）是继小波变换后新出现的一种时频分析方法，是对短时傅里叶变换和小波变换的继承与发展。S 变换是一种无损变换，也是一种线性变换，时频分辨率与信号本身直接关联，且是一种可逆的时频分析方法。然而，由于 S 变换中采用的窗函数仍是固定的，缺乏自适应性。为克服此不足，在标准 S 变换的尺度因子的基础上，通过引入调节因子，使得窗函数宽度能根据分析信号的频率变化而自适应地调整，获得较合适的时频窗函数，这种改进的 S 变换，称为广义 S 变换。

设 $x(t) \in L^2(R)$，$L^2(R)$ 为能量有限函数空间，则信号 $x(t)$ 的一维 S 变换定义为：

$$s(\tau, f) = \int_{-\infty}^{\infty} x(t)\omega(\tau - t, f)e^{-i2\pi ft}dt$$
$$\omega(\tau, f) = \frac{|f|}{\sqrt{2\pi}}e^{-\frac{\tau^2 f^2}{2}}$$

(5-35)

式中　f——频率；

τ——时移因子；

$\omega(\tau, f)$——高斯窗函数；

i——虚数单位。

S 变换的逆变换为：

$$x(\tau) = \int_{-\infty}^{+\infty}\left[\int_{-\infty}^{\infty} S(t, f)dt\right]e^{i2\pi f\tau}df = \int_{-\infty}^{+\infty} X(f)e^{i2\pi f\tau}df$$

(5-36)

由 S 变换计算公式可知，窗函数的宽度与频率成反比，因此，根据信号的频率变化自适应地调节窗函数的宽度，可得到合适的时频分辨率。不过，S 变换中的基本小波函数是固定的，缺乏自适应性。于是通过引入调节参数对标准 S 变换进行延拓，这就是广义 S 变换（Generalized S-transform，GST），其变换公式为：

$$GST(\tau, f) = \int_{-\infty}^{+\infty} x(t)\omega(\tau - t, f)e^{-i2\pi f\tau}dt$$
$$\omega(\tau, f) = \frac{|f|^p}{k\sqrt{2\pi}}e^{-\frac{\tau^2 f^{2p}}{2k^2}}$$

(5-37)

式中　k，p——调节因子，$k > 0$，$p > 0$。

通过调节因子，增强了广义 S 变换的自适应性，克服了标准 S 变换的不足。当调节

因子 k 增大时，窗函数的宽度会向外进行延拓，当调节参数 p 增大时，窗函数的宽度则向内收缩。这两个参数相比较，很显然，p 的调节对窗函数宽度影响更大。因此，实际应用中，主要是通过调节参数 p 来自适应地调节广义 S 变换的窗函数宽度，以便达到最佳的时频分辨率。

一维离散信号序列 X 的广义 S 变换为：

$$GST[j,n] = \sum_{m=0}^{N-1} X\left[\frac{n+m}{N\Delta T}\right] e^{-\frac{2\pi^2 k^2 m^2}{n^2 p}} e^{\frac{i2\pi mj}{N}} \tag{5-38}$$

式中　　j——代表时间 $j=0,1,2,\cdots N-1$；

　　　　n——代表频率 $n=0,1,2,\cdots N-1$；

　　　　ΔT——采样间隔；

　　　　N——采样点数。

5. 经验小波分解（EWT）

经验小波变换（Empirical Wavelet Transform，EWT）是由 Gilles 于 2013 年提出的一种新的自适应信号处理方法，该方法的核心思想是通过对信号的频谱进行自适应地划分，构造合适的正交小波滤波器组以提取具有紧支撑傅里叶频谱的 AM-FM 成分，然后，对提取出的 AM-FM 模态进行 Hilbert 变换，得到有意义的瞬时频率和瞬时幅值，进而可以得 Hilbert 谱。

为了选择合适的小波滤波器组，需要对傅里叶谱进行自适应地分割，假设将傅里叶支撑 $[n, \pi]$ 分割成 N 个连续的部分，用 ω_n 表示各片段之间的边界，ω_n 选择为信号傅里叶谱两个相邻极大值之间的中点（$\omega_0 = 0$，$\omega_N = \pi$），如图 5-11 所示，则每段可表示为：

$$\Lambda_n = [\omega_{n-1}, \omega_n], \quad n = 1, 2, \cdots, N$$
$$\bigcup_{n=1}^{N} \Lambda_n = [0, \pi] \tag{5-39}$$

以每个 ω_n 为中心，宽度为 $T_n = 2\tau_n$ 定义了一个过渡段，如图 5-11 中的阴影区。

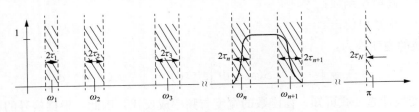

图 5-11　傅里叶轴的分割

确定分割区间 Λ_n 后，经验小波定义为每个 Λ_n 上的带通滤波器，Gilles 根据 Meyer 小波的构造方法构造经验小波。经验尺度函数 $\hat{\phi}_n(\omega)$ 和经验小波函数 $\hat{\phi}_n(\omega)$ 定义如下：

$$\hat{\phi}_n(\omega) = \begin{cases} 1 & if\ |\omega| \leqslant (1-\gamma)\omega_n \\ \cos\left\{\frac{\pi}{2}\beta\left(\frac{1}{2\gamma\omega_n}\left[|\omega| - (1-\gamma)\omega_n\right]\right)\right\} \\ \quad if\ (1-\gamma)\omega_n \leqslant |\omega| \leqslant (1+\gamma)\omega_n \\ 0 & otherwise \end{cases} \tag{5-40}$$

$$\hat{\psi}_{\mathrm{n}}(\omega)=\begin{cases}1 & if(1+\gamma)\omega_n\leqslant|\omega|\leqslant(1-\gamma)\omega_{n+1}\\ \cos\left\{\dfrac{\pi}{2}\beta\Big(\dfrac{1}{2\gamma\omega_{n+1}}\big[\,|\,\omega\,|-(1-\gamma)\omega_{n+1}\,\big]\Big)\right\}\\ \quad if(1-\gamma)\omega_{n+1}\leqslant|\omega|\leqslant(1+\gamma)\omega_{n+1}\\ \sin\left\{\dfrac{\pi}{2}\beta\Big(\dfrac{1}{2\gamma\omega_n}\big[\,|\,\omega\,|-(1-\gamma)\omega_n\,\big]\Big)\right\}\\ \quad if(1-\gamma)\omega_n\leqslant|\omega|\leqslant(1+\gamma)\omega_n\\ 0 & otherwise\end{cases} \tag{5-41}$$

其中：

$$\beta(x)=x^4(35-84x+70x^2-20x^3)$$

$$\tau_n=\gamma\omega_n$$

$$\gamma<\min_n\left(\frac{\omega_{n+1}-\omega_n}{\omega_{n+1}+\omega_n}\right)$$

采用类似于传统的小波变换来定义经验小波变换 $W_f^e(n,t)$，细节系数由小波函数与信号内积产生：

$$W_f^e(n,t)=\langle f(t),\psi_n(t)\rangle=\int f(\tau)\overline{\psi_n(\tau-t)}\mathrm{d}\tau=F^{-1}\big[f(\omega)\psi_n^\wedge(\omega)\big] \tag{5-42}$$

近似系数通过经验尺度函数与信号内积产生：

$$W_f^e(0,t)=\langle f(t),\phi_1(t)\rangle=\int f(\tau)\overline{\phi_1(\tau-t)}\mathrm{d}\tau=F^{-1}\big[f(\omega)\phi_1^\wedge(\omega)\big] \tag{5-43}$$

其中，$\psi_n(t)$ 和 $\phi_1(t)$ 分别为经验小波函数和经验尺度函数，$\psi_n^\wedge(\omega)$ 与 $\phi_1^\wedge(\omega)$ 分别为 $\psi_n(t)$ 和 $\phi_1(t)$ 的傅里叶变换，$\overline{\psi_n(t)}$ 和 $\overline{\phi_1(t)}$ 分别表示 $\psi_n(t)$ 和 $\phi_1(t)$ 的复共轭。原信号重建如下：

$$\begin{aligned}f(t)&=W_f^e(0,t)*\phi_1(t)+\sum_{n=1}^N W_f^e(n,t)*\psi_n(t)\\ &=F^{-1}\Big[\hat{W}_f^e(0,\omega)\phi_1^\wedge(\omega)+\sum_{n=1}^N\hat{W}_f^e(n,\omega)*\psi_n^\wedge(\omega)\Big]\end{aligned} \tag{5-44}$$

其中，符号 $*$ 表示卷积，$\hat{W}_f^e(0,\omega)$ 和 $\hat{W}_f^e(n,\omega)$ 分别表示 $W_f^e(0,t)$ 和 $W_f^e(n,t)$ 的傅里叶变换。经验模态 $f_k(t)$ 定义如下：

$$\begin{aligned}f_0(t)&=W_f^e(0,t)*\phi_1(t)\\ f_k(t)&=W_f^e(k,t)*\psi_k(t)\end{aligned} \tag{5-45}$$

通过经验小波变换，得到一个信号的经验模态后，就可以对每个经验模态函数进行 Hilbert 变换，从而得到有意义的瞬时频率和瞬时幅值，进而得到 Hilbert 谱。

在 EWT 方法中，如何分割傅里叶频谱是至关重要的，因为它直接关系到自适应分解的结果。不同的频谱部分对应于以不同特定紧支撑的频率为中心的模态。

⚏ 第三节 测试误差分析

一、测试误差

由于受各种因素的影响，例如测试方法、测试仪器、测试条件（温度、湿度、电磁等）和测试人员的测试水平等，造成了测试结果的不可避免的误差，称之为测试误差，测试误差为某信号的测试值与其客观真值之间的差，即：

$$测试误差＝测试值－真值$$

测试误差可以用绝对误差和相对误差两种形式来表述：

（1）绝对误差：测试值与真值之差，以 X 表示测试值，X_0 表示真值，绝对误差可用下式表示：

$$\varepsilon = X - X_0 \tag{5-46}$$

绝对误差的单位与测试量的单位相同。

（2）相对误差：绝对误差 ε 与真值 X_0 的比值，用百分比表示，即：

$$\pm \Delta X = \frac{\varepsilon}{X_0} \times 100\% \tag{5-47}$$

相对误差没有单位，利用它可以比较直观地表示测试结果的质量。

二、测试误差的组成

$$误差＝测试结果－真值＝（测试结果－总体均值）＋（总体均值－真值）$$

其中"测试结果－总体均值"是随机误差，"总体均值－真值"是系统误差。因此，测试误差包括两部分即系统误差与随机误差（计算测试误差时，应先剔除人为过失而造成的明显与事实不相符的测试数据。）

1. 系统误差

由于已定的测量系统的影响因素，对测试结果所产生的误差。其误差大小和方向是恒定的，或按一定的函数规律变化。其产生原因可归结为：测量仪器不良、环境条件变化、测量方法本身近似等。

2. 随机误差

随机误差又称为偶然误差，随机误差时大时小，其符号时正时负。它的出现完全是偶然的，无任何确定的函数规律，但在一定条件下对同一物理量进行多次重复测量时可以发现，随机误差的算术平均值将逐渐趋于零，而测量值接近于真值。随机误差具有如下统计规律：

（1）对称性：绝对值相等而符号相反的误差，出现的次数大致相等，也即测得值是以它们的算术平均值为中心而对称分布的。由于所有误差的代数和趋于零，故随机误差又具有抵偿性，这个统计特性是最为本质的。

（2）有界性：测得值误差的绝对值不会超过一定的界限，也即不会出现绝对值很大的误差。

（3）单峰性：绝对值小的误差比绝对值大的误差数目多，也即测得值是以它们的算术平均值为中心而相对集中地分布的。

系统误差与随机误差的异同点见表 5-2。

表 5-2　　　　　　　　　　　　系统误差与随机误差之间的异同点

异同点	比较项目	系统误差	随机误差
不同点	本性	具有确定性，在相同条件下，多次测量同一量时，误差的绝对值和符号保持恒定；改变条件时，误差亦按确定的规律变化	具有随机性，在相同条件下，多次测量同一量时，误差的绝对值和符号以不可预定的方式变化，即某一个误差的出现是随机的，但就总体而言，明显地遵从统计规律
	误差源	单项系统误差多与单个因素或少数几个因素有关	多由大量均匀小的因素，共同影响所造成
	抵偿性	无	有
	与测试条件的关系	影响系统误差的条件一经确定，误差也随机确定；即使重复测量，误差保持不变（包括绝对值与符号）	与测试条件的关系不如系统误差那样紧密有关，同条件下重复测量可减小随机误差
	发现方法	需要通过改变测试条件，才能发现	在确定的现场条件下，通过多次重复测量，即可发现
	减弱方法	需要采用特殊的方法，为引入修正值，消除误差因素，选择适当的测量方法等	可以通过在相同条件下测量而减小，n 次测量平均值的随机误差的标准差为单次测量随机误差的标准差的 $1:\sqrt{n}$
	分布类型	多种，但未知分布时可按均匀分布处理	一般为正态分布
	实质反映	反映测量均值的极限与真值之间的偏离	主要反映测量值自身之间的离散程度
相同点	本性	都是误差，它们始终存在于一切科学实践中	
	减弱程度	都只能减弱到一定程度（往往与科学水平有关），而无法彻底消除	
	有界性	都有确定的界限	
	表示方法	可以用绝对误差、相对误差，不确定度等表示	
	传递方法	可按类似的规律进行传递	
	合成方法	可采用概率分布的方式进行合成 独立的随机误差有抵偿性，强正相关的随机误差对和的影响具有累积的特性；若干独立系统误差对和的影响也具有一定强度的抵偿性，故而对未定系统误差的研究，类似于研究随机误差一样，也可以应用概率论进行解决	

三、测试误差产生的原因

1. 传感器部件引起的误差

某些传感器由于性能差，如存在非线性、重复性、迟滞性等误差，一般要求这些误差应在 1% 范围内，另外，传感器的量程选择不当，也会产生测试误差，一般要求其量程范围应大于被测量的 20%，个别情况（如甩负荷）还可选择更大些。还有传感器安装时未能满足安装条件要求而导致产生误差。

2. 标定系统引起的误差

传感器标定时，如果标定系统所选择的传感器（或试件）、材料、引线、仪器以及比例尺等未能完全与现场测试要求"对号入座"而引起的误差，一般应采用带线式标定系统，其标定误差小于 1.5%。

3. 测量仪器引起的误差

测量仪器在测试中所带来的系统误差约占整个测试中综合误差的一半多，所以，测量仪器应满足现场条件的要求，例如现场的温度、湿度、强振和强磁等因素。

4. 现场试验方法引起的误差

受现场测试条件或测试水平的制约，不能选用或无更先进的测试方法，只能选用精度低近似的方法而引起的误差。

5. 计算引起的误差

计算时取值不当，经验公式使用不当而产生的误差。

总之，现场测试引起误差的原因很多，且又很复杂，须待在实践中进一步研究与探讨。

四、测量结果的准确度和精确度

测量结果的精度，它反映测量结果的准确程度。亦即表示测量结果的数值与被测的"真值"的符合程度。它取决于所有误差成分总的作用，只有系统误差和随机误差都小，测量值的准确度才高。精度一般用"范围误差"来表示。

总的测量误差等于测量系统各个环节引起的最大相对误差平方和的开方，如下式所示：

$$f_{总} = \pm\sqrt{f_1^2 + f_2^2 + \cdots + f_i^2} \times 100\% \qquad (5-48)$$

式中　　$f_1, f_2, \cdots, f_i$——测量各个环节所引起的最大相对误差。

各个环节所引起的测量误差可归纳为系统误差和随机误差，因此，总的测量误差可以用下式表示：

$$f_{总} = \pm\sqrt{f_{系总}^2 + f_{随总}^2} \times 100\% \qquad (5-49)$$

式中　　$f_{总}$——总的测量误差；

　　　　$f_{系总}$——总的系统误差；

　　　　$f_{随总}$——总的随机误差。

⊯ 第四节　调试数据分析与处理

抽水蓄能机组在调试期间不同的试验项目有着不同的试验目的、测试参数和关注的试验结果，因此，对不同试验的测试数据采用的分析方法也不尽相同。抽水蓄能机组调试过程中开展的试验大致可分为稳定性试验、效率试验、过渡过程试验、动平衡试验、性能试验与特需试验（非常规试验项目，根据实际情况需要开展的试验，）六个大类，下面就上述六种类型试验的测试数据的分析处理进行介绍。

一、稳定性试验

稳定性试验中测量的参数包括机组振动、主轴摆度、压力脉动、噪声等。下面对稳定性试验中稳态工况的数据分析处理进行介绍。

1. 振动

机组振动的表示有三种方式，即位移、速度与加速度。对于用位移表示的振动大小常采用97％置信度的通频峰峰值来描述，如前所述，先对信号时域波形图进行分区，将每个分区的点数统计出来，求出每个分区的点数概率，剔除3％不可信区域内的数据，从而计算得到通频峰峰值。该方法计算较复杂，实践证明也可以用另外一种方法来代替：先对选取一定时长（通常为旋转周期的整数倍）的离散信号进行从小到大排序，上下各剔除1.5％的数据，再用最大值减去最小值即为97％置信度的通频峰峰值。例如某机组上机架水平振动的通频峰峰值计算如图5-12所示。

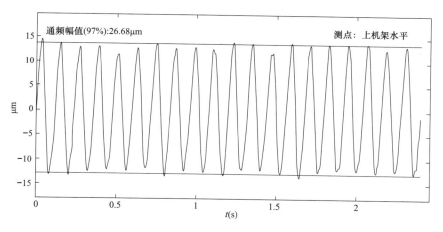

图 5-12　97％置信度通频峰峰值（位移量）

对于用速度与加速度表示的振动，其大小常用有效值来表示。

目前国标对抽水蓄能机组的振动允许值通常以位移量表示，具体要求如表5-3所示（GB/T 18482—2010），考虑到抽水蓄能机组转速高，机组振动尤其是顶盖振动也可以用速度量来表示其振动大小。GB/T 6075.5—2002《在非旋转部件上测量和评价机器的机械振动　第5部分：水力发电厂和泵站机组》中指出：①对于低速机械（低于300r/min），建议测量振动位移峰峰值。如果预期的频谱含有高频成分，评价一般应基于位移和速度的宽频带测量。②对于中高速机组（300～1800r/min），建议测量振动速度有效值，如果预计的频谱含有低频成分，评价一般应基于位移和速度的宽频带测量。该标准还提供了四个主要机器类型的区域边界推荐值，其中第四种机器类型（下导轴承座支承在基础上，上导轴承座支承在发电机定子上的立式机组，通常其工作转速在60～1000r/min）的区域边界值如表5-4所示，其他机器类型区域边界值及区域划分的依据参见该标准。

现在我国还没有专门针对抽水蓄能机组的以速度量评价的标准，不过随着抽水蓄能电站和机组数量的增多以及振动数据的积累，不久后相应的标准将会制定出。

表 5-3	可逆式抽水蓄能机组各部位振动允许值（双幅值）		（mm）
项目	额定转速（r/min）		
	$n<375$	$n\geq375$	
顶盖水平振动	0.05	0.04	
顶盖垂直振动	0.06	0.05	
带推力轴承支架的垂直振动	0.05	0.04	
带导轴承支架的水平振动	0.07	0.05	
定子铁芯部位机座水平振动	0.02	0.02	
定子铁芯振动（100Hz 双振幅值）	0.03	0.03	

表 5-4	评 价 区 域 边 界 值			
区域边界值	测点位置 1		所有其他主轴承处	
	位移峰峰值（μm）	速度有效值（mm/s）	位移峰峰值（μm）	速度有效值（mm/s）
A/B	65	2.5	30	1.6
B/C	100	4.0	50	2.5
C/D	160	6.4	80	4.0

注　1. 如果机器有一个不支承在基础上的发电机下导轴承，其振动应根据测点位置 1 评价；
　　2. 伞式机组也属于这一类，对主轴承的评定区域边界值也按此表。

对振动除了进行时域的幅值分析外，还应进行频域分析，例如幅值谱分析（常规幅值谱与对数形式的幅值谱）、功率谱分析，有时还需进行频域三维瀑布图分析。如某机组上机架水平振动信号的幅值谱如图 5-13 所示，对数形式的幅值谱如图 5-14 所示，该振动信号的三维瀑布图如图 5-15 所示。

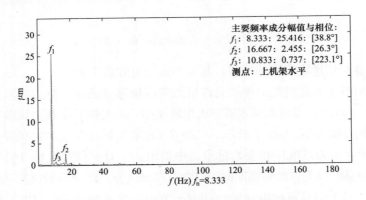

图 5-13　某上机架水平振动信号频域幅值谱图

由图 5-13 可知，该上机架水平振动主频为 8.33Hz 的转频，由于转频幅值较大，导致其他频率成分显示不清楚，而图 5-14 对数形式幅值谱显示的频率成分更为丰富，因此在频域分析时可根据需要而选择合适的方法。

考虑到用于测量振动位移或速度的振动传感器，其频响范围一般为 0.5～200Hz，因此，在分析时域幅值前有可能需要进行一定的滤波处理。

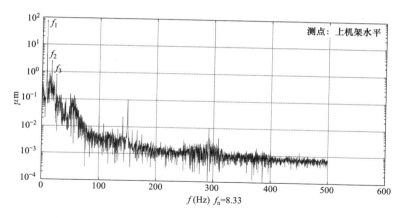

图 5-14 某上机架水平振动信号频域对数形式幅值谱图

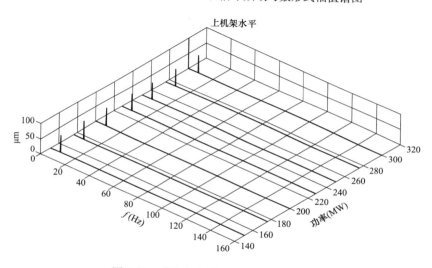

图 5-15 某上机架水平振动三维瀑布图

2. 主轴摆度

主轴摆度用电涡流位移传感器测量，它是位移量，因此，主轴摆度大小也用 97% 置信度的通频峰峰值来表示。主轴摆度除与振动一样进行时域幅值与频域分析外，有时还需分析其轴心轨迹。轴心轨迹主要看通频、一倍转频和二倍转频的轴心轨迹图，其中一倍频轴心轨迹可看出轴瓦的间隙及刚度是否存在问题，因为不平衡质量引起的振动是一个弓状回转涡动，转频的轴心轨迹应该是一个圆或长短轴相差不大的椭圆，而如果轴承间隙或刚度存在方向上的较大差异，那么一倍频的轴心轨迹就会变成一个较扁的椭圆；二倍频轴心轨迹可看出转子是否存在明显不对中。某机组上导处轴心轨迹图如图 5-16 所示。

3. 压力脉动

压力脉动的幅值常用通频峰峰值（ΔH）与相对值来表示，其中通频峰峰值按 97% 置信度峰峰值方法计算，相对值（$\Delta H/H$）为通频峰峰值与水泵水轮机工作水头（或扬程）的比值。

211

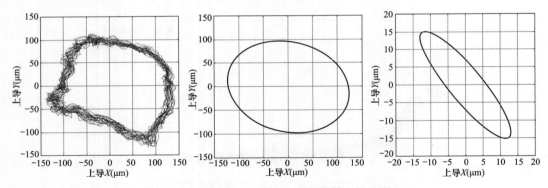

图 5-16　通频、一倍频、二倍频轴心轨迹图

有时也会用到压力脉动均方根值，即测点压力脉动相对值平方的平均值的平方根（见图 5-17），计算公式如下：

$$\left(\frac{\Delta H}{H}\right)_{rms} = \left\{\frac{1}{n}\sum_{i=1}^{n}\left(\frac{\Delta H_i}{H}\right)^2\right\}^{1/2} \tag{5-50}$$

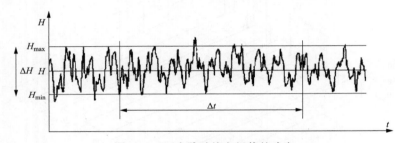

图 5-17　压力脉动均方根值的确定

压力脉动的频域分析同振动，不再赘述。

4. 噪声

噪声以声压级来表示，其定义为：声压与参考声压之比的常用对数乘以 20，单位是 dB（分贝），即：

$$L_p = 20\lg\frac{p}{p_0} \tag{5-51}$$

式中　p——声压，Pa；

　　　P_0——参考声压，$P_0 = 2\times10^{-5}$ Pa，它是人耳刚刚可以听到声音的声压。

机组噪声大小通常用 A 声级来表示，A 声级是对噪声频率进行计权后求得的总声压级。由于噪声经常是起伏的或不连续的，因此，在实际应用中通常采用的是等效连续 A 声级。

测量噪声的仪器一般具有 A 计权功能，对于没有 A 计权功能的噪声传感器，也可以利用测得的频谱声压级计算出 A 声级，计算公式如下：

$$L_{pA} = 10\lg\Big[\sum_{i=1}^{n}10^{0.1(L_{pi}+\Delta L_i)}\Big] \tag{5-52}$$

式中　L_{pi}——第 i 个频带的声压级；

ΔL_i——相应频带的计权修正值（见表 5-5）。

表 5-5 　　　　　A 计权修正值与频率的关系（按 1/3 倍频程中心频率）

f（Hz）	修正值（dB）	f（Hz）	修正值（dB）	f（Hz）	修正值（dB）
20	-50.5	200	-10.9	2000	$+1.2$
25	-44.7	250	-8.6	2500	$+1.3$
31.5	-39.4	315	-6.6	3150	$+1.2$
40	-34.6	400	-4.8	4000	$+1.0$
50	-30.2	500	-3.2	5000	$+0.5$
63	-26.2	630	-1.9	6300	-0.1
80	-22.5	800	-0.8	8000	-1.1
100	-19.1	1000	0	10000	-2.5
125	-16.1	1250	$+0.6$	12500	-4.3
160	-13.4	1600	$+1.0$	16000	-6.6

某噪声的时域波形与 1/3 倍频程声压级分布图如图 5-18 所示。

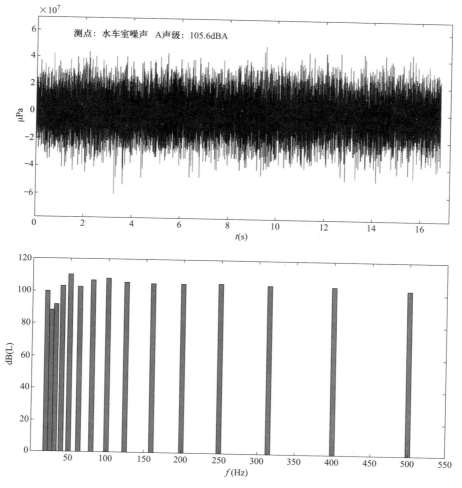

图 5-18　某噪声信号时域波形图与 1/3 倍频程声压级分布图

5. 常见振动频率特征及故障分析

抽水蓄能机组受水力、电气与机械三方面因素的影响，而水力、电气与机械引起的振动频率是各不相同的，为了更好地掌握稳定性数据在频域的分析结果，下面对常见的振动脉动频率进行介绍，如表 5-6 所示。

表 5-6　　　　　　　　　　常见振动脉动频率统计表

序号	频率 f 计算式（Hz）	与该频率有关的因素
1	$f_1 = \dfrac{n_r}{60}$	n_r 为机组转速（r/min）
2	$f_2 = \dfrac{n_r}{60} Z_1$	Z_1 为导叶个数
3	$f_3 = \dfrac{n_r}{60} Z_2$	Z_2 为转轮叶片个数
4	$f_4 = \dfrac{n_r}{60} Z_1 Z_2$	
5	$f_5 = \dfrac{f_1}{2 \sim 6}$	尾水管涡带频率
6	$f_6 = \dfrac{c\omega}{b}$	ω 为转轮叶片出水边相对流速；b 为叶片出水边厚度；当 $R_e = 10^3 \sim 10^6$ 时，$c = 0.18 \sim 0.2$
7	$f_7 = \dfrac{n_r}{60} \left(1 - \dfrac{V_u}{u} \right) Z_2$	V_u 为转轮出口水流的绝对切向分速；u 为转轮旋转速度
8	$f_8 = f' - f''$	由振频为 f' 和 f'' 叠加产生的拍振频率
9	$f_9 = f_固$	$f_固$ 为振动系统的固有频率
10	$f_{10} = P \dfrac{n_r}{60}$	P 为与发电机磁极对数有关的常数

在机组出现故障时，需要对故障原因进行分析，并进行相关的处理，常见的振动现象、振动原因及处理措施如表 5-7 所示。

表 5-7　　　　　　　　　　常见振动现象、原因与处理措施

分类	振动现象及特点	振动原因	处理措施
机械因素	机组一启动，主轴摆度就较大，且主轴摆度幅值与转速变化无明显的关系，有时负荷下降，主轴摆度减小，频率为转频	机组轴线不正	校正轴线
	主轴摆度幅值在各工况下都比较大，而且无规律变化现象。上机架垂直存在不规则的振动	推力头与镜板结合螺栓松动或推力头与镜板间绝缘垫变形或破裂	上紧螺栓，处理已破的绝缘垫并重盘车校正轴线
	推力瓦受力不均，运行中主轴摆度过大	镜板波浪度较大	处理镜板波浪度
	盘车时数据不规则，运行中主轴摆度幅值大，且有时大时小现象，极小的径向力变化便可使主轴摆度相位和幅值大小改变	推力头与轴配合间隙大	1. 在拆机检修时采用电镀工艺将推力头内孔适当减小；2. 若不能拆机用综合平衡法控制摆度幅值增大
	机组各导轴承径向振动大，且与转速无关，负荷增大时振动增大。振动为转频	三部导轴承不同心或轴承与轴不同心	重新调整轴承中心及间隙
	某导轴承处径向振动大，摆度大，动态轴线变化不定。有时发展到摩擦自激振动程度。此时振频由转频变为固有频率。振幅随负荷增加而增大	导轴承间隙过大或调整不当，或轴承润滑不良	重新调整轴承间隙

分类	振动现象及特点	振动原因	处理措施
机械因素	机组某部分振动明显，振幅随机组负荷增加而增大，振动为转频	振动系统构件刚度不够，或连接螺栓松动	增加刚度或紧固螺栓
	振动幅值随转速增加而增大，且与转速平方成正比，振频为转频	转子质量失匀	现场动平衡
电气因素	发电机定子外壳径向振幅值随励磁电流增大而加大；振频为转频；振动相位与相应部位处轴摆度的相位相同	定子椭圆度大	处理椭圆度使之符合要求
	发电机定子轴向、切向、径向振动随转速增加而增大；随励磁电流、电压的增大而增大；冷态启动时尤为显著；有时发出嘶或吱的噪声；定子切向、径向振动中出现 50Hz 或 100Hz 的频率；在励磁和带负荷工况下，振动随时间的增长而减小	定子铁芯片松动或定子组合缝松动	1. 将定子铁芯硅钢片进行压紧，紧固压紧螺栓和紧顶螺栓及加固，严重时需重新选片；2. 处理定子组合缝松动
	振幅随励磁电流增加而增大；振幅随温度上升而增加；振频与转频相同，有时出现与磁极数有关的频率	发电机定子膛内磁极的不均匀幅向位置	1. 调整空气间隙至合格要求；2. 磁拉力不平衡量较小时可以综合平衡加配重控制
	振幅随励磁电流的增大而增大，但当励磁电流增大到一定程度振动幅值趋向稳定、振频与转频相同	转子绕组匝间短路	更换匝间短路线圈
	定子振幅增大，有转频及转频的奇次谐波分量出现，严重时使阻尼条疲劳断裂和部件破坏	三相负荷不平衡	控制相间电流差值，$N<10$ 万 kW，三相电流之差不超过额定电流的 20%；$N>10$ 万 kW，不超过 15%；直接水冷定子绕组的不超过 10%
水力因素	振幅随机组过流量增加而增大，振频为导叶数或叶片数与转频的乘积	机组导叶或叶片开口不均	处理开口不均匀使之达到合格要求
	机组振动、摆度在某个工况突然增大，振频约为 $\frac{1}{2\sim6}$ 转频，尾水管压力脉动大	由尾水管内偏心涡带引起的振动	增装导流装置或阻水栅
	振动摆度随机组过流量增大而增加；梳齿压力脉动也随机组过流量增大而增加，各量的振频与转频相同，当发生自激振动时，振频很接近于系统的固有频率	某些原因使梳齿间隙相对变化率大引起压力脉动增大而加剧振动	1. 查出使间隙相对变化率大的原因，如间隙过小，偏心，摆度过大，梳齿处不圆度过大等，视情况做处理；2. 可用综合平衡法使之控制机组运转状态减小不平衡力
	机组振动、摆度随过流量增加而增大，振频为转速频率	转轮叶片形线不好	校正叶形
	机组振动、压力脉动随流量增加而增大，振频为 $(0.18\sim0.2)\frac{\omega}{b}$（$\omega$ 为叶片出水边相对流速；b 为叶片出水边厚度）	由叶片出口卡门涡引起	1. 修正叶片出水边形状；2. 增强叶片的刚度改变其自振频率；3. 破坏卡门涡频率

分类	振动现象及特点	振动原因	处理措施
水力因素	机组振动、摆度突然增大，有时发出怪叫的噪声，常为高频振动	转轮叶片断裂或相邻的几个剪断销同时折断	必须处理修复叶片；或更换已断的剪断销
	机组在某负荷工况下振动大，尾水管入孔处噪声大，尾水管压力脉动也大，振频为高频	由气蚀引起振动	1. 叶片修形或加装分流翼； 2. 泄水锥修形

二、效率试验

效率试验包括水泵水轮机效率与发电机效率试验，水泵水轮机效率试验包括相对效率试验与绝对效率试验，其中相对效率试验是通过测量蜗壳压差或泵工况流量压差来得到指数流量，从而计算出指数效率与相对效率；绝对效率一般采用超声波法来测量过机绝对流量进而计算绝对效率或采用直接测量出绝对效率的热力学法。效率试验的具体实施方法参见第四章。下面就效率试验测试结果的修正和误差分析作简单的介绍。

1. 水泵水轮机效率试验测试结果换算与修正

若各工况点测得的水力比能 E_n 与转速 n 与规定值 E_{sp} 和 n_{sp} 有偏差，则必须根据相似定律进行换算。

（1）抽水工况。

对于抽水工况如果转速 n 与规定转速 n_{sp} 不同时，按下式换算：

$$\frac{Q_{n_{sp}}}{Q_n} = \left(\frac{n_{sp}}{n}\right)\frac{E_{n_{sp}}}{E_n} = \left(\frac{n_{sp}}{n}\right)^2$$

$$\frac{P_{n_{sp}}}{P_n} = \left(\frac{n_{sp}}{n}\right)^3 \quad \eta_{n_{sp}} = \eta_n \tag{5-53}$$

（2）发电工况。

当转速 n 与水力比能 E 满足 $0.99 \leqslant \dfrac{n/\sqrt{E}}{n_{sp}/\sqrt{E_{sp}}} \leqslant 1.01$ 时，效率 η 可不修正，而 Q、P 按下式修正。

$$\frac{Q_{E_{sp}}}{Q_E} = \left(\frac{E_{sp}}{E}\right)^{\frac{1}{2}}$$

$$\frac{P_{E_{sp}}}{P_E} = \left(\frac{E_{sp}}{E}\right)^{\frac{3}{2}} \tag{5-54}$$

$$\eta_{E_{sp},n_{sp}} = \eta_{E,n}$$

2. 水泵水轮机效率试验误差分析

水泵水轮机效率测量误差由系统误差与随机误差构成，其中系统误差计算公式如下：

$$(f_\eta)_s = \pm \sqrt{(f_Q)_s^2 + (f_E)_s^2 + (f_P)_s^2} \tag{5-55}$$

式中 $(f_\eta)_s$——效率测量的系统误差；

$(f_Q)_s$——流量测量的系统误差；

$(f_E)_s$——水力比能（水头）测量的系统误差；

$(f_P)_s$——功率测量的系统误差。

效率测量的随机误差为同一工况下多次测量的效率值按 t 分布计算，如下式：

$$(f_\eta)_R = \pm t_{0.95} S_y / \sqrt{n} \tag{5-56}$$

效率测量总的误差为：

$$f_\eta = \pm \sqrt{(f_\eta)_s^2 + (f_\eta)_R^2} \tag{5-57}$$

3. 发电机效率测量误差分析

发电机效率通过测量发电机输出功率和采用量热法测量电机的损耗后计算得到，如下式所示：

$$\eta = \left(1 - \frac{\sum P}{P_0 + \sum P}\right) \times 100\% \tag{5-58}$$

式中　$\sum P$——发电机的总损耗，kW；

P_0——发电机的输出功率，kW。

而 $\sum P$ 主要包括两个部分，一是冷却介质带走的损耗，二是发电机外表面与周围空气对流散热的损耗，其计算公式分别为式（5-59）与式（5-60）所示：

$$P_a = \rho C_\rho Q \Delta t = \rho C_\rho Q(t_2 - t_1) \tag{5-59}$$

式中　P_a——被冷却介质带走的损耗，kW；

C_ρ——冷却介质比热，kJ/kg·K；

Q——冷却介质流量，m³/s；

ρ——冷却介质密度，kg/m³；

Δt——冷却介质温升，K。

$$P_b = hA(t_2 - t_1) \times 10^{-3} \tag{5-60}$$

式中　P_b——电机外表面散出的损耗，kW；

h——表面散热系数，w/m²·K；

A——散热面积，m²；

Δt——外表面与空气温差，K。

下面为简化误差分析，认为 $\sum P = P_a - P_b$ 于是有：

$$\sum P = \rho C_\rho Q(t_2 - t_1) + hA(t_4 - t_3) \times 10^{-3} \tag{5-61}$$

于是可得到式（5-62）：

$$\begin{aligned}
\frac{\Delta \sum P}{\sum P} &= \frac{\rho C_\rho Q \Delta t_2 + \rho C_\rho Q \Delta t_1 + \rho C_\rho (t_2 - t_1) \Delta Q}{\sum P} \\
&\quad + \frac{hA(\Delta t_4 + \Delta t_3) \times 10^{-3}}{\sum P} \\
&= \frac{\rho C_\rho Q t_2 \left(\frac{\Delta t_2}{t_2}\right) + \rho C_\rho Q t_1 \left(\frac{\Delta t_1}{t_1}\right) + \rho C_\rho (t_2 - t_1) Q \left(\frac{\Delta Q}{Q}\right)}{\sum P} \\
&\quad + \frac{hA\left[t_4 \left(\frac{\Delta t_4}{t_4}\right) + t_3 \left(\frac{\Delta t_3}{t_3}\right)\right] \times 10^{-3}}{\sum P}
\end{aligned} \tag{5-62}$$

式中：$\left(\dfrac{\Delta t_1}{t_1}\right)$、$\left(\dfrac{\Delta t_2}{t_2}\right)$、$\left(\dfrac{\Delta t_3}{t_3}\right)$、$\left(\dfrac{\Delta t_4}{t_4}\right)$为温度传感的测量精度，$\dfrac{\Delta Q}{Q}$为流量传感器的测量精度。

将各传感器测量精度与相关测量数值代入上式即可得到$\dfrac{\Delta \sum P}{\sum P}$的大小，即为发电机总损耗的系统误差。在得到发电机出力的系统误差后，可用下式计算出发电机效率的测量误差：

$$(f_{\eta})_s = \mp \sqrt{\left[(f_{\sum p})_s^2 + (f_p)_s^2\right]} \tag{5-63}$$

式中　$(f_{\eta})_s$——效率测量的系统误差；

$(f_{\sum p})_s$——发电机总损耗测量的系统误差；

$(f_p)_s$——发电机出力测量的系统误差。

由上可见，发电机效率测量的系统误差主要由发电机输出功率传感器、温度传感器、流量传感器测量精度而定。

发电机效率测量的随机误差也按 t 分布计算。

三、动平衡试验

动平衡试验用来判定机组转动部件是否存在动不平衡，若存在明显动不平衡现象，则通常对发电机转子进行配重来消除或减弱动不平衡现象。

动平衡试验首先进行动不平衡判定，即首先分析机组振动和主轴摆度幅值与转速的关系，若机组振动与主轴摆度幅值与转速平方近似呈线性关系，且振动摆度主频为转频，则机组明显存在动不平衡现象，如图 5-19 和彩图 5-19、图 5-20 和彩图 5-20 所示（图中下导摆度与上机架水平非常明显）。

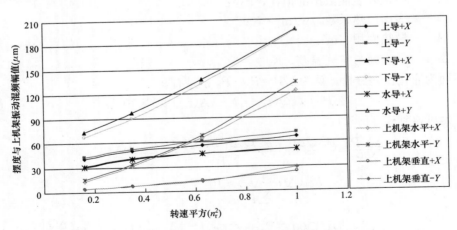

图 5-19　某机组摆度与上机架振动混频幅值与转速平方关系曲线

在判断出转动部件明显存在动不平衡现象后，还需要分析出转动部件的不平衡质量相位，如图 5-21 所示，图中的 φ 即为不平衡质量与键相块的夹角。

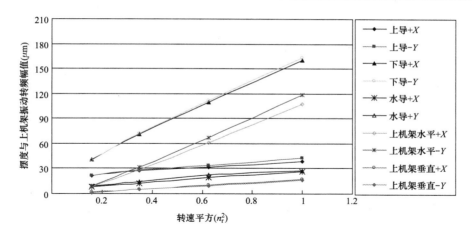

图 5-20　某机组摆度与上机架振动转频幅值与转速平方关系曲线

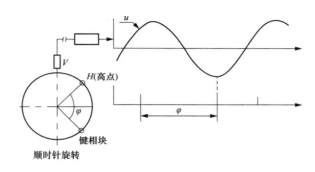

图 5-21　不平衡相位求取示意图

在求出不平衡相位后再对发电机转子进行配重，目前配重普遍采用影响系数法。抽水蓄能机组转速快又发电电动机转子长径比一般均大于 2/5 及以上，因此，动平衡配重时常采用双面法，双面法的计算原理如下：

测出转子两侧轴承的初始振动矢量 A_0、B_0，在 A 侧试加重量 P_a 后测出两侧轴承振动矢量为 A_{01}、B_{01}；在 B 侧试加重量 P_b 后测出两轴承振动矢量为 A_{02}、B_{02}。

由试加重量 P_a 引起的振动：

对转子的 A 侧：$A_1 = A_{01} - A_0$

对转子的 B 侧：$B_1 = B_{01} - B_0$

由试加重量 P_b 引起的振动：

对转子的 A 侧：$A_2 = A_{02} - A_0$

对转子的 B 侧：$B_2 = B_{02} - A_0$

在 A 侧加试重 P_a 的幅相影响系数：

对 A 侧：$K_{a1} = A_1 / P_a$

对 B 侧：$K_{b1} = B_1 / P_a$

在 B 侧加试重 P_b 的幅相影响系数：

对 A 侧：$K_{a2} = A_2 / P_b$

对 B 侧：$K_{b2}=B_2/P_b$

测出转子 A、B 两侧的初始振动 A_0、B_0，则配重重量大小及方位可由下式计算得出：

A 侧：

$$M_a=-(A_0\times K_{b2}-B_0\times K_{a2})/(K_{a1}\times K_{b2}-K_{b1}\times K_{a2}) \qquad (5\text{-}64)$$

B 侧：

$$M_b=-(B_0\times K_{a1}-A_0\times K_{b1})/(K_{a1}\times K_{b2}-K_{b1}\times K_{a2}) \qquad (5\text{-}65)$$

由上可见，动平衡配重一般需要进行两次或多次配重，具体配重次数由配重效果和振动摆度目标值而定。例如，某机组进行两次配重后达到了配重目标，如图 5-22 和彩图 5-22 所示。

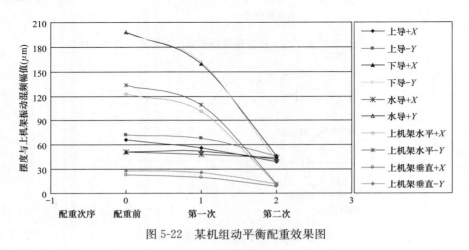

图 5-22　某机组动平衡配重效果图

四、过渡过程试验

机组过渡过程是指机组从一种工况转变到另一种工况的变化过程，对于抽水蓄能机组常见的过渡过程有发电方向开停机、调节负荷、发电方向甩负荷（单机与双机甩负荷）；水泵方向开停机、水泵方向水泵断电（单机与双机水泵断电）及各种工况转换过程等，过渡过程会引起机组各运行参数（包括电气、机械、水力、力学及调节参数等）随时间而变化，因此，有必要对机组（尤其是调试机组）开展过渡过程试验来检验机组设计、安装、检修及调试方面的综合质量。由于抽水蓄能机组转速快和水头高，因此，过渡过程试验中，水力和机械方面成为关注的重点，下面结合实例对过渡过程试验中的典型：发电方向甩负荷和水泵方向水泵断电试验的关注重点和数据分析处理进行介绍。

1. 发电甩负荷

发电甩负荷关注的参数有：机组振动与主轴摆度幅值变化、机组压力变化和工况参数变化等。重点关注的是蜗壳进口压力最大值与压力上升率，转速最大值与转速上升率，尾水管进口压力最小值，导叶关闭规律和导叶接力器不动时间（一般要求小于0.2s），甩负荷试验主要统计参数统计如表 5-8 所示（本表是按甩 25%、50%、75% 和 100% 负荷而编制，实际甩负荷次数和负荷大小根据机组具体情况而定），例如某机组甩100% 额定负荷时重点参数变化曲线如图 5-23 和图 5-24 所示。

表 5-8　　　　　　　　　　　甩负荷试验相关参数统计表

项目			25％N_r	50％N_r	75％N_r	100％N_r
机组有功（MW）						
上游水位（m）						
下游水位（m）						
毛水头（m）						
导叶接力器行程（mm）		甩前				
		关闭用时（s）				
		不动时间（s）				
转速（％）		甩前				
		甩时（最大）				
转速上升率（％）						
蜗壳进口压力（MPa）		甩前				
		甩时（最大）				
蜗壳进口压力上升率（％）						
尾水管进口压力（MPa）		甩前				
		甩时（最小）				
尾水管进口压力下降率（％）						
机组摆度（μm）	上导（X）	甩前				
		最大				
	上导（Y）	甩前				
		最大				
	下导（X）	甩前				
		最大				
	下导（Y）	甩前				
		最大				
	水导（X）	甩前				
		最大				
	水导（Y）	甩前				
		最大				
机组振动（μm）	上机架水平	甩前				
		最大				
	上机架垂直	甩前				
		最大				
	下机架水平	甩前				
		最大				
	下机架垂直	甩前				
		最大				
	顶盖水平	甩前				
		最大				
	顶盖垂直	甩前				
		最大				

续表

项目			25%N_r	50%N_r	75%N_r	100%N_r
机组振动（μm）	定子机座中部水平	甩前				
		最大				
	定子机座上部垂直	甩前				
		最大				

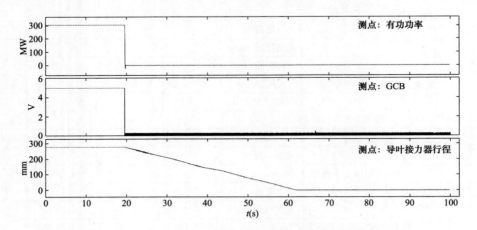

图 5-23 有功功率、GCB 与导叶接力器行程变化曲线

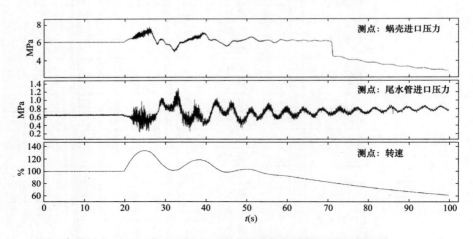

图 5-24 蜗壳进口压力、尾水管进口压力与转速变化曲线

2. 水泵断电

水泵断电关注的参数与发电甩负荷基本一致，也包括机组振动与主轴摆度幅值变化、机组压力变化和工况参数变化等。重点关注的是压力钢管与蜗壳进口压力最大值、尾水管进口与出口压力最大值、转速是否反转及反转最高转速，导叶关闭规律等。水泵断电试验主要参数统计如表 5-9 所示，例如某机组水泵断电时重点参数变化曲线如图 5-25 和图 5-26 所示，该机组水泵断电过程，机组转速反转较大，各压力值满足设计要求。

表 5-9　　　　　　　　　　　　水泵断电试验相关参数统计表

序号	内容	单位	水泵稳态	断电过程最大最小
1	上水库水位	m		—
2	下水库水位	m		—
3	机组转速	r/min		反转最高：
4	导叶开度	%		关闭时长（s）：
5	机组功率	MW		
6	定子电压	kV		
7	定子电流	A		
8	励磁电压	V		
9	励磁电流	A		
10	钢管压力	MPa		
11	蜗壳进口压力	MPa		
12	转轮与导叶间压力	MPa		
13	转轮与顶盖间压力	MPa		
14	转轮与底环间压力	MPa		
15	尾水管进口压力	MPa		
16	尾水管出口压力	MPa		
17	上机架水平/垂直振动	μm		
18	下机架水平/垂直振动	μm		
19	定子机座水平/垂直振动	μm		
20	顶盖水平/垂直振动	μm		
21	上导 X/Y 摆度	μm		
22	下导 X/Y 摆度	μm		
23	水导 X/Y 摆度	μm		

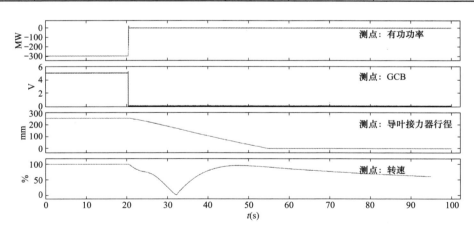

图 5-25　某机组水泵断电过程有功功率、GCB、导叶接力器行程与转速变化曲线

3. 测点布置与信号预处理

过渡过程需要测量的参数有机组振动、主轴摆度、压力脉动、电气和工况参数等，其中机组振动应包括上机架、下机架、定子机座和顶盖等水平与垂直方向振动，且应尽量靠近旋转中心。水力测量应包括蜗壳进口、无叶区、顶盖、尾水管进口、尾水管出口

223

等，且测量管路应尽可能接近被测量部位，试验前应进行测压管路排气。

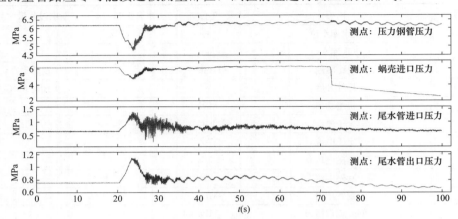

图 5-26　某机组水泵断电过程压力钢管压力、蜗壳进口压力、尾水管进口与出口压力变化曲线

数据采集的采样频率一般要大于两倍可能存在的最高频率成分，然而，在过渡过程中压力脉动或振动的频率成分要远低于采样频率的一半，这时可对采样数据进行适当的滤波处理，但考虑到抽水蓄能机组转速高，转轮与导叶的动静干涉相对较强，压力脉动中会存在叶片过流频率及其倍频，因此建议滤波截止频率应至少要大于 3 倍叶片过流频率。另外，若压力脉动或振动信号中存在 50Hz 的工频干扰，而实际脉动或振动源不明显存在 50Hz 时，可对压力脉动或振动信号中的 50Hz 进行滤波处理。

五、时频分析

如前所述，传统傅里叶变换适用于平稳信号的频率分析，而对于过渡过程这样的频率特征随时间变化的非平稳过程则就不适用了，这时可采用时间—频率联合分析的时频分析方法，如短时傅里叶变换、小波变换、经验模式分解、经验小波分解等，这些时频分析方法能提供信号的时变频谱特征，从而反映出信号频率特征随时间变化的特点。下面就短时傅里叶变换和经验模式分解在过渡过程中的分析应用进行实例展示。

1. 短时傅里叶变换分析示例

某机组甩 100% 额定负荷时，转速与压力测点时域波形见图 5-27。由图 5-27 可以看出压力信号在时域的变化情况，而不知频率成分的变化情况，从中选取无叶区压力和转轮出口压力进行短时傅里叶变换分析，如图 5-28 和彩图 5-28、图 5-29 和彩图 5-29 所示。该机组额定转速为 333.3r/min，转轮叶片数为 9，叶片过流频率为叶片数×转频＝9×5.555＝50Hz。由图 5-28 可知无叶区压力甩负荷前的主要频率成分为 50Hz 的叶片过流频率及其 2 倍频和 5.55Hz 的转频，甩负荷过程中，较大的水力激振产生了频率范围为 0～300Hz 的各种频率成分，且主要集中在 0～150Hz 范围，由于压力脉动与主轴摆度变大，使得转轮叶片与导叶的动静干涉加强，叶片过流频率幅值大幅增大，两倍叶片过流频率幅值也明显增强，此外，甩负荷过程中，机组转速先增大而后减小，这使得叶片过流频率与转速变化一致，在图中有清晰的显示。转轮出口短时傅里叶变换也可做类似分析，在此不再赘述。

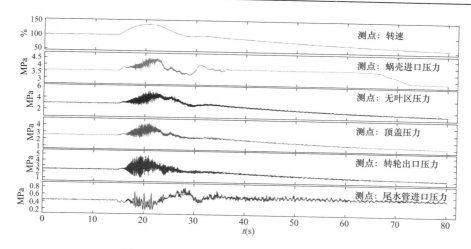

图 5-27 机组转速与压力测点时域变化曲线

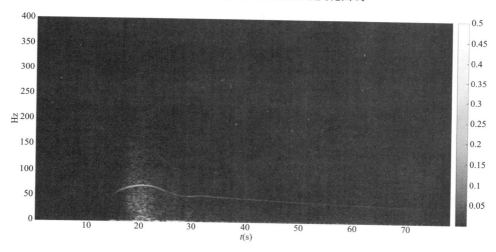

图 5-28 无叶区压力短时傅里叶分析

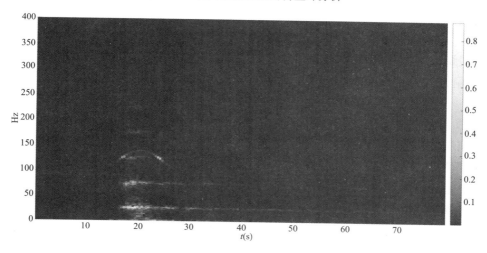

图 5-29 转轮出口压力短时傅里叶分析

2. 经验模式分解分析示例

某机组水泵断电试验时，蜗壳进口、无叶区、尾水管进口与尾水管出口压力时域变化曲线见图 5-30，蜗壳进口压力与尾水管进口压力经验模态分析（也称 EMD 分解）见图 5-31 和图 5-32。从 EMD 分解图中可以看出不同基本模式分量（也即不同频率成分）出现的时间节点和幅值情况。为了解不同模式分量的频率成分情况，可以对分解出的基本模式分量进行频域幅值谱分析，例如尾水管进口压力前 7 个基本模式分量的频域幅值谱如图 5-33 所示，由图可知，该机组水泵断电时尾水管进口处激发的最高频率成分大致为 150Hz。

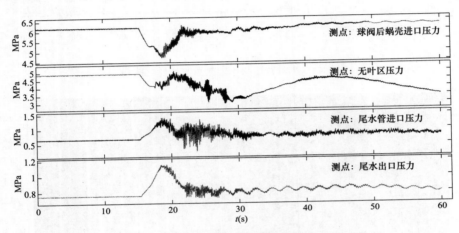

图 5-30　转轮出口压力短时傅里叶分析

水泵断电试验前是需要水力过渡过程计算的，而水力过渡过程计算得到的变化曲线是平均值变化曲线，是不含压力脉动部分的。为了真机实测与过渡过程计算结果进行对比，可以对 EMD 分解的基本模式分量进行重构，从而得到变化趋势项和压力脉动项，如图 5-34 与图 5-35 所示。可见 EMD 分解非常适用于过渡过程分析。

六、特需试验

机组调试期间或检修后试验时，有可能会开展一些有特定需要的现场测试，例如关键结构部件的应力应变或振动模态测试。下面对应力应变与振动模态测试作一简单介绍。

1. 应力应变试验

目前对机组结构部件进行应力应变测试时普遍采用电阻应变测量法，即用安装在被测结构部件上的电阻应变片为传感元件，将被测结构部件表面指定点的应变变化转换为应变片电阻的阻值变化，再通过电桥将电阻阻值的变化转换为采集仪器可接入的电压信号。通过测量结构部件的应变值，经计算可得到结构部件的静应力（即平均应力）和动态应力。

$$\sigma = E \cdot \varepsilon \tag{5-66}$$

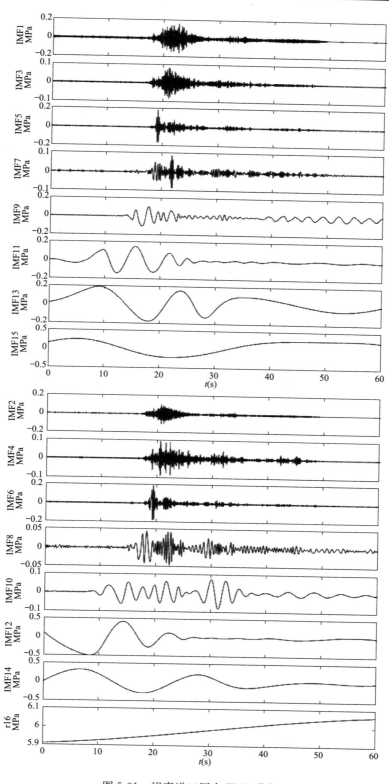

图 5-31 蜗壳进口压力 EMD 分解

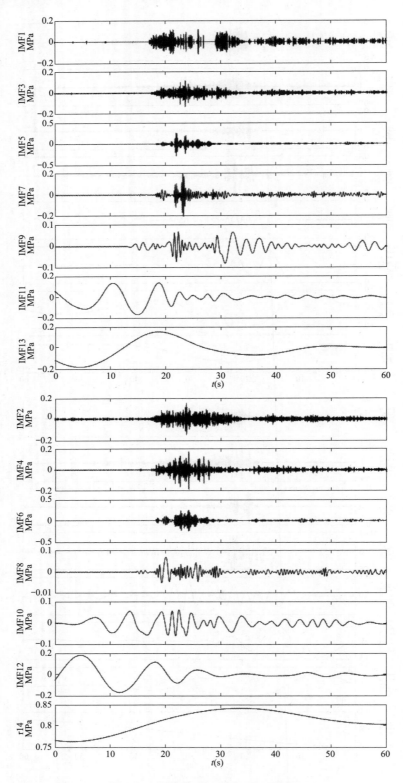

图 5-32 尾水管进口压力 EMD 分解

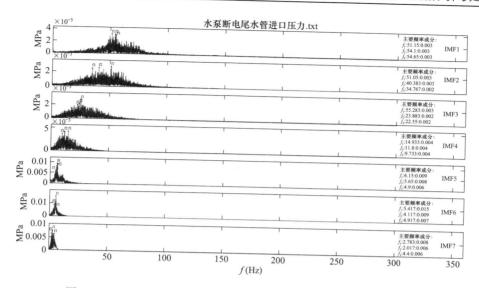

图 5-33　尾水管进口压力 EMD 分解前 7 个模式分量的频域幅值谱

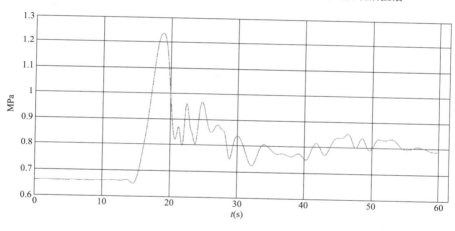

图 5-34　尾水管进口压力变化趋势项

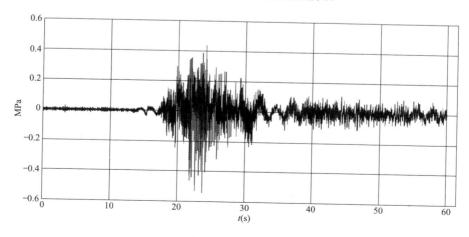

图 5-35　尾水管进口压力变化脉动项

式中　σ——计算得出的应力值，MPa；

　　　ε——试验测得的应变值，μm/m；

　　　E——材料的弹性模量，对于钢材可取 $E=2.1\times10^5$ MPa。

（1）电阻应变片工作原理。

绝大部分金属丝受到拉伸（或压缩）时，电阻值会增大（或减小），这种电阻值随变形发生变化的现象，叫做电阻应变效应。电阻应变片就是基于金属导体的电阻应变效应制成的，金属导体的电阻值 R 可用下式表示：

$$R=\rho\frac{L}{A} \tag{5-67}$$

式中　ρ——电阻率；

　　　L——金属导体长度；

　　　A——金属导体横截面积。

当金属导体受载时，将产生应变，电阻值的相对变化为：

$$\frac{\mathrm{d}R}{R}=\frac{\mathrm{d}\rho}{\rho}+\frac{\mathrm{d}L}{L}-\frac{\mathrm{d}A}{A} \tag{5-68}$$

又因为：

$$\frac{\mathrm{d}A}{A}=2\frac{\mathrm{d}D}{D}\quad\frac{\mathrm{d}D}{D}=-\mu\frac{\mathrm{d}L}{L}$$

$$\frac{\mathrm{d}\rho}{\rho}=m\frac{\mathrm{d}V}{V}=m(1-2\mu)\frac{\mathrm{d}L}{L}$$

于是有：

$$\frac{\mathrm{d}R}{R}=\left[(1+2\mu)+m(1-2\mu)\right]\frac{\mathrm{d}L}{L} \tag{5-69}$$

简写为：

$$\frac{\mathrm{d}R}{R}=K\frac{\mathrm{d}L}{L}=K\varepsilon_x \tag{5-70}$$

K 为材料的灵敏系数。

（2）测量桥路。

考虑到应变片的应变很小，应变应力测量时常用惠斯登电桥将应变片的应变转换成电压信号，如图 5-36 所示。

桥路输出电压 U_{BD}：

$$\begin{aligned}U_{\mathrm{BD}}&=U_{\mathrm{AC}}\frac{R_1R_3-R_2R_4}{(R_1+R_2)(R_3+R_4)}\\&=U_{\mathrm{AC}}\frac{(R_1+\Delta R_1)(R_3+\Delta R_3)-(R_2+\Delta R_2)(R_4+\Delta R_4)}{(R_1+\Delta R_1+R_2+\Delta R_2)(R_3+\Delta R_3+R_4+\Delta R_4)}\end{aligned} \tag{5-71}$$

若将上式展开，并将平衡条件（$R_1R_3=R_2R_4$）代入上式，且略去高阶微量，上式可以简化为：

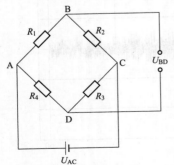

图 5-36　应变测量桥路示意图

$$U_{BD} = U_{AC}\left(\frac{\Delta R_1}{R_1} - \frac{\Delta R_2}{R_2} + \frac{\Delta R_3}{R_3} - \frac{\Delta R_4}{R_4}\right)$$
$$= \frac{U_{AC}}{4}(K_1\varepsilon_1 - K_2\varepsilon_2 + K_3\varepsilon_3 - K_4\varepsilon_4) \tag{5-72}$$

可见，不同的桥路接线，对应的输出电压是不一样的，典型桥路接线对应输出电压表示如表 5-10 所示。

表 5-10 典型桥路接线对应输出电压统计表

桥路接线方式	输出电压	备注
四分之一桥	$U_{BD} = \frac{KU_{AC}}{4}\varepsilon_1$	R_1 为工作片，R_2、R_3、R_4 为桥路内部电阻，应变为零
半桥	$U_{BD} = \frac{KU_{AC}}{4}(\varepsilon_1 - \varepsilon_2)$	R_1、R_2 为工作片，应变系数相同；R_3、R_4 为桥路内部电阻，应变为零
全桥	$U_{BD} = \frac{KU_{AC}}{4}(\varepsilon_1 - \varepsilon_2 + \varepsilon_3 - \varepsilon_4)$	R_1、R_2、R_3、R_4 均为工作片，应变系数相同
四分之一桥+温度补偿	$U_{BD} = \frac{U_{AC}}{4}\left(\frac{\Delta R_{1F} + \Delta R_{1t}}{R_1} - \frac{\Delta R_{2t}}{R_2}\right) = \frac{KU_{AC}}{4}\varepsilon$	R_1 为工作片，R_2 为温度补偿片

（3）主应力测试。

对于未知主应力方向的应力测试，需要布置应变花。一般来说，应变测量表面不直接受到外力的作用时，表面各点处于二向应力状态下。已知在直角坐标系内，在测点 O 附近变形场中，X 向与 Y 向的线应变为 ε_x 和 ε_y，剪应变为 γ_{xy}，那么，与 X 轴成 θ 角方向的线应变可按下式计算：

$$\varepsilon_\theta = \frac{\varepsilon_x + \varepsilon_y}{2} + \frac{\varepsilon_x - \varepsilon_y}{2}\cos2\theta + \frac{\gamma_{xy}}{2}\sin2\theta \tag{5-73}$$

若在测点上布置三向应变花，与 X 轴夹角分别为 θ_1、θ_2、θ_3，分别测得其线应变为 $\varepsilon_{\theta1}$、$\varepsilon_{\theta2}$、$\varepsilon_{\theta3}$，则由上式可得出：

$$\begin{cases} \varepsilon_{\theta1} = \frac{\varepsilon_x + \varepsilon_y}{2} + \frac{\varepsilon_x - \varepsilon_y}{2}\cos2\theta_1 + \frac{\gamma_{xy}}{2}\sin2\theta_1 \\ \varepsilon_{\theta2} = \frac{\varepsilon_x + \varepsilon_y}{2} + \frac{\varepsilon_x - \varepsilon_y}{2}\cos2\theta_2 + \frac{\gamma_{xy}}{2}\sin2\theta_2 \\ \varepsilon_{\theta3} = \frac{\varepsilon_x + \varepsilon_y}{2} + \frac{\varepsilon_x - \varepsilon_y}{2}\cos2\theta_3 + \frac{\gamma_{xy}}{2}\sin2\theta_3 \end{cases} \tag{5-74}$$

求解上述方程组即可得出 ε_x、ε_y 和 γ_{xy}。在此基础上怎么求解主应变 ε_1 和 ε_2 的大小和方向呢？

根据莫尔应力圆原理，可以绘出相应的应变圆，绘制方法如下：

建立以应变 ε 为横坐标，以 $\frac{\gamma}{2}$ 为纵坐标的坐标系，在其中找一点 D_x 使其坐标为 $\left(\varepsilon_x, -\frac{\gamma_{xy}}{2}\right)$，另找一点 D_y，使其坐标为 $\left(\varepsilon_y, \frac{\gamma_{xy}}{2}\right)$，连接 D_xD_y，交 ε 轴与 c 点，以 c 点

为圆心，以 cD_x 之长为半径做圆，如图 5-37 所示即为应变圆。应变圆与 ε 轴的交点分别为 M 和 N，则 M 和 N 的横坐标即为所要求的主应变 ε_1 和 ε_2。它们与 ε_x 和 ε_y 的方向关系如图 5-37 所示，cD_x 与 cM 的夹角即为主应变方向与 ε 轴方向的夹角的两倍。

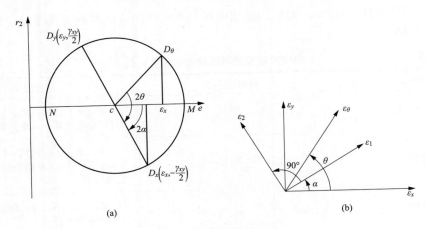

图 5-37 应变图

主应变的大小和方向可用下式计算：

$$\varepsilon_1 = \varepsilon_{\max} = \frac{\varepsilon_x + \varepsilon_y}{2} + \frac{1}{2}\sqrt{(\varepsilon_x - \varepsilon_y)^2 + \gamma_{xy}^2}$$

$$\varepsilon_2 = \varepsilon_{\min} = \frac{\varepsilon_x + \varepsilon_y}{2} - \frac{1}{2}\sqrt{(\varepsilon_x - \varepsilon_y)^2 + \gamma_{xy}^2} \tag{5-75}$$

$$a = \frac{1}{2}\arctan\left(\frac{\gamma_{xy}}{\varepsilon_x - \varepsilon_y}\right)$$

式中 α——主应变 ε_1 与 ε 轴正方向的夹角，逆时针方向转为正，顺时针方向转为负。

求出主应变 ε_1 和 ε_2 后，根据胡克定律即可求出最大应力与最小应力：

$$\left.\begin{array}{l} \sigma_1 = \sigma_{\max} = \dfrac{E}{1 - \mu^2}(\varepsilon_1 + \mu\varepsilon_2) \\[2mm] \sigma_2 = \sigma_{\min} = \dfrac{E}{1 - \mu^2}(\varepsilon_2 + \mu\varepsilon_1) \end{array}\right\} \tag{5-76}$$

式中 μ——材料的泊松系数；

　　E——材料的弹性模量。

实际测试中，常用应变花有 45°与 60°应变花两种，如图 5-38 所示。

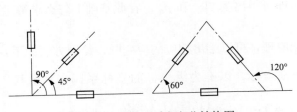

图 5-38 45°与 60°应变花结构图

对于 $45°$ 应变花，θ_1、θ_2、θ_3 分别为 $0°$、$45°$、$90°$，则有：

$$\begin{cases} \varepsilon_{0°} = \varepsilon_x \\ \varepsilon_{45°} = \dfrac{\varepsilon_x + \varepsilon_y}{2} + \dfrac{\gamma_{xy}}{2} \\ \varepsilon_{90°} = \varepsilon_y \end{cases} \tag{5-77}$$

可推出：

$$\begin{cases} \varepsilon_x = \varepsilon_{0°} \\ \varepsilon_y = \varepsilon_{90°} + \dfrac{\gamma_{xy}}{2} \\ \gamma_{xy} = 2\varepsilon_{45°} - (\varepsilon_{0°} + \varepsilon_{90°}) \end{cases} \tag{5-78}$$

从而可计算得到主应变与主应力如下：

$$\begin{cases} \varepsilon_1 = \dfrac{\varepsilon_{0°} + \varepsilon_{90°}}{2} + \dfrac{\sqrt{2}}{2} \sqrt{(\varepsilon_{0°} - \varepsilon_{45°})^2 + (\varepsilon_{45°} - \varepsilon_{90°})^2} \\[2mm] \varepsilon_1 = \dfrac{\varepsilon_{0°} + \varepsilon_{90°}}{2} - \dfrac{\sqrt{2}}{2} \sqrt{(\varepsilon_{0°} - \varepsilon_{45°})^2 + (\varepsilon_{45°} - \varepsilon_{90°})^2} \\[2mm] a = \dfrac{1}{2}\arctan\left[\dfrac{2\varepsilon_{45°} - (\varepsilon_{0°} + \varepsilon_{90°})}{\varepsilon_{0°} - \varepsilon_{90°}}\right] \\[2mm] \sigma_1 = \dfrac{E}{2}\left[\dfrac{\varepsilon_{0°} + \varepsilon_{90°}}{1 - \mu} + \dfrac{\sqrt{2}}{1 + \mu} \sqrt{(\varepsilon_{0°} - \varepsilon_{45°})^2 + (\varepsilon_{45°} - \varepsilon_{90°})^2}\right] \\[2mm] \sigma_2 = \dfrac{E}{2}\left[\dfrac{\varepsilon_{0°} + \varepsilon_{90°}}{1 - \mu} - \dfrac{\sqrt{2}}{1 + \mu} \sqrt{(\varepsilon_{0°} - \varepsilon_{45°})^2 + (\varepsilon_{45°} - \varepsilon_{90°})^2}\right] \end{cases} \tag{5-79}$$

对于 $60°$ 应变花，主应变与主应力的计算可类推计算得到，在此不再赘述。

而对于已知主应力方向的测试，布置两向 $90°$ 应变花测量即可，若只关注最大主应力，可只布置单向应变片。

（4）常见应力应变测试方法与计算。

工程实际中，结构部件的受力状态有拉、压、弯曲、扭转及它们的组合，下面对常见的几种受力状态下应变片的布设、桥路接线与应变应力计算公式进行介绍，具体见表 5-11。

表 5-11　　几种常见受力状态下应变片的布设、桥路接线与应变应力计算公式

受力状态	应变片贴片方式	采用的桥接方式	应变值 ε 与测值 ε_0 关系	应力计算公式	备注
拉（压）			$\varepsilon_P = \varepsilon_0$	$\sigma_P = E\varepsilon_0$	R_1 为工作片，R_2 为补偿片，采用半桥接法
			$\varepsilon_P = \dfrac{\varepsilon_0}{1 + \mu}$	$\sigma_P = \dfrac{E\varepsilon_0}{1 + \mu}$	

233

受力状态	应变片贴片方式	采用的桥接方式	应变值 ε 与测值 ε_0 关系	应力计算公式	备注
弯曲	（贴片示意图）	（半桥接法示意图）	$\varepsilon_w = \dfrac{\varepsilon_0}{2}$	$\sigma_{w\max} = \dfrac{E\varepsilon_0}{2}$	R_1、R_2 均为工作片，R_1 承受压应力，R_2 承受拉应力
	（贴片示意图）	（半桥接法示意图）	$\varepsilon_w = \dfrac{\varepsilon_0}{2}$	$\sigma_{w\max} = \dfrac{E\varepsilon_0}{2}$	R_1、R_2、R_3、R_4 均为工作片，采用半桥接法
		（全桥接法示意图 V_{out}）	$\varepsilon_w = \dfrac{\varepsilon_0}{4}$	$\sigma_{w\max} = \dfrac{E\varepsilon_0}{2}$	R_1、R_2、R_3、R_4 均为工作片，采用全桥接法
扭转	（贴片示意图 M_m、M_n）	（半桥接法示意图）	$\varepsilon_\kappa = \dfrac{\varepsilon_0}{2}$	$\tau_{\max} = \dfrac{E\varepsilon_0}{2(1+\mu)}$	R_1、R_2 为工作片，采用半桥接法
	（贴片示意图 M_m、M_n）	（全桥接法示意图 V_{out}）	$\varepsilon_\kappa = \dfrac{\varepsilon_0}{4}$	$\tau_{\max} = \dfrac{E\varepsilon_0}{4(1+\mu)}$	R_1、R_2、R_3、R_4 均为工作片，采用全桥接法
拉压弯曲组合	（贴片示意图）	（桥接法示意图）	$\varepsilon_p = \varepsilon_0$	$\sigma_p = E\varepsilon_0$	R_1、R_2 均为工作片，R 为补偿片
	（贴片示意图）	（半桥接法示意图）	$\varepsilon_w = \dfrac{\varepsilon_0}{2}$	$\sigma_{w\max} = \dfrac{E\varepsilon_0}{2}$	R_1 和 R_2 为工作片，采用半桥接法

续表

受力状态	应变片贴片方式	采用的桥接方式	应变值 ε 与测值 ε_0 关系	应力计算公式	备注
拉（压）扭转组合	M_m、M_n，R_1、R_2（交叉贴片），P	R_1、R_2（A B C，半桥）	$\varepsilon_w = \dfrac{\varepsilon_0}{2}$	$\tau_{\kappa_{max}} = \dfrac{E\varepsilon_0}{2(1+\mu)}$	R_1、R_2 为工作片，采用半桥接法
	M_m、M_n，R_1、R_3、R_2、R_4，P	R_1、R_2／R_3、R_4（A B C）	$\varepsilon_p = \dfrac{\varepsilon_0}{1+\mu}$	$\sigma_p = \dfrac{E\varepsilon_0}{1+\mu}$	R_1、R_2、R_3、R_4 均为工作片，其中 R_1 和 R_2 为纵向布置，R_3 和 R_4 为横向布置
弯曲扭转组合	M_m、M_n，R_2、R_1，M	R_1（A B C），R_2	$\varepsilon_w = \dfrac{\varepsilon_0}{2}$	$\sigma_w = \dfrac{E\varepsilon_0}{2}$	R_1 和 R_2 为工作片
	M_m、M_n，R_1、R_2、R_3、R_4，M	R_1、R_2、R_4、R_3（全桥，V_{ouc}，V）	$\varepsilon_\kappa = \dfrac{\varepsilon_0}{4}$	$\tau_\kappa = \dfrac{E\varepsilon_0}{4(1+\mu)}$	R_1、R_2、R_3、R_4 均为工作片

注　1. R_1、R_2、R_3、R_4 分别为应变片；

　　2. ε_0 为电阻应变仪测得的应变；

　　3. ε_p、ε_w 和 ε_k 分别为拉（压）、弯曲、扭转的应变；

　　4. σ_p 为拉（压）应力；$\sigma_{w_{max}}$ 为最大弯曲应力；$\tau_{\kappa_{max}}$ 为最大剪切应力。

（5）应变应力测量结果修正。

随着测试和传感器技术的发展，应变应力测量结果修正考虑连接应变片的信号线电阻和零点漂移即可：

1）导线电阻影响的修正。

应变片的电阻变化通过信号线传递给测试仪器，被测试体变形时引起测试应变片的电阻发生变化，而信号线的电阻不变，当信号线较短，电阻很小时（$r<0.3\Omega$）可以不修正，但当信号线长度较长时，可按如下方法修正：

设 ε_0 为测得的应变值；R 为应变片的电阻值；r 为信号线电阻值；ε_r 为考虑导线电阻影响修正后的测量值。

根据电测原理，在串接电阻 r 后

$$\frac{\Delta R}{R+r} = k\varepsilon_0$$

$$\varepsilon_0 = \frac{\Delta R}{K(R+r)} = \frac{\Delta R}{KR(1+r/R)} \tag{5-80}$$

又 $\varepsilon_r = \dfrac{\Delta R}{kR}$

所以：

$$\varepsilon_r = \varepsilon_0 \left(1 + \frac{r}{R}\right) \tag{5-81}$$

2）零点漂移。

零点漂移的原因很多，规律不强，总的来说修正不会很准确，通常是采取措施将它减少到最小。

2. 振动模态试验

模态是结构的固有振动特性，每一个模态具有特定的固有频率、阻尼比、振型和模态质量等。这些模态参数可以由计算或试验分析取得，模态参数的求取过程即振动模态分析。考虑到振动模态是弹性结构固有的、整体的特性，在获得结构的振动模态后就可预知结构在外部或内部各种振源作用下实际振动响应。因此，模态分析是结构动态设计及设备的故障诊断的重要方法。

（1）模态分析理论基础。

一般的结构系统可以离散为一种具有 N 个自由度的线性弹性系统，其运动微分方程为：

$$[M]\{x(\ddot{i})\} + [C]\{x(\dot{i})\} + [K]\{x(t)\} = \{f(t)\} \tag{5-82}$$

式中　$[M]$——质量矩阵；

$[C]$——阻尼矩阵；

$[K]$——刚度矩阵；

$\{x(t)\}$——结构位移响应；

$\{f(t)\}$——激励力。

当 $[M]$、$[C]$、$[K]$ 已知时，可求出激励 $\{f(t)\}$ 作用下的结构响应 $\{x(t)\}$，上式两端经傅里叶变换可得：

$$(j\omega)^2[M]\{x(\omega)\} + j\omega[C]\{x(\omega)\} + [K]\{x(\omega)\} = \{F(\omega)\} \tag{5-83}$$

式中　$F(\omega)$，$\{x(\omega)\}$——激振力 $\{f(t)\}$ 和位移响应量 $\{x(t)\}$ 的傅里叶变换。

令：

$$[H(\omega)] = (-\omega^2[M] + j\omega[C] + [K])^{-1}$$

则可得到：

$$\{x(\omega)\} = [H(\omega)]\{F(\omega)\} \tag{5-84}$$

式中　$[H(\omega)]$——传递函数矩阵。

对系统 P 点进行激励并测量 l 点响应，可得到传递函数矩阵中的第 P 行 l 列元素为：

$$H_{lp} = \sum_{i=1}^{n} \frac{\phi_{li}\phi_{pi}}{-\omega^2 M_i + j\omega C_i + K_i} \tag{5-85}$$

式中，$\phi_{li}\phi_{pi}$ 为 l、P 点振型元素，从而对结构上的一点激励，多点测量响应，即可得到传递函数矩阵的某一列，进而计算出模态参数。主要的模态参数包括固有频率、振型、阻尼比。

利用实对称矩阵的加权正交性，引入振型矩阵 $\phi = [\phi_1, \phi_2, \cdots, \phi_N]$，则有：

$$\phi^T M \phi = \begin{bmatrix} \ddots & & \\ & m_i & \\ & & \ddots \end{bmatrix} \phi^T C \phi = \begin{bmatrix} \ddots & & \\ & C_i & \\ & & \ddots \end{bmatrix} \phi^T K \phi = \begin{bmatrix} \ddots & & \\ & K_i & \\ & & \ddots \end{bmatrix} \tag{5-86}$$

从而有：

$$H_{lp} = \sum_{i=1}^{n} \frac{\phi_{li} \phi_{pi}}{m_i \left[(\omega_i^2 - \omega^2) + j 2 \xi_i \omega_i \omega \right]} \tag{5-87}$$

式中　m_i、k_i——第 i 阶模态质量和模态刚度；

ω_i、ξ_i、ϕ_i——第 i 阶模态频率、模态阻尼比和模态振型。

（2）试验模态测试。

振动模态试验通常是对结构施加激励，测量系统频率响应函数矩阵，然后再进行模态参数的识别。根据激励和响应测量点数，可分为单点激励单点测量（SISO）、单点激励多点测量（SIMO）、多点激励多点测量（MIMO）等。对于中小型结构部件通常采用单点激励多点测量法，需要用到的仪器设备有：力锤、加速度传感器、数据采集仪、模态分析软件。

下面介绍一下模态测试与分析的大致过程。

第一步：根据结构部件形状特征，选择激励点和响应测量点，激励点和测量点的选择应避开各阶模态的节点或节线。

第二步：选择合适力锤和锤头。

输入激励的频率范围主要由锤头硬度决定：锤头越硬，激振力激出的频率范围越宽，能量集中在相对高频段；锤头越软，激振力激出的频率范围相对窄，能量集中在低频段，低频效果好。几种常用锤头材料及使用频率范围见表 5-12。

表 5-12　　　　　　　　几种常用锤头材料及使用频率范围

材料	橡皮	尼龙 66	有机玻璃	铜	钢
使用频率（Hz）	<500	500	<1000	1000~3000	2000~5000

此外，力锤质量大小与脉冲力的大小和激励频带宽度有关，若力锤太小，能力不够；力锤太大，灵敏度低。所以应根据被测试结构的刚度和质量大小、频率范围等选用合适的力锤。

第三步：利用力锤施加激励，测量输入力锤和输出加速度传感器信号。

第四步：传递函数与相干系数分析，用来确定被测试结构的固有频率。

第五步：分析各阶模态参数与振型，根据激励和响应信号，利用模态分析软件得到各阶模态参数和振型。

附录 A 调 试 管 理

◈ 第一节 组 织 机 构

机组启动试运行调试工作在启动验收委员会的领导下进行。试运行指挥部在启委会的领导下工作，下设启动调试组、验收检查组、生产准备组、综合组。根据相关规程，启动委员会设下列机构，如图 1 所示。

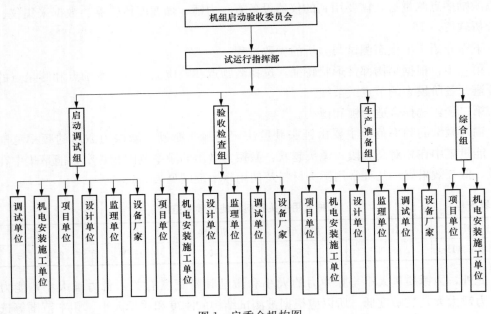

图 1 启委会机构图

一、启动验收委员会

（一）成员组成

机组启动验收委员会（以下简称启委会）一般由各投资方、项目建设、运行、电网调度、质量监督、设计、监理、施工、调试、主机设备制造等有关单位的代表组成。设主任委员一名、副主任委员及委员若干名。启委会下设试运行指挥部。

（二）批准成立

由项目建设单位与有关单位协商，提出组成人员名单，上报项目建设单位上级主管部门批准成立。

（三）工作时间

启委会必须在首台机组启动试运行前成立并开始工作，全厂所有机组的"启动验收鉴定书"签署后完成工作。

（四）专家组

必要时，启委会可聘请专家组成试运行专家组。

（五）主要职责

（1）启委会应在每台机组启动前，通过现场检查和听取试运行指挥部及有关单位关于机组启动准备情况的汇报、听取专家组的咨询意见、确定机组是否具备进入启动试运行阶段的条件。

（2）协调启动试运行的外部条件。

（3）审查及批准机组启动试运行试验大纲。

（4）确定启动的时间和其他有关问题。

（5）在机组完成启动试运行后，审议试运行指挥部有关机组启动试运行工作和交接验收的汇报、确定移交验收的工程项目清单、确定机组是否满足投入商业运行的条件以及签署机组"启动验收鉴定书"。

二、试运行指挥部

（一）成员组成

试运行指挥部设总指挥和副总指挥。试运行指挥部总指挥一名，一般由项目建设单位主要负责人担任；副总指挥若干名，一般由项目建设、机电安装（施工）、调试、设计、监理、主机设备制造等有关单位的相关负责人担任。

（二）批准成立

总指挥和副总指挥由项目建设单位与各有关单位协商后提出任职人员名单，上报机组启动验收委员会批准。

（三）工作时间

试运行指挥部在机组启动试运行之前组成并在启委会的领导下开始工作，机组的"启动验收鉴定书"签署后完成工作。

（四）主要职责

（1）试运行指挥部在启委会的领导下工作，全面组织、指挥和协调电站受电试验和机组启动试运行工作。

（2）对启动试运行中的技术、安全、质量、进度等全面负责。

（3）在启委会主任委员的领导下，筹备启委会会议。启委会闭会期间，代表启委会主持启动试运行的常务指挥工作。

（4）协调解决启动试运行中的重大问题。

（5）组织、领导、检查和协调试运行指挥部各组及各阶段的交接验收工作。

（6）提出机组启动试运行大纲。审批机组启动试运行调试项目的调试方案。审核电站机组涉网项目试验方案。

（五）工作小组

试运行指挥部下设（不局限于）启动调试组、验收检查组、生产准备组、综合组。根据工作需要，各组可下设若干个专业组。各组及专业组的人员一般由试运行指挥部总指挥与有关单位协商任命，并上报机组启动验收委员会备案。

1. 启动调试组

（1）成员组成。

启动调试组一般由调试、机电安装、项目建设、设计、监理、制造厂等有关单位的代表组成。设组长一名，副组长若干名，机组启动试运行组长一般由调试单位出任的副总指挥兼任，分部调试组长一般由机电安装单位出任的副总指挥兼任。

（2）主要职责。

① 负责分部调试阶段的指挥领导、组织协调和统筹安排工作；

② 负责核实机组启动试运行应具备的条件；

③ 提出启动试运行计划；

④ 负责组织编写并实施启动试运行方案和措施；

⑤ 全面负责启动调试的现场指挥和具体协调工作。

2. 验收检查组

（1）成员组成。

验收检查组一般由项目建设、施工、设计、监理、调试、制造厂等有关单位的代表组成。设组长一名，副组长若干名。组长一般由项目建设单位出任的副总指挥兼任。

（2）主要职责。

① 负责建筑与安装工程施工和启动试运行的质量验收及评定结果、安装调试记录、图纸资料和技术文件的核查和交接工作；

② 协调设备材料、备品备件、专用仪器和专用工具的清点移交工作等。

3. 生产准备组

（1）成员组成。

生产准备组一般由项目建设、施工、调试、设计、监理、制造厂等有关单位的代表组成。设组长一名，副组长若干名。组长一般由运行单位出任的副总指挥兼任。

（2）主要职责。

1）负责核查生产准备工作，包括运行和检修人员的配备、培训情况，所需的规程、制度、系统图表、记录表格、安全用具等配备情况；

2）负责与电网调度部门的联系及涉网操作（机组启停、电气一次倒闸、保护投退）；

3）负责组织协调消缺和实施未完项目。

4. 综合组

（1）成员组成。

综合组一般由项目单位、施工等有关单位的代表组成。设组长一名，副组长若干名。

（2）主要职责。

1）负责试运行指挥部的文秘、资料和后勤服务等综合管理工作；

2）发布试运信息；

3）核查、协调试运行现场的安全、消防和治安保卫工作等。

三、工作程序

（一）成立启动验收委员会

在机组启动试运行前成立并开始工作。

（二）成立试运行指挥部

启委会成立后，应即组织成立试运行指挥部，试运行指挥部在启委会的领导下工作。

（三）质量监督

机组启动试运行前，应邀请电力建设质量监督机构（质量监督总站或中心站）对机组及相关机电设备的质量进行监督，并提出质量监督报告。

（四）召开启动验收委员会会议

机组设备分部调试完成且进行了质量监督活动后，试运行指挥部可以申请启委会召开第一次会议，听取各有关单位、电力建设质量监督总站（或中心站）和试运行指挥部的工作汇报，现场检查，审议、批准机组启动试运行大纲。并确定机组进入启动试运行阶段的时间。

（五）机组开始启动试运行

按照启委会会议决议，机组可以进入启动试运行阶段。

（六）机组开始 15 天考核试运行

15 天考核试运行由启委会会议批准后开始。

如未发现设备或安装时发生重大质量问题可能会影响机组试运行的正常进行等情况，可由试运行指挥部提出申请，经启委会主任批准、电网同意，可开始 15 天考核试运行。

经授权，试运行指挥部可以代行启委会本阶段的职责。

（七）召开启动验收委员会会议

15 天考核试运行完成并达到标准规定的各项考核要求后，由试运行指挥部申请召开启委会会议。

启委会现场检查，听取试运行指挥部、电力建设质量监督机构及相关单位的 15 天考核试运行工作汇报，决定机组是否满足进入商业运行及签署机组启动验收阶段鉴定书的条件，并签署机组启动验收阶段鉴定书。

（八）首末台机组外其他机组工作程序

同期工程的各台机组启委会的启动验收工作均应按要求进行。

但除首末台机组外，中间过程的各台机组的启动验收，如未发现机组设备制造或安装时具有可能影响机组启动试运行正常进行的重大质量问题，均可以将启委会的工作从简安排，在启委会同意的情况下，可由在现场工作的启委会委员，一般由试运行指挥部总指挥，代行启委会职责进行机组启动试运行及验收工作。

⊪ 第二节　流　程　管　理

一、概述

现场调试通常分为安装试验、分部调试、机组启动试运行和性能验收试验，通过现场试验以验证设备的适用性、有效性及其保证值。

通常安装试验及分部调试由安装承包商负责。机组启动试运行试验可由其他承包商负责，安装承包商配合。性能验收试验由有资质的第三方负责。上述试验期间厂家进行技术指导并对技术指导的正确性负责。

（一）设备分部调试

对各单体设备以及与其相关的设备、装置、自动化元件等连接后形成的一个相对独立的分系统进行的机械、电气、控制等部分的联合调试过程。

（二）机组启动试运行

机组完成设备分部调试后、投产前所进行的一系列试验过程。包括抽水工况启动试验、发电工况启动试验、抽水工况调相试验、水泵抽水与停机试验、机组带负荷甩负荷试验、各种工况转换试验、15 天考核试运行等。可以机组正式充水或机组转动（盘车除外）为起点，至 15 天考核试运行结束为终止。

（三）性能验收试验

机组安装完毕，经分部调试、机组启动试运行合格后，保质期内，由运行单位或项目单位选择一台机组进行性能验收试验，以检验设备性能是否满足合同文件和保证值。

二、机组启动试运行

（一）立项

机组启动试运行试验由其他承包商负责的前提下，通常对如下内容进行协商确定：

（1）协商机组启动试运行工作范围和内容。如承担机组整组启动试运行，配合机组涉网试验等。

（2）协商工作界面。如机组启动试运行试验承包商与业主的工作界面、与安装承包单位的工作界面、与开关站设备受电承包单位的工作界面、与涉网试验承包单位的工作界面。

（3）明确机组启动试运行试验承包商的工作职责。

（4）协商重大工程节点。

（5）明确安全目标、质量目标。

（6）协商首台机组启动方式。

（7）协商费用及支付方式等。

（二）成立调试项目部

在调试合同签订后，调试单位应发文成立相应的工程调试项目部，确定组织机构代表调试单位承担现场工作，并函告业主单位。组织机构通常包括调总、调总助理、安全员、质量员和档案员等，下设多个专业组，包括电气组长及成员、监控组长及成员、水机组长及成员等，专业组可设立相应专业兼职安全员和质量员。

（三）进驻

进驻包括进驻时间的选择，调试人员和调试设备进驻以及管理工作流程协商等。

（1）进驻时间。在调试合同签订之后，根据合同确定的关键工期时间节点和约定确定进驻时间，可在电站倒送电之前进驻，可在四联会之前进驻，可在分部调试之前进驻。

（2）调试人员进驻。调试人员进驻可根据工程进度的需要分批进驻。

（3）调试设备进驻。开关站受电前和机组整组启动试运行前，相关仪器设备应进驻现场。主要工作包括准备测试仪器设备，如电气测试设备、振动摆度测试设备、主要参数测试仪器设备及辅件等；仪器设备装箱，采取一定保护措施，快递运至现场；仪器设备到货检查；注意仪器设备应能正常使用且经过校验。

（4）管理工作流程协商。调试单位进场后应和各方协商管理工作流程，在启动试运行指挥部的领导下，根据建设单位的管理要求开展相关管理工作。管理工作流程包括向监理单位报批组织机构、人员和设备进驻、调试大纲、调试方案等管理文件，现场工作包括在试运行指挥部的领导下承担机组启动试运行工作等，开关站受电调试单位也需要履行相应的管理工作流程。

（四）调试资料编写

调试资料编写内容主要包括调试大纲编写、应急预案编写、调试进度计划编写、调试方案编写、安全技术交底书编写、调试报告编写等，其中调试进度计划和应急预案可作为调试大纲的附件并入调试大纲。

1. 资料收集

主要包括工程相关的招、投标文件、安装合同技术部分、调试合同技术部分、技术协议、会议纪要等文件；已经批准的设计和调试图纸及资料；相关的规程规范；主体设备技术文件和新产品的工艺性试验资料；质量管理、安全管理、环境职业健康三体系文件；现场内外环境条件调查资料；工程业主的相关规章制度。

2. 调试大纲

（1）编制人员。由调总组织编制和汇总，调总助理协助调总开展工作，各专业组负责编制本专业相关的内容。

（2）编审批流程。可采取的方式如下：专业人员熟悉收集资料，编写调试大纲相应部分；调总或调总助理统稿，形成初稿；召开调试大纲初稿内部审查会议；修改完善后召开调试大纲第二稿讨论内部审查会议；修改完善形成调试大纲第三稿；赴现场和业主沟通并修改完善形成调试大纲第四稿；参加第四次设计联络会，对调试大纲进行审查，并形成调试大纲第五稿；调试单位完成内部编审批流程，形成调试大纲送审稿；现场调试项目部根据管理工作流程报监理单位和试运行指挥部审批，根据监理单位和试运行指挥部审核意见修改完善形成调试大纲报批稿，此时调试大纲也可报业主上级主管单位审批，并根据上级主管单位意见修改完善；试运行指挥部将调试大纲报批稿报送启委会审批，根据启委会审批意见修改完善形成调试大纲终稿。

（3）编制原则。遵守和贯彻国家的有关法律、法规和规章。遵守和贯彻国家标准、行业标准、企业标准和相关反事故措施的调试要求。对项目工程的特点、性质、工程量、工作量的特点进行综合分析，确定本工程调试的指导方针和主要原则。符合调试合同约定期限和各项技术经济指标的要求。遵守基本建设程序，切实抓紧时间做好调试准备，合理安排调试顺序，及时形成工程完整的投产能力。在加强综合平衡，调整好各年度的调试密度，在改善劳动组织的前提下，努力降低劳动力的高峰系数，做到连续均衡调试。运用科学的管理方法和先进的调试技术。加强质量管理，明确质量目标，消灭质量通病，保证调试质量，不断提高调试工艺水平。加强职业安全健康和环境保护管理，保证调试安全。

（4）内容。调试大纲内容一般包括：前言；组织机构；编制标准及依据；设备参数；调试范围；调试条件；调试项目；调试质量控制；调试职业健康、安全控制；环境控制。调试进度计划和应急预案可作为调试大纲附件并入一起编制。

3. 调试方案

调试方案是现场试验具体实施步骤的指导文件，按照调试作业指导书要求进行编制。

（1）编制人员。由现场调总组织编制，各专业组负责编制本专业相关的内容。

（2）编审批流程。经批准的调试大纲规定的每个项目都要编制试验方案。各专业人员熟悉收集资料，编写具体的调试方案初稿；调总或调总助理组织审核，修改完善后由调总组织完成调试项目部内部编审批流程。调试项目部按照管理工作规定将调试方案报送监理单位和现场试运行指挥部审批。

（3）编制原则。遵守和贯彻国家的有关法律、法规和规章。遵守和贯彻国家标准、行业标准、企业标准和相关反事故措施的调试要求。对试验的特点、要求、试验条件、危险点、工作量进行综合分析，确定本试验的试验方法和安全措施。加强质量管理，明确质量目标，消灭质量通病，保证调试质量，不断提高调试工艺水平。加强职业安全健康和环境保护管理，保证调试安全。

（4）内容。调试方案内容一般包括：前言；调试标准及依据；调试范围；调试目的；主要设备参数；须具备的调试条件；调试项目；调试流程及数据记录；组织措施；安全措施；环境、职业健康安全风险因素辨识和控制措施。

4. 安全技术交底书

（1）目的。通过交底使调试人员和配合单位了解调试方案的工程概况、内容和特点、调试目的，调试前应具备条件、调试过程、调试方法、调试步骤、安全措施、环保措施等。了解并掌握调试方案的具体要求、步骤和危险点，保证调试工作得以安全、有序的实施。

（2）交底时间。现场试运行指挥部审批同意后在调试项目执行前进行调试方案安全技术交底。

（3）编制人员。由现场调总组织编制，各调试方案负责人负责编制技术交底书。

（4）内容。安全技术交底书主要包括名称、时间、主持人、调试项目、主要调试流程、调试风险点和安全防控措施，参建各方签字栏等。参建各方包括业主、监理、设计、安装、调试、厂家等各单位。

5. 调试日志

（1）目的。记录调试期间每天工作情况。

（2）内容。调试日志包括日期，第几期，记录人，校核人，完成的调试工作，缺陷及需协调处理的问题，待处理的长期缺陷，下一步工作计划调试风险预警等。完成的调试工作记录还需记录工作持续时间，不能仅仅描述完成的工作。

6. 调试报告

（1）编制人员。调试报告由现场调总组织编制汇总，各专业组负责编制本专业相关的内容。

（2）编审批流程。现场可编制调试报告初稿，可每个调试方案编制一个调试报告初稿，编制完成后由现场调试项目部进行初评，调试报告初稿可盖调试项目部章，供检查使用。正式报告宜一台机组一份正式报告，由调总或调总助理负责组织，将所有调试分报告合并成一个总报告，形成总报告初稿后，宜和各参建方进行沟通后经调试单位内部编审批流程形成调试报告终稿。

（3）编制原则。在编制调试报告时遵循以下原则：保证报告中数据和记录的真实性；对试验的过程、发生的故障、试验数据进行综合分析，得出调试结果；对结果与招、投标文件、调试合同、技术协议、会议纪要等文件进行比对，对有差异的地方要进行分析和说明。

（4）内容。调试报告的内容一般包括：前言；调试目的；调试标准及依据；主要设备参数；调试项目及日期；调试结果及数据分析；结论与建议，附录。调试结果及数据分析还应包括15天试运行数据。附录可包括主要测点实拍照片、轴承热稳定试验图片和数据、工况转换时长统计、主要缺陷及处理等。

7. 其他文件

根据业主工程管理需要，通常调试项目部还需要编制和调试相关的质监检查报告、单元工程和分部工程报告、达标投产报告、枢纽竣工安全鉴定报告等相关报告，有的单位还需要编制机组进入15天试运行前的检查报告和基建转生产报告，报告的具体编制根据相关检查单位的要求进行。

（五）设备代保管管理

（1）与电网调度管辖相关的设备和区域，在受电完成后，由业主单位进行代保管管理。

（2）独立或封闭的设备和区域，如公用系统设备和区域，在分部调试和建筑安装施工及装修完成后，无尾工或留少量尾工及缺陷，由业主单位进行代保管管理。

（3）代保管区域在具备条件后，应办理代保管管理移交手续，由施工单位移交业主单位代保管管理。明确代保管项目的内容、范围、遗留问题及处理意见。明确进出审批管理、值守管理、巡检管理、工作票管理、操作票管理、缺陷管理、隔离点管理和日常维护管理等内容。

（4）代保管期间施工未完项目、尾工、基建痕迹消除、施工缺陷等仍然由施工单位负责处理。

（5）代保管区域进行作业应执行"两票三制"规定。

（6）代保管区域设备和系统出现异常和事故，由运行单位按运行规程进行处理并做好记录，提出异常运行和缺陷通知单。由试运行指挥部组织协调相关单位解决。

（7）代保管设备由运行单位负责操作，其他单位不得对代保管设备进行操作。

（六）设备定值管理

（1）业主单位是定值管理责任单位。调试前，可由业主单位组织业主单位、监理单位、设计单位、主机厂商、安装单位、调试单位的专业技术人员审核由电网单位、运行单位、设计单位、设备供货商等提供的设备定值（含保护定值和控制定值），确认设备定值的合理可靠。

（2）业主单位应及时向设计单位、监理单位、安装单位、调试单位、设备供货厂商提供经过批准的设备定值。

（3）保护定值在调试后，正式投入使用前，应打印出保护定值，并审核签字。

（4）控制定值在调试后，正式投入使用前，应审核确认，和批准的设备定值一致。

（5）设备定值修改。在试运行期间，发现某定值不当，经试运行专业组分析论证后可提出修改定值和重新整定的建议，办理定值修改审批表，经批准后执行。

（6）定值修改审批。需经业主单位、监理单位、设计单位、设备供货单位、调试单位的审核确认，由试运行指挥部副总指挥及以上人员批准生效。

（七）设备停送电管理

（1）未代保管设备的停送电工作由施工单位负责。

（2）代保管设备的停送电工作由运行单位负责。

（3）设备停送电工作执行操作票制度。

（4）设备停送电操作票由设备管理的责任单位负责编写或运行单位编写。

（5）设备送电后应有明显标志标识设备有电或隔离设备隔离有电设备。

（八）强制性条文管理

在工程建设中，通过《工程建设标准强制性条文（电力工程部分2011版）》（以下简称强条）的贯彻执行，不发生一般及以上安全、质量事故，不发生违反强条的现象，保证工程建设安全、质量，保障职工的人身健康、生命财产安全，保护环境和公众利益，确保工程职业健康安全、质量目标顺利实现。

1. 职责

（1）试运行指挥部：在工程建设过程中，由试运行指挥部负责强制性条文的宣贯和执行；审定强条实施计划并监督执行；定期召开会议，审查强条执行情况；协调处理实施过程中发现的问题。

（2）业主单位：督促相关强条实施计划的制订，监督、检查安装、调试过程中强条实施计划的执行情况，协调强条实施过程中出现的问题，对违反强条的行为进行处罚。

（3）监理单位：组织安装、调试相关强条实施计划的审查，并批准；检查安装、调试过程中强条实施计划的执行；对违反强条的行为，责令纠正，跟踪整改，并提出考核处理的建议。

（4）安装单位：组织制定安装、单体和分部调试相关强条的实施计划，组织各专业实施经批准的安装、单体和分部调试强条实施计划，定期检查过程中强条实施计划的执行情况，及时纠正实施中出现的问题。

（5）调试单位：开关站调试单位制定开关站受电调试相关强条的实施计划；机组整组调试单位制定机组整组启动调试相关强条的实施计划；组织各专业组实施经批准的调试相关强条的实施计划；定期检查调试过程中强条实施计划的执行情况，及时纠正实施中的问题。

2. 执行与控制

（1）策划阶段：施工单位、调试单位依据强条，结合本工程实际情况制定适用于工程建设全过程的强条实施计划，明确责任单位、责任人；监理单位组织审查、批准强条实施计划；施工单位和调试单位编制《工程强制性执行情况检查项目》，明确各条款的实施责任人和实施阶段。

（2）宣贯阶段：业主单位应组织执行强制性条文的宣贯活动和培训。各参建单位要自行组织内部宣贯和培训。

（3）执行阶段：

1）在安装、调试措施编制过程中，应将相应强制性条款作为主要内容之一，所制定的安装、调试措施必须符合强条规定，在进行安全技术交底时，应向所有参建单位的人员进行强条适用性的交底，并在调试过程中严格执行。

2）在安装、调试过程中，严格按照规程、规范、技术标准和强条执行，每一项强条执行完毕后，应及时办理封闭签证。

3）应定期检查强条实施计划的执行情况，对发现的不符合项及时纠正，并将检查结果报试运行指挥部。

4）安装、调试工作结束后，应依据实施计划闭环强条对应条款，并经监理单位、业主单位等相关专业专工签证认可，作为归档材料之一归档。

（九）设备异动管理

（1）设备或系统的操作功能的改变，物理结构的改变、拆除、位置的变动、设备或部件的增装统称设备异动。

（2）业主单位负责安装、调试期间设备异动管理。监理单位负责设备异动内容核对。运行单位负责设备异动后运行图册、运行规程的修改。施工单位或设备供货厂家负责设备异动的执行。设计单位、设备供货厂家负责异动设备图纸的修改。

（3）设备异动后，其图纸、资料、规程都应及时修改，使其始终处于正确的状态。

（4）设备异动由设备责任单位或设计单位提出异动设备及异动方案，并经业主单位、设计单位、监理单位审查通过后实施。必要时可邀请施工单位、调试单位参与审查。

（5）设备异动后，需经监理单位、运行单位、施工单位、设备供货单位等组成的验收组检查验收合格后投入。

（6）设备异动责任单位应及时编写设备异动报告并提交试运行指挥部，报告包括异动原因、异动处理方案、异动处理结果等内容。

（7）运行单位应根据设备异动报告，由相关专业专工及时制动安全措施，修改规程和系统图纸。

（十）组态、逻辑和控制修改管理

（1）机组各控制系统组态、逻辑、画面修改工作由设备供货厂商进行，其他任何人员不得进行。

（2）在机组安装、调试过程中，如发现各控制系统的系统图、逻辑图、控制接线图设计不合理或有差错时，应经过分析论证，办理审批手续后实施。

（3）机组各控制系统的组态、逻辑和控制修改后，修改责任单位应及时提供修改报告，说明主要修改原因、执行人、修改前情况和修改后结果。

（十一）现场调试

1. 现场调试管理一般要求

（1）现场试验由调总统一指挥，所有调试人员必须服从指挥。

（2）调试开始之前，调总应组织调试人员根据调试方案检查调试的条件是否满足，调试的安全隔离措施是否到位，是否有其他安全隐患，试验设备是否准备到位，发现问题应及时整改否则不得开展调试工作。

（3）现场调试人员在调试前必须经过技术交底，如有疑问应在交底时及时提出。

（4）各调试工作面的负责人应坚守岗位，不得随意离开，如必须到其他调试工作面需向调总汇报，取得同意后方可离开。重要的调试工作面如果负责人需离开还需由调总指定其他调试人员替换到岗后方可离开。

（5）调试人员不得擅自改变设备的状态，如果必须改变设备状态则需向调总汇报，取得同意后方可实施。

（6）各调试工作面的负责人在发现异常情况时应及时向调总汇报，如判断该情况将引发事故或人身伤害事件时应建议调总跳闸或立刻终止试验，如已发生事故或人身伤害事件时应立刻利用就地跳闸按钮跳闸同时向调总汇报情况。

（7）调试过程应按调试方案中所制定的步骤进行，如需要改变调试步骤，则调总需向现场试运行指挥部汇报，取得书面同意后方可继续进行。

（8）调试方法应按调试方案中所制定的方法进行，如需改变调试方法，则调总应下令中止试验，并向试运行指挥部汇报，取得书面同意后方可用新的方法进行试验，并做好相关记录。

（9）调试过程中各调试工作面的负责人应做好相关的记录，记录一般包括时间、设备状态、试验步骤、突发情况等。

（10）调试项目结束后，调总及各调试工作面的负责人应向现场试运行指挥部汇报调试情况，总结调试成果并根据调试情况提出相应的整改意见。

2. 现场测试仪器管理

（1）测量仪器使用要求。

1）测试人员应负责和检查测量仪器的使用情况。

2）测试人员必须熟悉和掌握并严格遵守测量专业操作规程。

3）测试仪器必须在检定合格有效期内使用，凡新仪器使用之前必须进行检验校正，并根据说明书，充分了解仪器的性能后方可使用。

4）精密测试仪器，必须由专业技术人员或在其具体指导下才能使用。

5）测量人员在使用仪器测试过程中，必须坚守岗位，避免仪器受振、倾倒和碰撞。仪器箱上禁止坐人或堆放其他杂物。

（2）测量仪器的保管。

1）测量仪器必须由专人保管，存放时要注意防震、防晒、防淋、防尘和防潮；

2）非测量人员不得擅自动用测量仪器。

（十二）缺陷管理

（1）监理单位负责试运行期间缺陷的汇总、登记、分发、落实、验收、封闭等工作。

（2）各参建单位根据合同要求，负责各自职责范围内的试运行缺陷消除工作。

（3）调试单位需了解和掌握机组试运行期间的缺陷及其封闭情况，确保无缺陷影响机组整组试运行工作。

（4）在分部试运行和整组试运行期间出现的试运行缺陷，应根据情况研究决定是否停止分部试运行或整组试运行。

（5）调试、监理、设计、施工、生产、主机及其他相关单位应及时将试运行过程中发现的缺陷填写机组试运行缺陷通知及处理记录单，监理工程师进行汇总、登记、分类后落实给消缺责任单位，并收集整理缺陷清单。

（6）试运行缺陷责任单位应及时组织人员，分析原因，制定消缺措施，安排完成消缺。

（7）造成设备异常及元器件损坏等后果的，应组织人员分析原因，做好记录，填写设备异常、设备及元器件损坏登记表，由业主单位相关专业专职工程师保存。

（8）设备、元器件损坏后需更换备品时应办理正式领用手续，并将损坏的设备、元器件交由物资管理部门保存。

（9）在未分析清楚设备异常及元器件损坏原因和制订出防范措施之前，严禁继续进行分部试运行和整组试运行。

（10）对于影响机组安全的重大缺陷，应由业主单位组织各方人员讨论、研究，确定消缺方案，落实消缺责任单位。

（11）试运行消缺工作应按电力安全工作规定，执行"两票"规定，办理工作票。

（12）缺陷消除后，应由监理工程师组织消缺验收，验收合格后，确认该消缺工作的结束，填写消缺试验通知单及处理记录表，完成消缺的闭环控制。

（13）机组调试过程中的消缺清单、消缺状态及未完消缺项目清单宜由监理工程师移交给业主单位存档。

（十三）试运行

1. 试运行协调会

试运行协调会议每天召开一次，必要时每天工作结束时可再召开一次总结会议。由业主单位、监理单位、调试单位、设计单位、施工单位、主机及其他厂商单位参加。主要会议内容包括：

（1）前一天工作情况总结，含已完成工作，未完成工作及原因。

（2）工作期间需协调解决的问题。

（3）当天工作计划情况汇报。

（4）当天工作安全注意事项，是否有安装工作或者其他工作影响到当天工作安全的事项，提醒各单位人员注意。

（5）重要事项应及时沟通，使得参调各方知晓，避免信息截留发生意外。

2. 安全技术交底会议

当天工作计划安排完毕后，针对当天工作，组织相关人员召开安全技术交底会议。主要由业主单位、监理单位、调试单位、设计单位、施工单位、主机及其他厂商单位参加，重要工作上级单位可派人员参加，涉网试验承担单位可在涉网试验期间参加会议。安全技术交底内容主要包括：调试质量控制点、调试目的、调试范围、调试前条件、调试方法、调试步骤、风险点分析及安全措施、环保措施，及对其他安装工程可能的影响等内容。通过安全技术交底会议的沟通，统一各参调单位人员的思想和工作步骤，使得施工单位了解调试项目对安装工程可能的影响。

3. 试运行操作

（1）调试人员的技术能力应能满足机组调试要求，具有抽水蓄能机组调试工作经验。

（2）运行人员应经过培训，并经考试合格，持证上岗。

（3）施工单位每个专业应配备一定数量的熟悉本专业的人员参加机组试运行工作。

（4）安装调试和分部调试（含单体调试）时，在施工单位试运行人员的指挥下，由施工单位人员和/或运行人员负责设备的启停操作和运行参数检查及事故处理。

（5）机组整组试运行时，在调试单位人员的监督指导下，由调试单位人员和/或运行人员负责启动前的检查、设备操作、运行调整、巡回检查和事故处理。

（6）有厂家参与或者负责的调试项目，由施工单位人员和/或运行人员在厂家的指导下进行操作，原则上不允许厂家私自进行操作。

（7）机组整组试运行期间应每日开始工作前进行机组复役操作，每日工作结束后应进行机组隔离操作，确保机组整组试运行安全。隔离和复役操作，由运行单位人员操作，调试单位人员监护。机组复役操作票和隔离操作票，在调试单位人员的监督指导下，由运行人员按照操作票的要求编制操作票。机组隔离和复役操作票可实行双签发制度。

（十四）机组投产

（1）机组经分部调试、整组调试和15天试运行后，经消缺处理无影响机组运行安全的缺陷或遗留缺陷不影响机组运行安全，同时制定了消缺计划后，可将机组移交运行单位管理。

（2）机组试运行完成后，业主单位、监理单位、设计单位、施工单位、调试单位、运行单位、主机厂商等各参建单位编制机组启动试运行工作总结。

（3）召开启委会会议。在机组具备投入商运条件后，召开启委会会议，听取并审议各参建单位工作情况的汇报，以及施工尾工、调试未完项目和遗留缺陷的工作安排，做出启委会决议，同时决定机组投入商业运行时间。

◆ 第三节　验 收 标 准

机组整组启动试运行主要参考标准和验收标准如下。

一、国家标准

GB/T 6075.5—2002 在非旋转部件上测量和评价机组机械振动　第5部分：水力发电厂和泵站机组

GB/T 7894—2009 水轮发电机基本技术条件

GB/T 8564—2003 水轮发电机组安装技术规范

GB/T 9652.1—2007 水轮机控制系统技术条件

GB/T 9652.2—2007 水轮机控制系统试验

GB/T 10069.1—2006 旋转电机噪声测定方法及限值　第1部分：旋转电机噪声测定办法

GB/T 11348.5—2008 旋转机械转轴径向振动的测量和评定　第5部分：水力发电厂和泵站机组

GB/T 14285—2006 继电保护和自动装置设计规范

GB/T 14478—2012 大中型水轮机主进水阀门基本技术条件

GB/T 15145—2017 输电线路保护装置通用技术条件

GB/T 15468—2006 水轮机基本技术条件

GB/T 17189—2007 水力机械（水轮机、蓄能泵和水泵水轮机）振动和脉动现场测试规程

GB/T 18482—2010 可逆式抽水蓄能机组启动试验规程

GB/T 20043—2005 水轮机、蓄能泵和水泵水轮机水力性能现场验收试验规程

GB/T 20834—2007 发电电动机基本技术条件

GB/T 22581—2008 混流式水泵水轮机基本技术条件

GB 26859—2011 电力安全工作规程　电力线路部分

GB 26860—2011 电力安全工作规程　发电厂和变电所电气部分

GB 26861—2011 电力安全工作规程　高压试验室部分

GB/T 28570—2012 水轮发电机组状态在线监测系统技术导则

GB 50150—2006 电气装置安装工程　电气设备交接试验标准

二、行业标准

NB/T 35048—2015 水电工程验收规程

DL/T 507—2014 水轮发电机组启动试验规程

DL/T 578—2008 水电厂计算机监控系统基本技术条件

DL/T 619—2012 水电厂自动化元件（装置）及其系统运行维护与检修试验规程

DL/T 822—2012 水电厂计算机监控系统试验验收规程

DL/T 995—2016 继电保护和电网安全自动装置检验规程

DL/T 5113—2012 水电水利基本建设工程　单元工程质量等级评定标准

DL/T 5161—2002 电气装置安装工程　质量检验及评定规程

DL/T 5278—2012 水电水利工程达标投产验收规程

DL/T 293—2011 抽水蓄能可逆式水泵水轮机运行规程

DL/T 305—2012 抽水蓄能可逆式发电电动机运行规程

DL/T 792—2013 水轮机调节系统及装置运行与检修规程

三、部颁标准

建设部"工程建设标准强制性条文"（电力工程部分）

国能安全〔2014〕161 号文"防止电力生产事故的二十五项重点要求"

四、企业标准

国家电网生〔2012〕352 号文"国家电网公司十八项电网重大反事故措施（修订版）"

国家电网基建〔2015〕60 号文"国家电网公司水电厂重大反事故措施"

Q/GDW 1799.1—2013 国家电网公司电力安全工作规程　变电部分

Q/GDW 1799.3—2015 国家电网公司电力安全工作规程　第三部分：水电厂动力部分

国网新源控股有限公司《可逆式抽水蓄能机组启动调试导则》

国网新源控股有限公司《抽水蓄能电站受电前应具备条件技术导则》

国网新源控股有限公司《抽水蓄能电站机组启动试运行前应具备条件技术导则》

国网新源控股有限公司《抽水蓄能电站机组启动试运行试验大纲编制导则》

五、其他依据

设计图纸及相关技术文件

各设备生产厂家设计图纸及相关技术文件

电站机电设备采购、安装和调试合同

⊪ 第四节 安 全 管 理

应按照"安全第一、预防为主、综合治理"的安全方针和"以人为本"的管理理念，加强机组调试期间安全管理、识别危险、控制风险，确保试运行人员安全，确保试运行设备和系统安全稳定。主要包括以下内容：

（1）工程安全文明生产管理委员会（以下简称安委会）是现场安全管理的最高组织机构，调试期间的安全管理应纳入整个工程的职业健康安全管理体系，接受安委会的领导。

（2）业主单位应确保机组调试安全组织机构健全，安全监督网络运行有效；安全监督、保证体系与规章制度体系健全；安全责任明确，落实到位。

（3）调试项目部的安全管理体系和安全监督网络应建立健全，内部安全管理人员职责明确，安全体系运行正常。

（4）项目公司和调试单位，以及调试单位内部应签订安全目标责任书。

（5）所有参加调试的人员都应经过相关的安全培训；调试项目经理或调总和安全专职人员应取得相关资格证书，持证上岗。

（6）调试大纲中的安全措施、各项调试方案中的安全措施应按程序审批；调试安全技术交底详细，记录齐全。

（7）调试单位应由详细准确的危险点（源）的辨识清单和控制方案；应急预案编制完成，通过审批，并按照规范程序进行安全技术交底。

（8）调试人员安全职责。

1）调试项目经理或调总对调试单位现场安全负责，各专业负责人在调试项目经理或调总领导下负责本专业调试的安全管理工作；专（兼）职安全员协助调试项目经理或调总做好现场调试安全工作。

2）调试项目经理或调总的安全职责。对调试现场安全生产责任制的建立、健全与贯彻落实全面领导责任；认真执行国家有关安全生产的方针、政策、法律法规，并负责组织贯彻落实，审定年度安全目标计划，定期检查安全目标计划的执行情况；定期组织召开安全例会，总结上阶段项目安全情况，布置下阶段安全工作，研究并协调解决现场具体安全问题等；解决安全生产中的重大问题，按"四不放过"的原则负责有关事故的调查和处理。

3）专（兼）职安全员职责。协助调试项目经理或调总开展安全工作，监督检查安全管理体系的有效运行，检查调试现场的人员、设备、仪器、安全工器具、工作地点的安全状况，发现问题及时纠正；对新到现场的人员进行安全教育；参加调试前的安全措施交底，并到现场检查开工安全条件、监督安全措施的执行；参加安全会议和生产调度会，总结安全工作；督促项目部做好劳动防护用品、用具和重要工器具的定期试验检定工作。

4）调试各专业负责人职责。组织本专业制定、修订调试现场预防事故的安全措施，并监督其实施；解决本专业安全生产问题；制订本专业安全生产的具体措施，确保调试工作安全目标的实现；带头遵章守规，及时纠正违章违规行为；对重大试验项目进行相关的技术交底，并承担相应的安全责任。

5）调试技术人员职责。自觉执行安全生产的有关规定、规程和措施，不违章作业；

正确使用、维护和保管工器具及劳动防护用品、用具，并在使用前进行检查；不操作自己不熟悉的或非本专业使用的机械、设备及工器具；调试项目开工前，认真接受安全措施交底，并严格执行；作业前确认安全措施，以确保"三不伤害"发生；调试中发现不安全问题须妥善处理并向调试项目经理或调总汇报；对无安全措施和未经安全交底的项目，有权拒绝开工并可越级上报；有权制止他人违章；有权拒绝、检举和控告违章指挥；尊重和支持安全监察人员的工作，服从安全监察人员的监督与指导；发生人身事故时须立即抢救伤者，保护事故现场并及时报告。调查事故时必须如实反映情况。分析事故时积极提出改进意见和防范措施。

（9）安全和文明试运行保证措施。

1）调试单位在调试过程中应保证人身安全和设备安全，应始终把安全工作放在第一位，对有危险的调试作业或场所，都应制定必要的安全措施。

2）在调试大纲编制时，要根据工程和机组特点，科学合理地安排启动程序，有针对性地制定安全规定和反事故措施，对机组安全存在的薄弱环节和事故易发点要重点防范，防止重大事故的发生。

3）调试方案，应写明和本方案所涉及系统、设备有关的安全技术要求，以及系统隔离措施，不应在不具备条件的情况下进行调试。

4）要重点分析系统、设备的安全薄弱环节，开展该项调试的危险点以及可能对相关系统、设备产生的影响，有针对性的制定安全防范措施。

5）调试单位应确认调试的安全措施能保证设备的安全，没有调试安全措施的设备及保护不完善的设备不允许进行启动调试工作。

6）在启动调试过程中，严格执行相关规程规定，严格执行上级公司的各项反事故措施和"电力安全工程规程"有关安全规定，对影响安全的因素要采取积极措施，及时消除安全隐患，现场调试在隐患消除后方可进行下一步调试工作。

（10）危险源辨识和管理。

1）在机组进入调试前，业主单位应组织监理、调试及施工等单位，对启动试运行前的危险源进行辨识，并编制针对性的反事故控制措施或应急预案。

2）针对已经识别的危险源，按照调试各阶段的工作特点，由调试单位编制机组调试危险源控制措施，监理工程师应督促这一工作实施。

3）机组整组调试过程中的重大危险源可供参考如下：火灾、水轮机超速、轴承烧瓦、水淹厂房、监控系统故障、操作员站失去监控功能、机组甩负荷、全厂失电、机组谐振等。

（11）安装、调试、运行区域隔离。

1）运行区域设备室门关闭并锁上，非运行人员不得进入运行设备室。调试、试验、检修和安装人员进入运行设备室工作须办理工作票，或由运行人员陪同。

2）在主厂房机组段各层两端设临时遮栏，并由保安人员在各出口把守，所有人员凭公司颁发的有效证件，登记后方可进入机组调试区域。

3）建立隔离锁管理制度，设置专用钥匙箱存放隔离措施使用的锁具和钥匙，钥匙的使用和归还需要专门登记成册。

4）调试机组与运行机组、安装机组之间应制定安全可靠地隔离措施，包括电气一次隔离措施、电气二次隔离措施、油水气系统隔离措施，画图标注明显隔离点，制订表格说明详细隔离措施等，将调试机组与运行机组、安装机组隔离，以保证调试安全。

（12）调试反事故措施。

1）调试期间必须防止重大恶性事故的发生。为保证调试安全，要制定机组调试安全组织措施和技术措施以防止重大恶性事故的发生。

2）在分部调试和机组整组调试期间，所有施工、调试及运行人员要在试运行指挥部的统一指挥下，严格遵守相关安全规程，执行两票三制，确保人身安全和设备安全，应做到：

a. 系统和设备不具备试运行和试验条件，不进行试运行和调试。

b. 没有完备的安全组织措施和安全技术措施，不进行试运行和调试。

c. 现场检查人员没有检查完毕并通知调试指挥人员，不进行试运行和调试。

d. 服从试运行负责人的指挥，掌握所有调试项目的安全及技术要求。

e. 试运行期间出现影响人身安全或设备安全的情况或发现安全隐患时，应立即停止试运行，并及时向调试项目经理或调总或试运行指挥人员汇报，经处理能确保安全后，方可继续进行试运行。

f. 严格执行调试方案的调试程序、调试范围和调试项目，不允许擅自更改。

3）每一项重大调试项目前，应按照应急预案做好应急准备措施，出现异常立即停止调试工作，并按应急预案进行处理，防止事故扩大。

第五节 调试质量管理

应制定明确的调试质量目标，确保机组调试质量满足规定，实现机组达标投产，长期安全稳定经济运行。

一、分部工程和单元工程划分

水轮发电机组安装工程为水电水利基本建设工程中的一项主要分部工程，由立式反击式水轮机安装、冲击式水轮机安装、调速器及油压装置安装、立式水轮发电机安装、卧式水轮发电机安装、主阀及附属设备安装、机组管路安装、机组启动试运行等八项扩大单元工程组成。各项扩大单元工程又由主要部件安装或试验项目等多项单元工程组成。

抽水蓄能电站机组启动试运行的分部工程、扩大单元工程、单元工程的具体划分详见表1。

表 1　　　　　　　　　　分部工程、扩大单元工程、单元工程划分表

分部工程	扩大单元工程	单元工程
水轮发电机组安装	机组启动试运行	机组充水试验 机组空载试验 机组并列及负荷试验 可逆式机组抽水工况试验与试运行

1）单元工程（含扩大单元工程）分为主要单元工程和一般单元工程两类。其中主要单元工程系指结构复杂、技术要求较高、对分部工程整体质量影响较大的单元工程；一般单元工程系指除主要单元工程以外的其他单元工程。

2）单元工程质量评定由若干个检查项目作为控制单元工程质量的标准，这些控制性检查项目又分为主要检查项目和一般检查项目两大类。其中主要检查项目系指质量要求较高、对单元工程整体质量影响较大的检查项目，这里包括水轮发电机组安装、机组启动试运行、机组空载试验、机组并列及负荷试验和可逆式机组抽水工况试验与试运行。一般检查项目系指除主要检查项目以外的其他检查项目，这里指机组充水试验。

3）对于可逆式抽水蓄能机组，以每台机组启动试运行为一项扩大单元工程，并划分为机组充水试验、发电工况空载试验、发电工况负荷试验、抽水工况试验与试运行试验四项单元工程。

4）单元工程、扩大单元工程、分部工程的质量等级分为合格与优良，其评定办法见表 2。

表 2　　　　　　　　　　单元、扩大单元、分部工程质量等级的评定

评定项目	合格	优良
单元工程	（1）主要检查项目全部达到合格等级指标； （2）一般检查项目的实测点有 90% 及以上达到合格等级指标，其余项目与合格等级指标虽有微小超标，但不影响使用	（1）主要检查项目全部达到优良等级指标； （2）所有检查项目中有 60% 及以上达到优良等级指标，其余也达到合格等级指标
扩大单元工程	扩大单元工程中的各单元工程全部达到合格等级	（1）扩大单元工程中的主要单元工程全部达到优良等级； （2）所有单元工程中有 60% 及以上达到优良等级，其余也达到合格等级
分部工程	分部工程中的各单元工程全部达到合格等级	（1）分部工程中的主要单元工程全部达到优良等级； （2）所有单元工程中有 60% 及以上达到优良等级，其余也达到合格等级

二、管理职责

业主单位负责对项目安装、调试质量的管理工作进行监督、指导。监理单位负责对工程安装、调试质量的管理和验收。施工单位和调试单位按照"事前策划、事中控制、事后检查和持续改进"的工作程序，负责安装、调试期间的具体质量工作，实现质量目标。

三、管理要求

（1）承担工程项目安装、调试任务的各相关单位应根据项目质量管理体系的要求，建立符合工程实际的项目安装、调试质量管理体系，明确安装、调试质量负责人，落实调试质量责任。

（2）施工单位项目经理、调试项目经理或调总为安装、调试单位质量安全第一责任人，各专业负责人在项目经理的领导下，认真贯彻执行质量计划和进行质量活动。调试单位应设立专（兼）职质量员，协助项目经理开展调试质量工作。

（3）监理单位应根据要求，加强调试质量验收。

（4）分部调试项目验收前，应完成调试内容，并达到规定的质量验收标准。未经验收、签证的系统，不能移交代保管，不能参加机组的整组启动试运行。

（5）机组整组启动试运行期间应完成规定的调试项目，并达到规定的质量验收标准。

（6）调试单位应按照有关调试质量方面的要求，以及各类设备设计、设备供货厂家所标明的性能指标，编制调试质量计划。

（7）安装、调试质量检验计划应包括安装、调试质量检验评定划分表、调试质量验评表等内容。

（8）安装、调试单位根据调试质量检验计划，确定分部调试和机组整组调试质量验收项目，并报监理单位、业主单位审核。

（9）监理单位应组织相关单位对安装、调试质量检验评定划分表进行评审，由监理工程师批准后执行。

四、管理保证措施

（1）安装、调试项目经理在调试前负责制定调试过程中应形成的资料目录，在调试过程中负责督促各专业负责人完成所需文件及资料的编制。对外来文件和资料也要进行控制并形成记录，确保使用有效的文件和资料。

（2）在调试中使用的仪器设备，应确保满足调试检测的要求，并持有有效期内的检定证书。

（3）施工单位负责编制分部调试条件检查确认表，在分部调试前，由试运行指挥部组织进行试运行条件检查和确认。

（4）开关站受电调试单位负责编制开关站受电调试启动试运行条件检查表，在开关站受电调试启动试运行前，由试运行指挥部组织进行试运行条件检查和确认。

（5）整组调试单位负责编制机组整组启动试运行条件检查表，在机组整组启动试运行前，由试运行指挥部组织进行试运行条件检查和确认。

（6）施工、调试单位在调试项目开始前应编制相应的调试质量控制卡，加强对调试质量控制。监理单位负责检查督促施工、调试单位落实。

（7）在现场调试过程中发现系统设计错误、控制逻辑错误等，需要原设计尽心修改时，调试人员按规定填写消缺通知单，履行验收流程。

五、验收

（1）分部调试、开关站受电调试和机组整组启动试运行结束后，由相关责任单位向监理单位编制质量报告，提出质量验收申请。由监理单位组织质量验收签证工作。

（2）安装、调试质量验收签证工作按照质量报告，安装、调试质量检验评定划分表和调试质量验评表进行。

（3）分部调试质量检验评定签证后，确定各分部调试质量等级。

（4）机组整组启动试运行条件检查工作由监理单位牵头组织，各参建单位共同参加。结论为"具备"或"不具备"。

（5）机组整组启动试运行质量检验评定签订后，确定机组整组启动试运行调试质量等级。

六、不符合项管理

（1）安装、调试过程中发生质量不符合项时，施工、调试、监理及业主等各参建单位应组织分析问题、查找原因、采取有效措施，及时进行处理和控制。

（2）调试过程中发生质量不符合项时，已造成设备及系统损坏的质量事故时，试运行指挥部应迅速采集应急措施，防止事故扩大，同时应采取相应纠正措施，以防止同类事故再次发生。

➤ 第六节　调试档案管理

调试技术档案是项目工程的逐步完成而同时产生的重要成果。它是调试过程、调试质量的最真实、最全面、最原始的记录。它对工程投产后的运行、维护、改造、扩建等方面工作都是所必须的可靠依据。主要包括以下内容：

1. 调试档案归档目录

（1）项目开工申请及批复函。①开工申请批复函原件、电子扫描件。②开工申请函原件、电子扫描件。

（2）项目调试大纲的申请及批复函。①调试大纲申请批复函原件、电子扫描件。②调试大纲申请函、调试大纲原件及签字版扫描件。调试大纲可包含项目进度计划和应急预案。

（3）机组整组启动试运行前检查表。①审批通过的分部或分系统验收检查签字表原件及扫描件。②审批通过的隔离措施检查签字表原件及扫描件。

（4）分部调试单位移交整组调试单位的移交表。由分部调试单位、整组启动调试单位、监理单位、业主单位等签字的原件和扫描件。

（5）整组启动试运行材料。①调试方案申请批复函原件、电子扫描件。②调试方案原件及扫描件。③现场调试日志原件及扫描件。④调试单位审批通过的调试报告原件及扫描件。

（6）整组调试单位移交运行单位的移交表。由分部调试单位、整组启动调试单位、监理单位、运行单位等签字的原件和扫描件。

（7）达标投产实施细则和报告。

（8）调试安全报告。

（9）调试质量划分和质量报告。

（10）强制性条文检查报告。

（11）调试设备校验证书。

（12）调试期间的重要工程节点照片、音像。调试期间，现场会议照、工作照、重大节点集体工作照等。

2. 档案的收集与整理

（1）归档材料由调试项目部、专业组长定期移交档案员集中管理。任何人不得拒绝归档。

（2）归档材料在项目竣工后六个月内由调总和档案员向项目公司移交归档。

附录 B　术　　语

输水系统

用于发电和抽水的进水、引水与尾水的隧洞、管道以及水流控制建筑物。包括上水库进/出水口、引水隧洞、压力钢管、尾水隧洞、下水库进/出水口、闸门井、调压室（塔）、岔管等建筑物。

设备分部调试

对各单体设备及与其相关的设备、装置、自动化元件等连接后形成的一个相对独立的分系统进行的机械、电气、控制部分等的联合调试过程。

机组启动试运行

可逆式抽水蓄能机组完成设备分部调试后、投产前所进行的一系列试验过程。包括抽水工况启动试验、发电工况启动试验、抽水工况调相试验、水泵抽水与停机试验、机组带负荷甩负荷试验、各种工况转换试验、15d 考核试运行等。

倒送电试验

将电网向电站高压母线送电的试验，用以检查一次电气设备、二次测量控制设备的正确性。

进水阀尾闸联闭锁试验

检查进水阀、导叶与尾闸之间的联闭锁关系及监控系统水机跳闸回路正确性的试验。包括尾闸禁止落下试验、尾闸落下后进水阀和导叶紧急关闭试验、尾闸非全开位置时禁止开进水阀和导叶试验。

升压试验

用递升加压的方法，检查发电机、变压器的绝缘、电压互感器接线、相别、相序是否符合要求的试验。

升流试验

用递升电流的方法，检查互感器回路极性及连接正确性的试验。

热稳定试验

在稳定工况运行检查机组推力瓦轴承的温度是否满足设计要求，校核机组长期运行的能力。

动平衡试验

调整转子质量分布的试验，保证剩余的合成不平衡量在规定范围之内。包括水轮机方向和水泵方向。

水轮机甩负荷试验

机组发电稳定运行时突甩负荷的试验，检查调速系统的动态调节性能、励磁调节器的稳定性和超调量、接力器关闭时间、水压变化率和机组转速上升率及机组各部位的振动和摆度等。

水泵断电试验

机组抽水稳定运行时突然失去电网电源的试验，检查励磁调节器和调速系统的动态调节性能，校核接力器关闭时间、水压变化率、机组转速变化率和机组各部位的振动和摆度等。

一管多机甩负荷试验

同一引水单元多台机组发电稳定运行时同时甩负荷时的试验，检查调速系统的动态调节性能、励磁调节器的稳定性和超调量、接力器关闭时间、水压变化率、机组转速上升率和机组各部位的振动和摆度等。

进相试验

检查机组在电动机工况和发电机工况从系统吸收无功功率能力的试验。

压水试验

机组调相工况启动时，将转轮室的水压至转轮以下的试验。

溅水功率试验

调相工况运行时，停止转轮室压气，使转轮室回水造压，测量造压功率的试验。

抽水转发电试验

机组由抽水状态直接转为发电状态的工况转换试验。

进水阀动水关闭试验

机组稳定运行时维持导叶开度不变直接关闭进水阀的试验。

运行工况

机组的运行状态。

工况转换

机组从一种工况到另一种工况的过程。

停机工况

机组处于静止停机状态。

中转停机

机组启动过程中，技术供水系统、推力轴承高压油顶起系统、轴承外循环冷却油泵等机组辅助设备已经投入，但机组尚未转动或停机过程中机组已经静止但机组辅助设备还在运行的状态。

旋转备用

机组以发电工况启动，机组达到额定转速、电压达到额定电压不并网运行的一种工况。

发电工况

从上水库放水流向下水库，驱动机组转轮转动，将水势能转化为电能的运行状态。

发电调相工况

转轮室压水后转轮在空气中旋转，机组发电方向并网运行的状态。

抽水工况

机组从下水库向上水库抽水，将电能转化为水势能的运行状态。

抽水调相工况

转轮室压水后转轮在空气中旋转，机组抽水方向并网运行的状态。

静止变频启动

利用静止变频装置通过启动回路驱动机组以抽水方向启动的启动方式。

背靠背启动

一台机组以拖动工况启动，通过启动回路驱动另一台机组以抽水方向启动的同步启动方式。

线路充电工况

机组带主变压器、线路以零起升压方式给主变压器、线路充电的一种运行状态。

黑启动工况

在厂用电源及外部电网供电消失后，用厂用自备应急电源作为启动电源，用直流系统作为起励电源，机组以零起升压方式给主变压器、线路充电的一种运行状态。

拖动工况

机组以背靠背方式启动，拖动机运行在发电方向并提供变频电流将被拖动机拖至额定转速并且并网的一种工况。

并网

发电电动机与电网并列的操作。

参 考 文 献

[1] 周攀，邓拓夫，秦俊. 抽水蓄能机组调相压水系统设计与控制策略 [J]. 水电能源科学，2017，35（09）：147-149＋176.

[2] 徐三敏，张飞，秦俊，杨柳. 某抽水蓄能电站一管双机切泵试验分析 [J]. 人民长江，2017，48（09）：79-82.

[3] 付婧，张飞. 抽水蓄能机组工况转换过程中无叶区压力特性 [J]. 中国水利水电科学研究院学报，2017，15（05）：376-381.

[4] 赵博，高翔，秦俊，邓拓夫. 国产化400MW抽水蓄能机组背靠背启动的试验分析 [J]. 中国农村水利水电，2017（09）：186-190.

[5] 王竹. 水电站自动发电控制（AGC）技术功能及调试分析 [J]. 四川水力发电，2002（02）：55-58＋62.

[6] 喻建波. AGC技术在重庆江口水电厂的应用 [J]. 水电能源科学，2006，24（3）：94-96.

[7] 邓磊，周喜军，张文辉. 用于稳定计算的水轮机调速系统原动机模型 [J]. 电力系统自动化，2009，33（05）：103-107.

[8] 邓磊. 水轮机调速系统一次调频功率振荡现象分析及解决 [A]. 全国大中型水电厂技术协作网第五届年会论文集 [C]. 中国电力企业联合会科技开发服务中心、全国大中型水电厂技术协作网，2008，7.

[9] 周喜军，邓磊，张文辉. 水轮机调速系统建模现场试验及实践分析 [J]. 华东电力，2008（07）：81-84.

[10] 李芳，曹长修. 基于DFT的信号幅值谱分析 [J]. 重庆工学院学报（自然科学版），2007（04）：64-66.

[11] 张生. 基于振动信号处理及模态分析的机械故障诊断技术研究 [D]. 秦皇岛：燕山大学，2009.

[12] 朱磊，陶晓亚. 应力分析设计方法中若干问题的讨论 [J]. 压力容器，2006（08）：24-31＋23＋39.

[13] 肖庆华，李勇，甘福珍. 仙游电站抽水蓄能机组自动化系统的现场调试 [J]. 东方电机，2014，42（04）：35-38.

[14] 武中德. 1000MW水轮发电机推力轴承冷却技术 [A]. 中国电工技术学会大电机专业委员会. 中国电工技术学会大电机专业委员会2014年学术年会论文集 [C]. 中国电工技术学会大电机专业委员会，2014，4.

[15] 张飞，何铮，秦俊，朱文娟. 蓄能机组推力轴承镜板泵调试与性能测试 [J]. 水电能源科学，2017，35（01）：164-167.

[16] 中国水电顾问集团北京勘测设计研究院，邱彬如，刘连希. 抽水蓄能工程技术 [M]. 北京：中国电力出版社，2008.

[17] 高翔，等. 现代电网频率控制应用技术 [M]. 北京：中国电力出版社，2010.

附：彩图

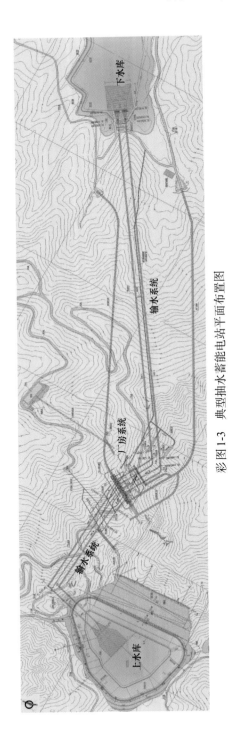

彩图 1-3　典型抽水蓄能电站平面布置图

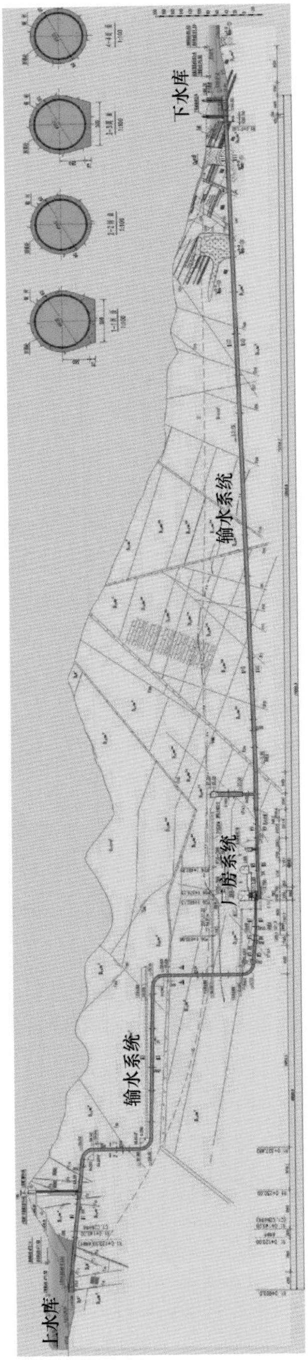

彩图 1-4　典型抽水蓄能电站输水系统剖面图

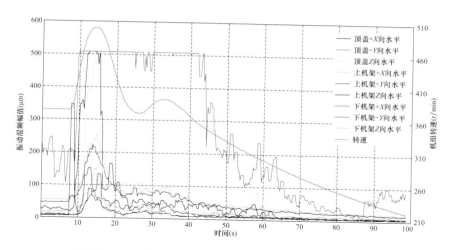

彩图 3-16　双机甩 100％负荷时 1U 机组振动混频幅值趋势

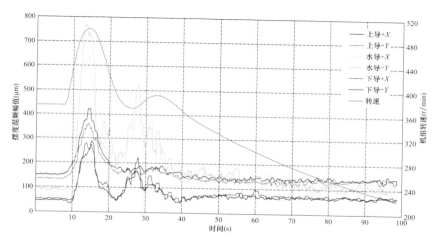

彩图 3-17　双机甩 100％负荷时 1U 机组摆度混频幅值趋势

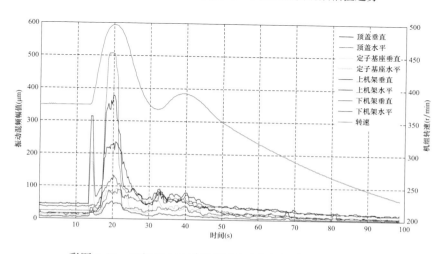

彩图 3-18　双机甩 100％负荷时 2U 机组振动混频幅值趋势

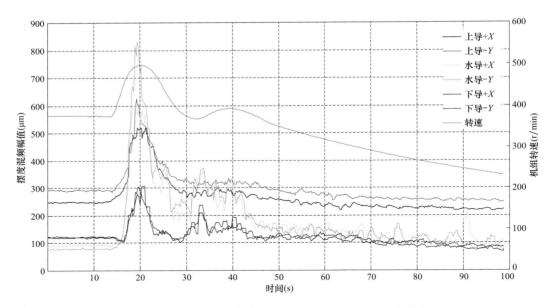

彩图 3-19　双机甩 100％负荷时 2U 机组摆度混频幅值趋势

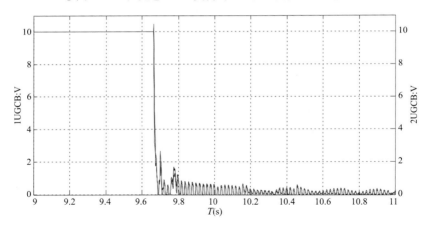

彩图 3-20　双机甩 100％负荷时 1U 与 2UGCB 动作情况

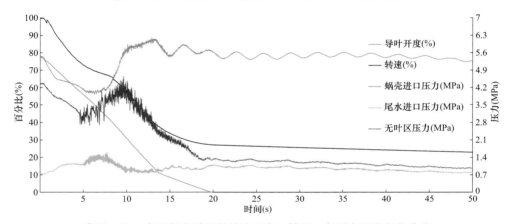

彩图 3-29　水泵断电时机组导叶开度、转速、各测点压力变化曲线

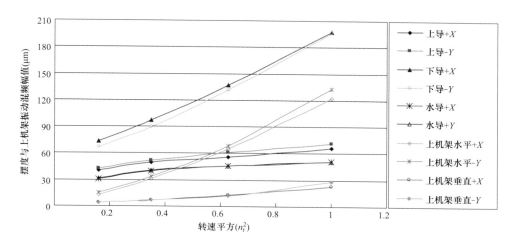

彩图 5-19　某机组摆度与上机架振动混频幅值与转速平方关系曲线

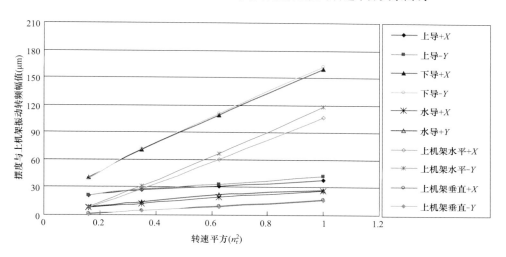

彩图 5-20　某机组摆度与上机架振动转频幅值与转速平方关系曲线

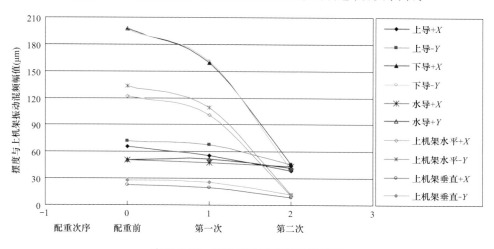

彩图 5-22　某机组动平衡配重效果图

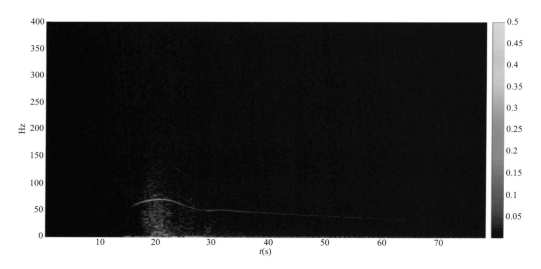

彩图 5-28　无叶区压力短时傅里叶分析

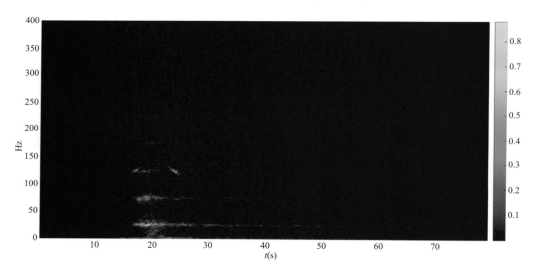

彩图 5-29　转轮出口压力短时傅里叶分析